FC 精细化工品生产工艺与技术

化妆品生产工艺与技术

韩长日　宋小平　主编

科学技术文献出版社

SCIENTIFIC AND TECHNICAL DOCUMENTATION PRESS

·北京·

图书在版编目（CIP）数据

化妆品生产工艺与技术 / 韩长日，宋小平主编. —北京：科学技术文献出版社，2019.10（2021.3重印）

ISBN 978-7-5189-5680-7

Ⅰ.①化… Ⅱ.①韩… ②宋… Ⅲ.①化妆品—生产工艺 Ⅳ.① TQ658

中国版本图书馆 CIP 数据核字（2019）第 124121 号

化妆品生产工艺与技术

策划编辑：孙江莉　责任编辑：李　鑫　张永霞　责任校对：文　浩　责任出版：张志平

出 版 者	科学技术文献出版社
地 址	北京市复兴路15号　邮编　100038
编 务 部	(010) 58882938，58882087（传真）
发 行 部	(010) 58882868，58882870（传真）
邮 购 部	(010) 58882873
官方网址	www.stdp.com.cn
发 行 者	科学技术文献出版社发行　全国各地新华书店经销
印 刷 者	北京虎彩文化传播有限公司
版 次	2019 年 10 月第 1 版　2021 年 3 月第 2 次印刷
开 本	787×1092　1/16
字 数	552千
印 张	23.25
书 号	ISBN 978-7-5189-5680-7
定 价	98.00元

前　　言

精细化工品的种类繁多，生产应用技术比较复杂，全面系统地介绍各类精细化工品的产品性能、技术配方（原料）、生产方法、工艺流程、生产工艺、产品标准、产品用途、安全与贮运，将对促进我国精细化工的技术发展、推动精细化工产品的技术进步，以及满足国内工业生产的应用需求和适应消费者需要都具有重要意义。在科学技术文献出版社的策划和支持下，我们组织编写了这套《精细化工品生产工艺与技术》丛书。《精细化工品生产工艺与技术》是一部有关精细化工品生产工艺与技术的技术性系列丛书，将按照橡塑助剂、纺织染整助剂、胶粘剂、皮革用化学品、造纸用化学品、电子与信息工业用化学品、农用化学品、表面活性剂、化妆品、涂料、洗涤剂、建筑用化学品、石油工业助剂、饲料添加剂、染料、颜料等分册出版，旨在进一步促进和发展我国的精细化工产业。

本书为精细化工品生产工艺与技术丛书的《化妆品生产工艺与技术》分册，本书介绍了美容化妆品、护肤化妆品、发用化妆品和其他化妆品的生产工艺与技术。对每个品种的产品性能、技术配方、工艺流程、生产工艺、产品标准和产品用途都做了全面而系统的阐述。考虑到化妆品这类复配型化学品的技术关键在于配方，因此，对每个化妆品品种，我们尽可能给出多个技术配方。全书在编写过程中参阅和引用了大量国内外专利及技术资料，书末列出了主要参考文献，部分产品中还列出了相应的原始研究文献，以便读者进一步查阅。

值得指出的是，在进行化妆品的开发生产中，应当遵循先小试、再中试，然后进行工业性试产的原则，以便掌握足够的工业规模的生产经验。同时，要特别注意生产过程中的防火、防爆、防毒、防腐蚀及环境保护等有关问题，并采取有效的措施，以确保安全顺利地生产。

本书由韩长日、宋小平主编，参加本分册撰写的还有彭明生、刘红、杨细文、王越。

本书在选题、策划和组稿过程中，得到了海南科技职业大学、海南师范大学、科学技术文献出版社、海南省重点研发项目（ZDYF2018164）、国家自然科学基金（21362009、81360478）、国家国际科技合作专项项目（2014DFA40850）的支持，孙江莉同志对全书的组稿进行了精心策划，许多高等院校、科研院所和同仁提供了大量的国内外专利和技术资料，在此，一并表示衷心的感谢。

由于编者水平所限，错漏和不妥之处在所难免，欢迎广大同仁和读者提出意见和建议。

编　者

目　　录

第一章　美容化妆品

1.1　防晒霜

防晒霜（sunscreen）是指添加了能阻隔或吸收紫外线的防晒剂来达到防止肌肤被晒黑、晒伤目的的化妆品。防晒霜的作用原理是将皮肤与紫外线隔离开来，为乳剂型霜膏，有 O/W 型和 W/O 型。

1. 产品性能

均匀细腻的膏体。40 ℃、24 h 或 0 ℃、24 h 后不会出现油水分离现象。霜膏中添加一定量的紫外线吸收剂，涂搽于皮肤上，能防止日光紫外线（中波及部分长波）晒伤和晒黑皮肤。

2. 技术配方（质量，份）

（1）配方一

凡士林	35.00
硅油	3.00
交联聚丙烯酸	0.40
2-羟基-4-甲氧基二苯酮	3.00
硬脂醇聚氧乙烯（20）醚	1.16
硬脂醇聚氧乙烯（2）醚	3.86
双（1,3-二酮环己烷）衍生物	5.00
氯代烯丙基氯化六亚甲基四胺盐	0.10
氢氧化钠	0.40
香料	适量
精制水	48.08

注：该防晒剂引自欧洲专利申请书 373838。

（2）配方二

18#液状石蜡	35.0
凡士林	12.5
蜂蜡	14.0
地蜡	1.0
甘油单硬脂酸酯	5.0
对氨基苯甲酸薄荷酯	4.0
硼砂	1.0

精制水	27.5
防腐剂、抗氧剂、香料	适量

（3）配方三

微晶蜡	5.0
蜂蜡	10.0
石蜡	5.0
凡士林	10.0
角鲨烷	40.0
水杨酸苯酯	3.0
失水山梨醇倍半油酸酯	5.0
吐温-20	1.0
精制水	21.0
香精、防腐剂	适量

（4）配方四

	（一）	（二）
紫外线吸收剂	0.5～5.0	0.5～5.0
鲸蜡醇	1.0	4.0
白油	10.0	10.0
硅油	—	2.0
凡士林	—	5.0
甘油单硬脂酸酯	16.0	2.5
鲸蜡醇聚氧乙烯醚	1.0	2.5
芝麻油	10.0	—
地蜡	2.0	—
丙二醇	—	5.0
精制水	52.5	62.0
甘油	7.0	—
二氧化钛	—	2.5
高岭土	—	2.5
香料、色料、防腐剂	适量	适量

（5）配方五

十八醇	3.0
鲸蜡醇（或十八醇聚氧乙烯醚）	4.0
含二苯甲酰甲烷的硅油	3.0
鲸蜡醇	1.3
丙二醇	10.0
甘油单硬脂酸酯	2.0
苯甲酸 $C_{12～15}$ 烷基酯	15.0
防腐剂	0.2
香料	0.6
精制水	60.9

注：该防晒霜可有效防晒，并具有润肤作用。引自欧洲专利申请书 383655。

（6）配方六

含硅氧烷的苯并三唑	3.9
苯甲酸 $C_{12\sim15}$ 烷基酯	18.0
鲸蜡醇聚氧乙烯醚（或十八醇聚氧乙烯醚）	3.0
甘油单硬脂酸酯	4.8
丙二醇	6.0
肉豆蔻醇	1.3
尼泊金酯	0.2
香料	0.6
精制水	62.2

注：该防晒护肤霜引自法国公开专利 2642968。

（7）配方七

硬脂醇	0.3
硬脂酸	3.0
羊毛脂	0.5
肉豆蔻酸异丙酯	5.0
水溶性聚丙烯酸	0.1
甘油	5.0
三乙醇胺	1.4
芦荟胶二倍浓缩液	20.0
精制水	64.7
香精、防腐剂	适量

注：该配方所得成品为芦荟防晒蜜，该防晒剂的有效成分为芦荟。

（8）配方八

液状石蜡	9.0
微晶蜡	1.0
石蜡	5.0
凡士林	2.0
羊毛脂	3.0
肉豆蔻酸异丙酯	10.0
失水山梨糖醇倍半油酸酯	1.5
紫外光吸收剂	0.5～5.0
甘油	5.0
香精、防腐剂	适量
精制水	58.5～63.0

注：该配方为油包水型防晒霜。

3. 主要生产原料

（1）白油

白油是液体烷烃的中等碳链混合物。由石油产品 20# 或 30# 机械油采用发烟硫酸脱芳烃或用硅胶吸附脱芳烃的方法精制而得，相对密度 0.835～0.860，黏度（运动黏度）$(11\sim24)\times10^{-6}$ m^2/s。无色无味的透明油状液体，无蓝色荧光。若白油的正构烷烃含量过高,会在皮肤表面形成障碍性薄膜,影响皮肤的透气;若异构烷烃含量高,则有良好的透气性。性能要求:有良好的透气性,能使皮肤正常呼吸、排汗液等;纯度高,无荧光,无火油气味,长期储存不会变色、酸败或变质;无刺激,不易过敏,皮肤上容易展开涂布,润滑性好。主要用于乳剂类产品、发油和防裂唇膏等产品。

(2) 苯甲酸 $C_{2\sim12}$ 醇酯

苯甲酸 $C_{2\sim12}$ 醇酯又称苯甲酸 $C_{2\sim12}$ 烷基酯,无色、无臭、无味的透明油状液体。具有较高的分散系数,用该品制得的乳剂膏霜,铺展性好,滑爽不油腻皮肤,渗透性好。无毒、无刺激性。

皂化值/ (mgKOH/g)	168~178
酸值/ (mgKOH/g)	≤1
折射率	1.477~1.482

(3) 2-羟基-4-甲氧基二苯甲酮

2-羟基-4-甲氧基二苯甲酮为白色或淡黄色结晶粉末,不溶于水,溶于丙酮、乙醇、乙酸乙酯、甲醇等有机溶剂。可吸收 290~400 nm 紫外光,但几乎不吸收可见光。对光热稳定性好,但升华损失较大。在化妆品中用作紫外光吸收剂,用量为总量的 3%。低毒!

含量	≥98.5%
熔点/℃	63.0~64.5
相对密度 (d_4^{25})	1.324

(4) 水杨酸苯酯

水杨酸苯酯白色结晶粉末,易燃低毒,具有愉快的芳香气味。熔点 41.9 ℃,沸点 172~173 ℃,相对密度 1.2614。溶于丙酮、氯仿、乙醚和油类,1 g 水杨酸苯酯溶于 6.67 mL 水或 6.0 mL 乙醇。可吸收光,特别是 290~330 nm 波长的光更易吸收。用作紫外光吸收剂,但吸收能力较差。

含量	≥99.00%
熔点/℃	≥41
硫酸盐 (SO_4^{2-})	≤0.10%
灼烧残渣	≤0.05%

(5) 白凡士林

商品白凡士林是矿脂和部分白油的混合物,两者以适当的比例混合,可调节至需要熔点或滴点的白凡士林。用发烟硫酸或三氯化铝脱芳烃、烯烃精制而得。熔点 47~54 ℃,无火油气味。无水溶性酸、碱和硫化物等杂质。白色或淡黄色半透明油膏、能溶于氯仿和油类,不溶于乙醇和水。矿脂是一种含有油分的微晶蜡,含极少石蜡或不合石蜡,所含油分是成胶状分散,而且被无定形结晶所吸收,形成黏稠的胶状半固态状,碳链范围 $C_{34\sim60}$。矿脂形成的相,含有蜡和油,也可解释为微晶蜡溶于油中,相当一部分微晶蜡不容易形成晶态,而成为蜡-油体系存在。矿脂的质量取决于石油矿产地区。用于乳剂类产品等。

(6) 橄榄油

主要成分为三油酸甘油酯。从橄榄仁中提取。相对密度 0.915~0.918,碘值 80~85 gI_2/100 g,皂化值 188~196 mgKOH/g,酸值<5 mgKOH/g,微黄或微黄绿

色液体，能溶于乙醚、氯仿，微溶于乙醇，不溶于水。用作乳剂类产品护肤原料，对皮肤有渗透性，比白油的护肤性能优越，适用于水–油乳剂。

（7）甜杏仁油

甜杏仁油主要为三油酸甘油酯，由甜杏仁中提取。相对密度 0.910～0.915，皂化值 192～200 mgKOH/g。无色或微黄色液体，能溶于乙醚、氯仿，微溶于乙醇，不溶于水。用作蜜类产品的原料。

（8）羊毛醇

羊毛醇通式 ROH，主要是高碳直链脂肪醇和胆固醇的混合物。式中，R 代表 $C_{16～27}$ 高碳直链和环状的烃类基。由羊毛脂水解后将羊毛酸分离制得的高碳直链和环状的脂肪醇，环状结构脂肪醇主要是胆固醇和异胆固醇，色泽比加氢方法制得的羊毛醇稍黄。熔点为 45～75 ℃，酸值<2 mgKOH/g，皂化值<12 mgKOH/g，碘值 20～35 gI$_2$/100 g，黄色至黄棕色的油膏或蜡状固体，略有气味，羟值 120～160 mgKOH/g，用途类似于氢化羊毛脂。

4. 工艺流程

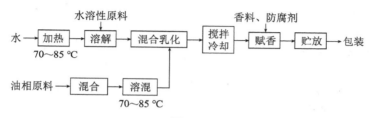

图 1-1

5. 生产工艺

将水加热至 70～85 ℃，加入水溶性原料，溶解完全后得水相。另将油、脂料和抗氧剂、紫外光吸收剂混合，于 70～85 ℃ 热溶混合，然后于搅拌下将油相物料加至水相中混合乳化，均质后，搅拌冷却，于 40 ℃ 加入香料及防腐剂，贮放后包装，得防晒霜。

6. 产品标准

膏体均匀细腻，40 ℃、24 h 或 0 ℃、24 h 后不出现油水分离现象。具有防护皮肤免受日光紫外线晒伤和晒黑的功能。对皮肤无刺激和其他不良反应。

7. 说明

在防晒化妆品中紫外线吸收剂的使用量，大多是通过实际日晒试验确定的，其使用量一般在 0.1%～10.0%。加入量过多，可能导致皮肤过敏反应。我国化妆品卫生法规中，允许使用的紫外线吸收剂有以下几种，下面给出了它们的最大允许浓度。

	最大允许浓度
对双（羟丙基）氨基甲基乙酯	5%
乙氧基化-对-氨苯甲酸	10%
对二甲氨基苯甲酸-2-乙基己酯	8%
邻–（4-苯基苯甲酰基）-苯甲酸-2-乙基己酯	10%

对甲氧基肉桂酸-2-乙基己酯	10%
对二甲氨基苯甲酸戊酯（帕地马酯）	5%
3，4-二羟基-5-（3，4，5-三羟基苯甲酰氧基）苯甲酸	4%
3，4-二甲氧基苯基乙醛酸钠	5%
5-（3，3-二甲基-8，9，10-三降冰片-2-亚基）戊-3-烯-2-酮	3%
邻乙酰氨基苯甲酸-3，3，5-三甲基环己酯	2%
水杨酸（盐）	2%
水杨酸苯酯	1%
对甲氧基肉桂酸（盐）	3%
美可西酮	4%
5-甲基-2-苯基苯并噻唑	4%
3-（4-甲基亚苄基）莰烷-2-酮	6%
对甲氧基肉桂酸戊酯的混合异构体	10%
对甲氧基肉桂酸丙酯	3%
水杨酸-4-异丙基苄酯	4%
肉桂酸钾	2%
3-亚苄基莰烷-2-酮	6%
4-氨基苯甲酸	5%
对氨基苯甲酸单甘油酯	5%
4-甲氧基肉桂酸环己酯	1%
1-（4-叔丁基）丙烷-3-二酮	5%
2-苯基苯咪唑-5-磺酸及其盐	8%
2-咪唑-4-丙烯酸及乙基酯	2%
1-p-枯烯基-3-苯基丙烷-1，3-二酮	5%
α-（2-氧代冰片-3-亚基）-p-二甲苯-2-磺酸	6%
α-（2-氧代冰片-3-亚基）甲苯-4-磺酸及盐	6%
羟苯甲酮	10%
2-羟基-4-甲氧基二苯甲酮-5-磺酸及其钠盐	5%
α-氰基-4-甲氧基肉桂酸及己基酯	5%
4-甲氧基肉桂酸-2-乙氧基乙酯	5%
水杨酸-2-乙基己酯	5%

8．产品用途

皮肤防晒用化妆品。涂搽在皮肤上，能够防止日光紫外线晒伤和晒黑皮肤，供户外活动前使用。

9．参考文献

[1] 陈晓，崔耀军．复配式防晒霜的配制研究［J］．科学技术创新，2018（5）：147-149.

[2] 孟潇，许锐林，陈庆生，等．基于多重乳化体技术制备中草药防晒霜［J］．日用化学工业，2017，47（7）：394-397.

[3] 杨建华，孟新源，胡君萍，等．苁蓉美白防晒霜的制备及其质量评价［J］．华西药

学杂志，2011，26（3）：271-273.

1.2　防晒油

1. 产品性能

防晒油（sanscreen）是一种油状液体，其中添加油溶性紫外线吸收剂，对皮肤的黏附性好，故它有较好的防水效果。其防晒效果比乳化型的防晒霜的差，且使用后感觉油腻。

2. 技术配方（质量，份）

（1）配方一

含 2-羟基二苯酮的聚有机硅氧烷	35
甜杏仁油	30
苯甲酸 $C_{12\sim15}$ 烷基酯	1000
香料	12

这种防晒油以含 2-羟基二苯酮的聚有机硅氧烷作紫外光吸收剂，无水、无乳化剂，产品呈油状。引自欧洲专利申请 389337。

（2）配方二

硬脂酸十三烷酯/偏苯三酸三癸酯/新戊二醇癸酸酯	300
对羟基苯甲酸丙酯	1
苯甲酸	2
对二甲基氨基苯甲酸辛酯	80
硅油	387
α-羟基-4-甲氧基二苯酮	60
水杨酸酯	50
对甲氧基肉桂酸辛酯	75
香精	15
十八烯-1-马来酸酐混合物	30

3. 生产工艺

（1）配方一的生产工艺

光吸收剂制备：将 12.7 份 4-烯丙氧基-2-羟基二苯酮、8.13 份含聚甲基氢二甲基硅氧烷的甲苯溶液，加到含 70 份铂/碳和 5 份甲苯悬浮液中，100～105 ℃ 反应，制得含 2-羟基二苯酮的聚有机硅氧烷（作吸光剂）。再将光吸收剂与其余物料混合，制得防晒油。

这种防晒油含有 α-羟基-4-甲氧基二苯酮、水杨酸酯，具有高的防晒指数。引自美国专利 4940574。

（2）配方二的生产工艺

将各物料混合热熔混，40 ℃ 加入香精得无水防晒油。

4. 产品用途

户外活动前，搽于身体暴露部位，以防晒伤。

5. 参考文献

[1] 刘慧民，王万绪，杨跃飞，等. 天然防晒剂的研究进展 [J]. 日用化学品科学，2018，41（6）：78－82.

1.3 薏苡仁防晒化妆水

适当的日晒有助人体健康，但若过分暴晒，则可导致皮炎、表皮早衰，降低皮肤的免疫力，严重的还可导致皮癌。若使用防晒化妆品，则可避免上述皮肤病发生。本品含有中草药薏苡仁，是一种较为理想的防晒化妆品。

1. 技术配方（质量，份）

聚氧乙烯山梨糖醇单月桂酸酯	3.0
羊毛脂	15.0
甘油	3.0
乙醇	3.0
薏苡仁提取物（固体）	0.5
柠檬酸	0.3
蒸馏水	75.8
香料	0.1

2. 生产工艺

把羊毛脂、聚氧乙烯山梨糖醇单月桂酸酯、柠檬酸、乙醇、甘油和薏苡仁提取物等加入蒸馏水中，加热至 80～85 ℃，不断搅拌，使物料溶解，混匀。继续搅拌冷却至 40 ℃时，加入香料，混合均匀后冷至室温即得成品。

3. 产品用途

户外活动时，涂于身体暴露部位。

4. 参考文献

[1] 潘颖珍. 薏苡仁防晒乳防晒功效的实验研究 [D]. 长沙：湖南中医药大学，2010.

1.4 面膜

面膜（face pack）是一种美容保养品，使用十分广泛。其目的是弥补卸妆与洗脸仍然不足的清洁保养工作，在此基础上配合其他精华成分实现其保养功能，如补水保湿、美白、抗衰老、平衡油脂等。目前有粉末调和、高岭土、无纺布、蚕丝、天丝、生物纤维等材质的面膜。

1. 产品性能

面膜又分粉状面膜、剥离型面膜、膏状面膜等。粉状面膜主要由粉体、油和分散体组成，通过粉末的吸附作用，能使面部皮肤光滑白嫩，能减轻面部色斑；剥离型面膜为透明或半透明胶冻，由皮膜剂、增溶剂、保湿剂组成，涂敷于面部，10～20 min 后即形成一层皮膜，其中所含的油分、保湿剂和营养分，可使面部洁白柔嫩，清新舒爽，同时，还能消除细小皱纹；膏状面膜膏体细腻，均匀涂在脸上，有能形成皮膜和不能形成皮膜两种，但其作用都如同可剥离面膜，主要用于面部美容，使面部洁白、柔嫩。

2. 技术配方（质量，份）

（1）配方一

甘油	5.0
乙醇	8.0
丙二酸	4.0
聚乙二醇	1.0
聚乙烯醇	15.0
乳酸铁	0.1
尼泊金甲酯	0.2
香精	0.2
水	66.5

这种面膜能够有效抑制过氧化脂类的形成，引自日本公开特许公报 92-334310。

（2）配方二

	（一）	（二）	（三）
硅藻土	100	100	—
锡型固化剂	3～8	—	—
固化剂	—	—	6～8
复合固化剂	—	5～8	—
单醋酯	1～5	—	1～3
藻	—	7～11	7～10
碳酸钙	—	—	100
抗坏血酸	—	2～5	
羟甲纤维素钠（CMC-Na）	5～10	—	—

这种粉状祛斑面膜，使用时，每次取 25 g 左右，用 50 mL 水调成糊状，敷于面部。其可在 3～5 min 凝固成富有弹性、紧贴于面部的面膜，让其保留 20～25 min 后便可剥离掉。然后用清水洗脸，并用营养护肤霜。

（3）配方三

	（一）	（二）
硅酸铝镁	3.80	6.00
甘油	3.00	4.00

乙醇	10.00	4.00
蓖麻油	—	3.00
三乙醇胺	10.00	—
灭菌剂	—	2.50
色素	—	适量
水	73.20	82.75

该配方为膏状面膜的技术配方。

（4）配方四

	（一）	（二）
聚乙烯醇	2.5	2.5
山梨醇（70%）	10.0	5.0
失水山梨醇单月桂酸酯	1.0	1.0
桃子汁	—	15.0
黄瓜汁	15.0	—
苯甲酸钠	0.25	0.25
羧甲基纤维素钠	2.0	2.0
聚乙烯醇-聚乙酸乙烯酯水分散体	40.0	40.0
香料	0.4	0.4
水	28.8	33.8

配方（一）所得面膜为干性皮肤面膜，引自罗马尼亚专利80928；配方（二）所得面膜正常皮肤用面膜，引自罗马尼亚专利80928。

（5）配方五

山梨酸酯、鲸蜡醇乙酸酯和乙醇辛酯	1.0
氨丙双胍/氯二甲苯共聚物	0.2
乙醇	10.0
膨润土	10.0
钛白粉	5.0
丝粉（144目）	1.5
丝氨基酸（二肽和三肽混合物）	3.0
丝肽（$\overline{M}=1000$）	3.0
水解蛋白可可酯钾	5.0
香料	0.1
蒸馏水	61.2

该配方为含丝粉面膜的技术配方。该面膜能有效清洁面部油脂和代谢物，并为皮肤提供养分，能有效滋润面部肌肤。

（6）配方六

羧乙基聚丙烯酸类聚合物	0.10
氢化蓖麻油乙氧基化物	1.00
抗坏血酸磷酸镁	3.00
甘油	10.00
精氨酸	0.10

乙醇	5.00
1，3-丁二醇	5.00
杀菌剂	0.05
香料	0.20
水	75.50

这种剥离型面膜，引自日本公开特许公报 90-258713。

（7）配方七

硬脂酸钠	100.0
樟脑	1.0
薄荷醇	1.0
丙二醇	600.0
水	298.0

该面膜引自以色列专利 68188，对于干性、油性皮肤均可使用，能有效地消除细小皱纹。

（8）配方八

纤维素胶	5.0
普鲁兰（Pullulan）聚合物（$\overline{M}=150\ 000$）	20.0
甘油	2.0
乙醇	5.0
水	68.0
香精、防腐剂	适量

该配方为可剥离面膜技术配方。

（9）配方九

硅酸镁钠 2601	4.0
硅酸镁钠 2101	4.0
聚丙二醇	1.0
SDA-40 醇	5.0
丙烯酸水溶性树脂（$\overline{M}=3\ 000\ 000$，pH＝7.35，2%）	0.2
香精、防腐剂	适量
水	85.8

（10）配方十

	（一）	（二）
鲸蜡醇	2.0～5.0	3.0
支链脂肪酸酯	2.0～8.0	6.0
羊毛脂	1.0～5.0	4.0
液体羊毛脂	1.0～3.0	4.0
吐温-80	1.0～3.0	3.0
脂肪醇聚氧乙烯醚	1.0～5.0	4.0
胶朊水解蛋白	1.0～8.0	8.0
水	71.0～92.0	68.0

（11）配方十一

胶态高岭土	67.0
粉状大豆磷脂	2.0
乳糖	25.0
胶朊水解蛋白	6.0
香精、防腐剂、色素	适量

（12）配方十二

	（一）	（二）
聚乙烯醇	10.0	—
乙醇	15.0	10.0
羧甲基纤维素	—	2.0
海藻酸钠	3.0	1.0
聚乙二醇	—	5.0
丙烯酸聚合物	—	1.0
脂肪醇聚氧乙烯醚	—	1.5
甘油	5.0	5.0
三乙醇胺	—	0.5
蜂王浆	0.4	0.5
防腐剂、香精、色素	适量	适量
精制水	66.6	73.5

该配方为蜂王浆面膜的技术配方，能增加皮肤营养，促进面部细胞活力，改善皮肤干燥、粗糙现象，并有保持皮肤的柔软、嫩白功能。

（13）配方十三

膨润土	150.0
硅氧烷处理的滑石粉	150.0
钛白	20.0
甘草酸二钾	1.0
6-氨基己酸	5.0
尿素	5.0
硅酸酐	30.0
吐温-60	5.0
丙二醇	50.0
乙醇	100.0
尼泊金甲酯	1.0
香精	2.0
水	481.0

这种洁面面膜在皮肤上涂布性能好，可吸收皮脂及分泌物，保持面部柔嫩。引自欧洲专利申请282823。

（14）配方十四

纤维素胶	24.3
聚乙二醇	40.5
甘油	64.9

聚磺苯乙烯钠（30.0%）	24.3
微晶纤维素	16.2
可溶性胶原（0.3%）	40.5
透明质酸（1.0%）	8.1
月桂酰赖氨酸	0.8
交联聚丙烯酸	8.0
2-甲基-3-（2H）-异噻唑啉酮	6.5
Valfox Z	20.3
己二醇	12.2
香精、防腐剂	适量
精制水	740.6

（15）配方十五

胶态高岭土	60.0
硅酸铝镁	5.0
氧化锌	5.0
轻质碳酸钙	12.5
氢氧化铝	10.0
糊精	5.0
胶态硫	2.5
色素、香料	适量

这种粉状硫黄面膜，具有清洁、美容和治疗粉刺等作用，并可使面部皮肤洁白、柔软。

（16）配方十六

橄榄油	4.0
氧化锌	38.0
高岭土	100.0
滑石粉	40.0
聚氧乙烯（40）失水山梨醇月桂酸酯	2.0
甘油	16.0
香料、防腐剂	适量

（17）配方十七

弹性蛋白水解物	2.0
聚氧乙烯甘油脂肪酸酯	5.0
淀粉	15.0
乙醇（95%）	10.0
硅酸铝镁	10.0
香精	0.8
防腐剂	0.2
精制水	56.5

该面膜除有清洁皮肤的作用外，尚有滋润营养皮肤、舒展皮肤皱纹之功效。

（18）配方十八

丙二醇	4.0
聚乙烯醇	10.0
橄榄油	1.0
陶瓷粉（能发射 4～20μm 红外线）	15.0
甘油	3.0
吐温-60	2.0
乙醇	10.0
香精、防腐剂	适量
精制水	55.0

该面膜引自日本公开特许公报 89-313411。

3. 主要生产原料

（1）聚乙二醇

平均分子量在 200～20 000 的乙二醇高聚物总称聚乙二醇。随着平均分子量的不同，其性质也不同：从无色、无臭黏稠液体变为蜡状固体；随着分子量的增大，其吸湿能力相应降低。溶于水、乙醇和许多有机溶剂。

	PE600	PE1000	PE2000
羟值/（mgKOH/g）	178～196	107～118	51～62
相对分子质量	570～630	950～1050	1800～2200
熔点/℃	20～25	43～46	50～53
外观	冬天呈白蜡状	白蜡状固体	白蜡状固体

（2）聚乙烯醇

聚乙烯醇又称 PVA，干燥无塑性的聚乙烯醇为白色或奶色粉末或粉状。200 ℃ 时软化而分解，能溶于水，不溶于石油溶剂。

纯度	≥85%
平均聚合度	1750±50
透明度	≥90
挥发分	≤8%
残留乙酸根	≤0.2%

（3）胶朊水解物

胶朊水解物又称胶原水解物、可溶性胶原、胶朊水解蛋白。有吸湿性的白色粉末，对皮肤具有生理活性、保湿性。对人体皮肤安全无刺激。

指标名称	Ⅰ型	Ⅱ型
蛋白质	≥90%	≥88%
平均分子质量	1000～5000	1000～5000
pH（1%的水溶液）	5.5～6.5	5.5～6.5
水分	≤5%	≤5%
细菌总数	≤1000	≤10 000
重金属（Pb）	≤0.004%	≤0.004%

4. 生产工艺

（1）配方十一的生产工艺

将胶态高岭土、粉状大豆磷脂、乳糖、水解蛋白混合均匀，再将防腐剂、色素溶于香精中，用喷雾方法施入粉状面膜中，得胶朊（蛋白）粉状面膜。

（2）配方十四的生产工艺

将上述各物料按配方量溶于 70 ℃的水中，制得凝胶型抗皱面膜。引自国际专利申请 90-4383。

（3）配方十六的生产工艺

将高岭土、滑石粉、氧化锌充分混合得粉末载体，再将其余物料混合喷入粉末载体，粉碎后得粉状面膜。使用时用水、化妆水、乳液、蛋清或蜂蜜以 1:1 的比例拌和成糊状，敷于脸上。

5. 工艺流程

（1）粉状面膜

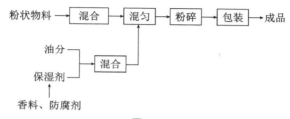

图 1-2

（2）膏状面膜

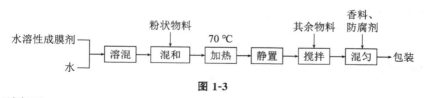

图 1-3

（3）剥离型

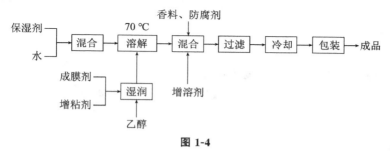

图 1-4

6. 产品标准

粉状面膜粉质均匀细腻，无杂质及黑点；用后能迅速干燥，容易洗脱；对皮肤安全无刺激。膏状面膜膏体细腻，软硬适中，均匀无杂质；耐热、耐寒试验无分离和析水现象；易于涂搽，易于洗脱，具有良好的美容效果；对皮肤安全无刺激。剥离型面膜成膜性好，易于剥离；黏度适当，容易涂展；能赋予皮肤适度的紧张感，用后感觉舒适；安全无害，对皮肤无刺激。

7. 产品用途

面膜是一种面部美容用品。涂敷于面部，10～20 min 用水洗脱或揭去。每周使用1～2 次。

8. 参考文献

[1] 陈颖，孙建菊. 白芷与薏苡仁美白面膜制备 [J]. 商洛学院学报，2017，31（6）：64-68.

[2] 李圆圆，陈春雅，高婷婷，等. 中药抗氧化面膜的制备研究 [J]. 浙江化工，2018，49（3）：5-7.

[3] 胡璇，王凯，谢小丽，等. 星点设计-效应面法优化艾纳香舒缓修护面膜配方 [J]. 香料香精化妆品，2017（6）：61-66.

1.5 美容按摩霜

美容按摩霜是专供美容保健按摩时使用的化妆品。

1. 技术配方（质量，份）

（1）配方一

丙烯酸系聚合物	4
聚乙烯吡咯烷酮	30
十四烷基癸基 EP 型聚醚	2
甘油	900
对羟基苯甲酸甲酯	2
三乙醇胺	4
香料	2
色料	少量
水	56

（2）配方二

含 5% 的聚氨基葡萄糖的纤维素（黏度 0.1～10.0）	0.50
硬脂酸	0.30
蜂蜡	0.30
鲸蜡醇	0.50
液状石蜡	3.00
司本-60	0.30
吐温-80	0.60
对羟基苯甲酸甲酯	0.05
水	4.45

（3）配方三

甘油	880
羧甲基纤维素钠	20
氯化钠	100

这种按摩剂含有多元醇、增稠剂和氯化钠，配方简单，是一种优良的按摩油剂。引自日本公开专利91－123732。

（4）配方四

食盐（精盐、粒径0.05～2.00）	5.40
聚氧乙烯（45）单硬脂酸酯	1.20
二甲基聚硅氧烷（黏度0.1 Pa·s）	0.40
硬脂酸	0.80
硬脂酸单甘酯	1.20
杏仁	2.00
凡士林	4.00
蓖麻油	6.00
液状石蜡	4.00
尼泊金丙酯	0.08
丙二醇	3.20
精制水	11.70

2. 生产工艺

（1）配方一的生产工艺

将水与甘油混合，再将其与其余物料混合，最后加入香料得美容按摩霜。引自日本公开专利90-311408。

（2）配方二的生产工艺

将水相与油相分别混合加热，然后再将水相与油相混合均质乳化，得到对皮肤无刺激、具有良好的按摩、调理性的按摩霜。引自日本公开专利90-311408。

（3）配方三的生产工艺

将甘油、羧甲基纤维素钠和氯化钠（粉末）混合均匀后即得。

（4）配方四的生产工艺

将尼泊金丙醇加入丙二醇中，溶解后与溶有精盐的水混合制得水相。其余物料混合热至70 ℃，搅拌均匀得油相。然后在搅拌下，将70 ℃的水相物料加入70 ℃的油相混合物中，均一乳化后，即得美容健身按摩膏。

3. 产品用途

（1）配方三所得产品用途与一般按摩剂相同。

（2）配方四所得产品用途

取适量置于水中，对适当部位进行揉搓按摩，然后用温水冲洗。用后身体滑爽、舒适。

4. 参考文献

[1] 秦川，梁丹，唐红珍，等. 正交试验优选中药减肥按摩膏的提取工艺 [J]. 广西中

医药大学学报，2018，21（2）：80-84.

[2] 方晓明，柯中古，曹庭江，等. 血川按摩乳膏的制备及临床应用 [J]. 中国医院药学杂志，2007（8）：1156-1157.

[3] 曾惠芳，江涛，侯少贞，等. 通立按摩膏的药效学研究 [J]. 广州医学院学报，2005（3）：57-59.

1.6　阳离子晒黑膏

这种阳离子晒黑膏中配加有 2-乙基己基-4-甲氧肉桂酸酯作太阳防护因子剂，即紫外线吸收剂。2-乙基己基-4-甲氧肉桂酸酯吸收剂是清澈而黏度又低的液体，稍有臭气，它可与常用非离子性化妆品组分协调共存。

1. 技术配方（质量，份）

A 组分

聚乙二醇硬脂酸酯	12.0
硬脂酰硬脂酸酯	2.0
椰油-辛酸盐-癸酸盐	4.0
棕榈酸鲸酯蜡醇	4.0
2-羟-4-甲氧基苯酰苯	0.6
对羟基苯甲酸丙酯	0.1
对羟基苯甲酸甲酯	0.1
2-乙基己基-4-甲氧肉桂酸酯	6.0
丁基羟基甲苯	0.2

B 组分

去离子水	61.0
甘油	10.0

2. 生产工艺

将 A 组分各原料称量入适当的容器内，加热至 80 ℃，并搅拌至均匀为止，另取一个容器（其容量应能容纳整个一次操作所需的原料量）在其中称量 B 组分后加热至 80 ℃，并搅匀。将 A 组分加入 B 组分，并搅拌均匀，注意避免发生气泡。在 80 ℃下混合 10 min，然后缓慢冷却至 30 ℃，同时适当地搅拌。

3. 产品用途

日光浴前涂搽于皮肤上。

4. 参考文献

[1] 张路坤. 人工晒黑制品在青年人中的使用 [J]. 世界核心医学期刊文摘（皮肤病学分册），2006（8）：53-54.

1.7 防紫外线晒黑油

防紫外线晒黑油是一种混合液体油，溶有一定量的医用紫外线吸收剂，能够吸收紫外线中波。这种肤用化妆品，可防止日光紫外线晒伤皮肤，但不能防止皮肤被晒黑，让皮肤晒成古铜的健美肤色。

1. 技术配方（质量，份）

（1）配方一

	（一）	（二）
液体羊毛脂	1.6	—
白油	56.0	48.0
防晒剂	2.4	1.6
聚氧乙烯失水山梨醇三油酸酯	—	5.6
橄榄油	10.4	—
肉豆蔻酸异丙酯	9.6	24.8

（2）配方二

N-辛基-N-甲基对氨基苯甲酸	30.0
梨莓油	0.4
芸香油	0.2
香料	5.0
矿物油	964.8

2. 生产工艺

（1）配方一的生产工艺

将肉豆蔻酸异丙酯与防晒剂混溶后，加到其他原料的混合物中，搅拌混匀，包装即得成品。

（2）配方二的生产工艺

将各物料分散于矿物油中，混合均匀即得晒黑剂。

3. 产品标准

（1）配方一所得产品标准

油液均匀一致，无沉淀，无分离。具有防晒效果。对皮肤无刺激和其他不良反应。

（2）配方二所得产品标准

该晒黑剂含有梨莓油、芸香油和 N-辛基-N-甲基对氨基苯甲酸，能提高吸收紫外光（波长 320～400 nm）的晒黑能力，不产生光斑纹等副作用。引自欧洲专利申请 257928。

4. 产品用途

（1）配方一所得产品用途

搽涂于身体暴露部位。

（2）配方二所得产品用途

在晒前 1 h 擦 1 次，晒前又搽 1 次。

5. 参考文献

[1] 周宏飞，黄炯，寿露，等. 防晒剂的研究进展 [J]. 浙江师范大学学报（自然科学版），2017，40（2）：206-213.

1.8　粉底霜

粉底霜是妆容的基础，粉状质地的粉底是最常见的，涂在脸上显得轻柔自然。粉底霜不逊于传统粉底的遮瑕力，美颜持久，对肌肤的呵护更加细致与柔和，让美丽发于自然。

1. 产品性能

大多为乳剂型霜膏。膏体细腻均匀，在皮肤上涂展性良好，涂抹后对香粉有强的附着能力，并能遮盖面部原来肤色和疵点，改善皮肤的质感，使化妆色更为和谐美丽。粉底霜应控制 pH＝4.0～6.5，和皮肤的 pH 接近，如果 pH＞7，偏微碱性，会使表皮的天然调湿因子和游离脂肪酸遭到破坏，虽然使用乳剂后过一些时间，皮肤 pH 又恢复平衡，但使用日久，必然会引起皮肤干燥，得到相反的效果。

2. 技术配方（质量，份）

（1）配方一

	（一）	（二）
甘油单硬脂酸酯	16.0	—
鲸蜡醇	1.0	2.0
棕榈酸异丙酯	2.0	2.0
乙二醇月桂酸酯	—	2.0
甘油	5.0	5.0
羊毛脂	2.0	—
鲸蜡醇硫酸钠	1.0	—
18#白油	2.0	2.0
钛白粉	2.0	—
硅酸铝	—	2.0
硬脂酸	—	17.0
氢氧化钾	—	1.0
水	67.0	65.0
香精、防腐剂	适量	适量

（2）配方二

蜂蜡	0.20
肉豆蔻酸异丙酯	5.20
巴西棕榈蜡	0.40
二氧化钛	1.80

云母	0.60
氧化铁红	0.15
高岭土	1.00
氧化铁黄	0.30
氧化铁黑	0.05
透明质酸钠/聚氨基葡萄糖	0.30
香料	适量

（3）配方三

肉豆蔻酸异丙酯	8.0
角鲨烷	7.0
硬脂酸	5.0
硬脂醇	1.0
酸性磷酸酶	1.0
胰蛋白酶水解液	1.0
1，3-丁二醇	5.0
司本-60	1.0
吐温-60	2.0
高岭土	5.0
膨润土	1.0
滑石粉	5.0
二氧化钛	8.0
香精	0.1
尼泊金酯	0.1
三乙醇胺	1.5
精制水	52.1

该粉底霜引自日本公开特许公报 91-34912。

（4）配方四

丝肽（$\overline{M}=500$，3%）	3.00
丝粉（400目）	1.00
丝粉（144目）	1.00
聚乙二醇	3.50
矿物油	4.00
卡帕树脂 940	0.10
胆固醇乳化剂	4.00
透明质酸（2%）	4.00
硬脂酸铝镁	0.75
乙氧基化脂肪醇	2.00
尼泊金甲/丙酯	0.20
三乙醇胺	0.20
香精	0.30
水	76.25

（5）配方五

聚二甲基硅氧烷	10.0
八甲基环四聚硅氧烷	13.0
十甲基五聚硅氧烷	5.0
氧化铁黄	1.5
滑石粉	3.3
Polytrap Q5-6603（聚合物粉末）	10.0
甘油	16.0
乙醇	8.0
氧化铁红	0.7
氧化铁黑	0.2
钛白	8.5
香精	0.3
精制水	23.38

该粉底霜含有多种硅油，易于涂展，可均匀而平滑地涂在皮肤上。引自日本公开特许公报 91-284610。

（6）配方六

全氟聚醚	15.0
氟化物处理的钛白	6.0
氟化物处理的云母	8.0
氟化物处理的铁红、黄、黑	0.5
甘油	2.0
八甲基环四硅氧烷	0.6
乙醇	10.0
烷氧基改性聚二甲基硅氧烷	1.0
香精	0.8
水	56.0

（7）配方七

甘油二异硬脂酸酯	2.00
角鲨烷	10.00
凡士林	2.00
硬脂酸	1.60
异硬脂酸	0.80
异辛酸十六烷酯	7.00
甘油	7.00
胶态水合硅酸盐	0.80
氧化钛包覆云母	5.00
羟甲纤维素	0.10
二丙二醇	5.00
氢氧化钾	0.27
尼龙粉	7.00
滑石粉	1.00

尼泊金酯	0.50
香精	0.20
精制水	55.43

这是一种 O/W 型粉底乳，引自日本公开特许 92-128211。

（8）配方八

	（一）	（二）
无水羊毛脂	10.0	—
鲸蜡醇	—	2.0
甘油单硬脂酸酯	—	2.5
固体石蜡	5.0	—
液状石蜡	2.0	25.0
失水山梨醇倍半油酸酯	5.0	—
抗氧化剂	0.2	—
三乙醇胺	—	1.5
滑石粉	20.0	—
氧化锌	8.0	—
高岭土	7.0	—
干燥白粉料	—	10.0
精制水	42.8	59.0
色料、香料、防腐剂	适量	适量

（9）配方九

液状石蜡	216.0
钛白粉	150.0
1，3-丁二醇	30.0
甘油三脂肪酸酯	32.5
硬脂酸糊精酯	35.0
甲基纤维素	3.0
云母	20.0
滑石粉	10.0
染料	20.0
香料	1.0
硅氧烷凝胶	396.0
精制水	95.5

该配方引自日本公开特许公报 91-115207。

3. 生产工艺

（1）配方二的生产工艺

粉料混合后粉碎，用少量油料捏合，分散后，与溶化的油脂蜡料混合，研磨后，加入香料，搅拌冷却，保温装瓶，制得对皮肤具有很好润湿作用的粉底霜。引自日本公开特许公报 90-300109。

（2）配方四的生产工艺

先在混合罐中加入水，加热并搅拌，温度达 70 ℃ 时，加入硬脂酸铝镁，搅拌至全部溶化，继续加入聚乙二醇、卡帕树脂940，持续搅拌。在另一混合罐中，加入胆固醇乳化剂、矿物油、乙氧基化脂肪醇，加热至70～73℃。然后将油相于搅拌下加至水相中，混合乳化，于40℃加入香精等物料，得冷底霜。

（3）配方六的生产工艺

氟化物处理的粉料：将对应粉料加至溶于异丙醚的双（全氟辛基乙氧基）磷酸中，蒸出溶剂，即得氟化物处理的粉料。该粉底液具有良好的抗水、抗皮脂和抗油性，化妆效果耐久。引自欧洲专利申请469602。

4. 主要生产原料

（1）二氧化钛

二氧化钛又称钛白粉、钛白，有锐钛矿、板钛矿、金红石3种晶型。白色粉末，化学性质相当稳定，不溶于水、脂肪酸和弱无机酸，但微溶于碱。具有较高的着色力和遮盖力。

	一级	二级
白度（与标准比）	不低于标样	无明显差异
含量	≥97.0%	≥97.0%
着色力（与标准比）	≥100.0%	≥90.0%
吸油量	≤30.0%	≤35.0%
细度（320目筛余物）	≤0.3%	≤0.5%

（2）滑石粉

滑石粉又称含水硅酸镁（$3MgO \cdot 4SiO_2 \cdot H_2O$），为纯白、银白、粉红或淡黄色粉末（由于产地不同，颜色质地各异），柔软而有滑腻感。相对密度2.7～2.8。不溶于水，化学性质不活泼。优质滑石粉具有滑爽和略有黏附于皮肤的性质，对皮肤具有一定的遮盖力。

	特级	一级
滑石粉含量	≥93%	≥88%
白度	≥90%	≥90%
氧化钙	≤0.5%	≤1.5%
Fe_2O_3	≤0.3%	≤1.0%
细度/μm	≤45	≤75

（3）云母

云母是云母族矿物的总称，为复杂的硅酸盐类。云母有白云母、黑云母、金云母、鳞云母等。其相对分子质量、色泽、相对密度和硬度因种类不同而异。

	白云母	黑云母	金云母	鳞云母
相对分子质量	398.31	584.80	417.26	400.26
色泽	白、淡黄或淡红	黑或深棕	黄或深棕	粉红或灰
相对密度	2.76～3.10	2.80～3.20	2.86	2.80～3.00
硬度	2.0～2.5	2.5～3.0	2.5～3.0	2.8～4.0

5. 工艺流程

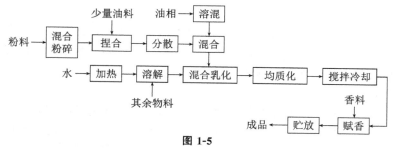

图 1-5

注：该工艺流程为乳剂型粉底霜的工艺流程。

6. 生产工艺

将粉料与油料捏合后与水相物料混合乳化制得乳剂型，或在乳剂型霜膏中掺和粉料。对于油膏型粉底霜，则在无水油膏中掺和粉料。

7. 质量控制

这里主要介绍 O/W 型粉底霜的质量控制。

（1）粉底霜耐热 48 ℃、24 h 或数天后油水分离

原因之一是试制时某种主要原料与生产用原料规格不同，制成乳剂后的耐热性能也各异。取生产用的各种原料试制乳剂，耐热 48 ℃ 符合要求后投入生产。

另一个原因是试制样品时耐热 48 ℃ 符合要求，但生产时因为设备和操作条件不同，影响耐热稳定性。解决方法是如果生产批量是每锅 500～2000 kg，则要备有 20～100 L 中型乳化搅拌锅，尽可能使设备和操作条件与生产投料量 500～2000 kg 粉底霜的条件相同。在操作中型乳化搅拌锅时，应调试至最佳操作条件，如加料方法、乳化温度、均质搅拌时间、冷却速度、整个搅拌时间、停止搅拌时的温度。

粉底霜搅拌冷却速度，因各种产品要求不同有 3 种：要求逐步降温、要求冷却至一定温度维持一段时间再降温、要求自动调节 10 ℃ 冷却水强制回流。没有严格遵守操作规程也是造成油水分离的原因之一。

（2）储存若干时间后，粉底霜乳剂色泽泛黄

泛黄的原因之一是粉底霜中含有各种润肤剂和其他原料，若选用了容易变色的原料，从而储存时间过长后粉底霜乳剂易泛黄。因此，如选用容易变色的原料时，其用量应减少至粉底霜仅出现轻微变色为度，否则将影响外观。

另一原因是香精中某些单体香料变色。将容易变色的单体香料加入粉底霜中，置于密封的广口瓶中，放在阳光直射暴晒，热天暴晒 3～6 天，冬天适当延长，同时做一只空白对照试验。因此，尽可能少用变色严重的单体香料。

油脂加热温度过高（超过 110 ℃），易造成油脂颜色泛黄，应控制不使油脂加热温度过高，缩短加热时间。

（3）粉底霜乳剂内混有细小气泡

乳剂在剧烈均质搅拌时，会产生气泡；在冷却乳剂搅拌桨旋转速度过快时，也容易产生气泡。通过调节刮板搅拌桨的速度，来控制气泡产生，速度以不使产生气泡为宜。

刮板搅拌桨的上部叶桨半露半埋于乳剂波面，在搅拌时容易混入空气。为了防止搅拌混入空气，应控制乳剂的制造量，使副板搅拌叶桨恰好埋入乳剂液面内，同时调节搅拌桨适宜的转速。

在停止均质搅拌后，气泡尚未消失，就引入回流水冷却，乳剂很快结膏，易将尚未消失的液面气泡搅入乳剂中。因此，停止均质搅拌后，应调节刮板搅拌机的转速，适当放慢转速，使乳剂液面的气泡基本消失后，再引入回流冷却水。

（4）粉底霜霉变和发胀

粉底霜中含有各种润肤剂和营养性原料，尤其是采用非离子型乳化剂，往往减弱了防腐性能，所以易繁殖微生物。为防止空玻璃瓶保管不善而造成沾污，空玻璃瓶退火后应立即装入密封的纸板箱内内热吸塑包装，灌装前不必洗瓶。妥善保管原料，避免沾染灰尘和水分；制造时油温保持 90 ℃、30 min 灭菌；使用去离子水，紫外灯灭菌；注意环境卫生和周围卫生；接触粉底霜的容器和工具清洗后用水蒸气冲洗或沸水灭菌 20 min。

8. 产品标准

膏体细腻，色泽均一。耐热、耐冷稳定性好，无油水分离或色粉分散不匀现象。易于涂搽，皮肤感觉滋润舒适，对皮肤安全无刺激。用后粉体附着牢固。

9. 产品用途

用于化妆搽粉前打底，能遮盖面部原来的肤色和疵点，使香粉在皮肤上附着牢固，化妆效果维持长久。

10. 参考文献

[1] 菁菁. 透视粉底 [J]. 中国化妆品，1999（5）：68-69.
[2] 粉底霜研制的新动向 [J]. 国内外香化信息，2002（10）：10.

1.9 珠光粉前蜜

这种 O/W 型乳液含有珠光物质，在涂粉前使用，可使皮肤光亮、清洁。日本公开专利 92-128211。

1. 技术配方（质量，份）

角鲨烷	100.0
甘油二异硬脂酸酯	20.0
凡士林	20.0
异硬脂酸	8.0
硬脂酸	16.0
异辛酸十六烷酯	70.0
二丙二醇	50.0
甘油	70.0
氢氧化钾	2.7
胶态水合硅酸盐	8.0

尼龙粉	70.0
氧化钛包覆云母	50.0
滑石粉	10.0
羟甲纤维素	1.0
香精	2.0
尼泊金酯	5.0
水	554.3

2. 生产工艺

油蜡状物料混熔后，与 80 ℃ 的水相混合乳化，高速搅拌下加入粉料，再在搅拌下冷至 45 ℃ 加香料，即得产品。

3. 参考文献

[1] 郭晓晓. 包覆型滑爽硅微粉的设计合成及其在织物整理/粉底液中的应用 [D]. 西安：陕西科技大学，2018.

1.10　婴儿粉

婴儿粉为幼儿全身用的粉末护肤品，主要成分为滑石粉，添加适量的安全、有效杀菌剂。配方中的黄檗提取液，可防治湿热生痱和褶烂。粉质爽滑性好。

1. 技术配方（质量，份）

黄檗提取液	15.0
轻质无水硅酸	5.0
滑石粉	500.0
香料	1.3

2. 生产工艺

将提取液、香料吸附于轻质无水硅酸中，再与滑石粉搅拌均匀即得成品。

3. 产品用途

夏季浴后布洒或撞扑方法施于皮肤上。

4. 参考文献

[1] 李汉源. 含有细蛋壳粉的婴儿香粉 [J]. 精细化工信息，1987 (10)：20.

1.11　香粉

1. 产品性能

香粉类制品是用于面部和身体的化妆品，细滑的固体粉末，香气持久悦人，具有一

— 27 —

定的遮盖、涂展、附着和吸油性能。粉类制品是用于面部的美容化妆品，其作用在于使极细颗粒的粉质敷在面部，以遮盖皮肤上的某些缺陷，要求近乎自然肤色和良好质感，粉类制品应有良好的爽滑性、黏附性、吸收性和遮盖力，它的香气应该芳馥醇而不浓郁，以免遮盖香水的香味。

2. 技术配方（质量，份）

（1）配方一

尼龙粉	25.000
云母	44.000
N-月桂酰基赖氨酸	15.000
硬脂酸异二十烷酯	8.000
空心微球	0.250
氮化硼	3.000
硬脂酸锌	1.000
马来酸二异十八烷酯	0.125
染料	1.500
香精	0.125

该化妆香粉对皮肤具有良好的附着力和一定的抗汗作用。引自欧洲专利申请447287。

（2）配方二

云母	10.0
尼龙粉	6.0
硬脂酸镁	3.0
聚二甲基硅氧烷	11.0
硅氧烷处理的氧化铁红	1.0
硅氧烷处理的氧化铁黄	1.5
硅氧烷处理的氧化铁黑	0.2
硅氧烷处理的二氧化钛	8.0
硅氧烷处理的丝云母	58.1
失水山梨醇倍半油酸酯	1.0
尼泊金丁酯	0.2
香精	0.2

该化妆粉具有适度的吸油保湿性，对皮肤具有良好的附着性。引自日本公开特许90-152917。

（3）配方三

	（一）	（二）	（三）
滑石粉	63.0	42.0	50.0
高岭土（化妆品级）	12.0	13.0	—
氧化锌	15.0	15.0	15.0
米淀粉	—	—	15.0
硬脂酸锌	5.0	5.0	5.0

碳酸镁	5.0	5.0	—
沉淀碳酸钙	—	15.0	15.0
颜料、香精	适量	适量	适量

（4）配方四

	（一）	（二）	（三）
滑石粉	40.0	30.0	10.0
云母粉	40.0	60.0	70.0
钛白	—	2.0	2.0
氧氯化铋	10.0	8.0	—
云母粉	10.0	—	18.0
颜料、香精	适量	适量	适量

（5）配方五

	（一）	（二）
滑石粉	50.0	80.0
云母粉	40.0	
氧化锌		5.0
珠光颜料	10.0	
硬脂酸锌	—	5.0
淀粉	—	10.0
颜料、香精	适量	适量

（6）配方六

云母粉	55.45
聚酰胺粉	36.00
肉豆蔻酸镁	2.00
氯乙烯/丙烯腈共聚物	1.00
液状石蜡	3.00
氧化铁黄	1.00
氧化铁红	0.25
红色颜料	0.50
香料	0.80

将香料与肉豆蔻酸镁混合，加至其余物料的混合物中，研磨、过筛，得易涂布、粉层薄、柔软、舒服的化妆粉。引自英国专利申请2191945。

（7）配方七

聚二甲基硅氧烷	2.00
丝云母	4.76
橄榄烯 C_{60}	0.19
橄榄烯 C_{70}	0.05

将丝云母、橄榄烯 C_{60}、橄榄烯 C_{70} 混合后与聚二甲基硅氧烷混合，在苯中搅拌、蒸发、粉化，在150℃加热2 h得该产品。该产品具有吸收紫外光、保护面部皮肤的功用。引自日本公开特许公报93-17328。

（8）配方八

丝云母	5.0
钛白粉包覆的1，2-二氯乙烯/丙烯腈共聚物颗粒	20.0
尼龙粉	3.0
滑石粉	44.0
氧化铁黄	0.1
氧化铁红	0.2
液状石蜡	0.5
肉豆蔻酸异丙酯	2.0
甘油-2-乙基己酯	1.0
香精	0.3

该香粉中含有空心的聚合物颗粒，涂抹后肤感光滑、吸汗性好。引自日本公开特许92-9319。

（9）配方九

	（一）	（二）
滑石粉	39.7	44.5
高岭土	—	30.0
碳酸氢钠	30.0	
氧化锌	20.0	
碱式氯化铝	—	20.0
碳酸镁	—	0.5
氧化镁	10.0	
硬脂酸锌	—	5.0
薰衣草油	0.3	—
香精	—	0.3

将粉质原料混合研磨后均匀地喷入香精（或薰衣草油），混匀即得抑汗粉。本品具有滑爽、吸汗和赋香作用。

（10）配方十

	（一）	（二）
硬脂酸锌	6.0	—
滑石粉	78.0	80.0
碳酸钙	14.0	—
钛白粉	—	5.0
氧化锌	—	8.0
米淀粉	—	5.0
碱式硝酸铋	0.5	
氧化氨基汞	1.5	
精制植物胆固醇	—	0.3
香精	0.4	0.7

该配方为祛斑香粉，具有防止紫外线照射、掩盖或减淡雀斑的作用。

（11）配方十一

	（一）	（二）
甲基二鞣酸	2.80	—
滑石粉	5.50	28.00
石英粉	3.00	—
水杨酸	—	0.28
淀粉	—	14.00
氧化锌	—	4.70
玫瑰水	适量	—
香料	—	0.50

该配方为爽身粉的技术配方。

（12）配方十二

	（一）	（二）
灭菌滑石粉	60.75	100.00
硬脂酸锌	3.50	—
硬脂酸镁	—	9.00
高岭土	27.00	5.00
甘油单硬脂酸酯	—	3.00
碳酸镁	30.00	—
尿囊素二羟基铝	0.50	—
硼酸	—	7.50
鲸蜡醇	—	3.00
香精	0.25	0.40

该配方为婴幼儿爽身粉的技术配方。所用原料必须是安全、无刺激性的。

（13）配方十三

	（一）	（二）
灭菌滑石粉	79.7	96.2
灭菌的高岭土	5.0	
硼酸	2.5	2.9
炉甘石	3.0	
樟脑	1.0	0.7
氧化锌	3.0	
淀粉	5.0	
水杨酸	0.8	0.7
薄荷脑	适量	适量

该配方为痱子粉的技术配方，所得产品具有吸汗、止痒和消毒抑菌作用，用后肤感爽快。

（14）配方十四

	（一）	（二）	（三）
滑石粉	40.0	65.0	15.0
二氧化钛	—	—	3.0
氧化锌	8.0	5.0	5.0

高岭土	40.0	20.0	60.0
硬脂酸锌	7.0	5.0	4.0
沉淀碳酸钙	5.0	5.0	10.0
颜料	1.0~4.0	1.0~4.0	1.0~4.0
碳酸镁	0.5~1.0	0.5~1.0	0.5~1.0
香精	0.2~1.0	0.2~1.0	0.2~1.0

配方（一）为普通型香粉，配方（二）为轻质型香粉，配方（三）为重质型香粉。

3. 主要生产原料

香粉的作用在于使极细颗粒的粉末涂敷于面部或周身，使之有滑爽感并有吸汗作用，所以选用的原料应符合皮肤的安全性。原料不得对皮肤有任何刺激性，杂菌含量应按规定<10 个/g，不得检出致病菌，如金黄色葡萄球菌、绿脓杆菌等。重金属也应加以控制，一般控制含铅量<20 μg/g，含汞量<3 μg/g，含砷量<5 μg/g。

（1）高岭土

高岭土又称瓷土、白土，是黏土中的一种，颜色纯白或淡灰。容易分散于水或其他液体中，有滑腻感，黏附于皮肤的性能好，能抑制皮脂及吸收汗液。

SiO_2 含量	≥48.0%
Al_2O_3 含量	≥30.0%
Fe_2O_3 含量	≤0.4%
酸溶物质	<2.0%
酸碱性	水溶物质呈中性
含铅量	<0.0020%
含砷量	<0.0005%

（2）氧化锌

氧化锌又称锌白粉，白色六角晶体或粉末。无毒、无臭，两性氧化物，溶于酸、碱和氯化铵溶液中，不溶于水和乙醇。着色力和遮盖力仅次于钛白。对皮肤有缓和的干燥和杀菌作用。

外观		白色无定形粉末
含量		≥99.0%
细度	（通过 100 目筛）	100%
	（通过 200 目筛）	≥98.0%
含铅量		<0.0040%
含砷量		<0.0005%

（3）硬脂酸锌

硬脂酸锌又称十八碳酸锌 $[Zn(C_{17}H_{35}CO_2)_2]$。白色黏结的细粉，有滑腻感。中性反应，能被稀酸所分解，能溶于苯，不溶于水、乙醇和乙醚。对皮肤有良好的黏附性、润滑性。

锌含量	10.4%~11.4%
熔点/℃	120±3
游离脂肪酸	≤1.0%
水分	≤1.0%
细度（通过 200 目）	≥99.0%

（4）滑石粉

滑石粉分子式 $3MgO \cdot 4SiO_2 \cdot H_2O$，是由天然矿产加工磨细而成，主要产区为辽宁省海城地区。由于滑石矿的不同，滑石粉的性质也有不同，有的滑石粉柔软而滑爽；有的滑石粉外观呈细绒毛状，手感滑爽，少数滑石粉粗糙且较硬。滑石粉是白色结晶状细粉末，细度分 200 目、325 目、400 目等多种规格，具有薄片结构，它割裂后的性质与云母很相似，这种结构使滑石粉具有光泽和爽身的特性。滑石粉的色泽从洁白到灰色，不溶于水及冷酸或碱。滑石粉是天然的硅酸镁化合物，有时含有少量硅酸铝，优质滑石粉具有滑爽和略有黏附于皮肤的性质，帮助遮盖皮肤上的小疤痕。滑石粉是粉类产品的主要原料，用于制造香粉、粉饼、胭脂、爽身粉等。

滑石粉纯度规格：

含酸溶物质	<2.0%
含水溶物质	<0.4%
含水溶物质	呈中性
含铁量	<0.7%
含铅量/（μg/g）	<20
含砷量/（μg/g）	<5

（5）碳酸钙

碳酸钙分子式 $CaCO_3$，轻质和重质碳酸钙都是沉淀碳酸钙，制取轻质碳酸钙的方法：以石灰石和煤混合，在高温下燃烧成生石灰，同时产生二氧化碳，再将生石灰用水制成石灰乳，用细铁丝网过滤，除去粗粒等杂质。将石灰窑中产生的二氧化碳气体，净化后通入石灰乳，使石灰乳和二氧化碳相互作用生成沉淀碳酸钙，二氧化碳的通入量以溶液对酚酞试剂不呈碱性反应为宜，然后过滤，干燥，粉碎即可。

$$Ca(OH)_2 + CO_2 = CaCO_3 + H_2O$$

重质碳酸钙是将一定浓度的氯化钙溶液，加入至一定浓度的碳酸钠溶液中而制成。

$$Na_2CO_3 + CaCl_2 = 2NaCl + CaCO_3$$

天然碳酸钙是将自然界中存在的碳酸钙矿石磨成细粉而得，碳酸钙为白色粉末，无臭、无味、不溶于水，pH<9.5（2 g碳酸钙加入 20 mL 蒸馏水搅匀，过滤，用酸度计测定水溶液的 pH）。细度 100% 能通过 100 目筛子，98% 能通过 200 目筛子，含铅量<20 μg/g，含砷量<5 μg/g。

溶于酸，不溶于水，它具有吸收汗液和皮脂的性质，由于碳酸钙是白色无光泽的细粉，有除去滑石粉闪光的功效。碳酸钙在高温 825 ℃ 时分解成氧化钙和二氧化碳。碳酸钙是牙膏的粉质摩擦剂，是制造香粉、粉饼、水粉、胭脂等的原料，由于碳酸钙有良好的吸收性，所以制造粉类产品时用碳酸钙作香精混合剂。

（6）碳酸镁

碳酸镁分子式 $MgCO_3$，常以碱式盐 $(MgCO_3)_4 \cdot m(OH)_2 \cdot 5H_2O$ 的形式存在。天然碳酸镁存在于菱镁矿中，轻质碳酸镁通常以硫酸镁与碳酸钠作用制得。碳酸镁碱或盐相对密度 1.8～2.2，pH<10.0。细度 100% 通过 100 目筛子，98% 通过 200 目筛子，含铅量<30 μg/g，含砷量<5 μg/g，白色轻质粉末，体轻而质松，溶于稀酸而放出二氧化碳气体，加热约至 700 ℃ 能变成氧化镁，有良好的吸收性能，它的吸收性要比碳酸钙强 3～4 倍，碳酸镁对香精也有优良的温和特性，因此，往往用作香精的混合剂，

是制造香粉、粉饼、胭脂等的原料，能增加香粉的比容积，制造粉类产品时碳酸镁的用量一般不超过 15％。

4. 工艺流程

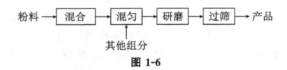

图 1-6

5. 生产设备

粉状化妆品的设备可广泛地应用于制作香粉、爽身粉、痱子粉等，常用的设备有粉碎机、混合罐、筛粉机、包装机等。

（1）粉碎机

粉碎机是制作粉状化妆品常用的设备之一，它可将粉末原料进行精细加工，以达到所需细度，粉碎机按其粉碎的程度可分为粗碎机、中碎机、细碎机三大类。

①粗碎。凡是经粉碎后物料块粒的直径大于 100 mm 的称为粗碎。粗碎机主要用于大块料的第一次破碎，可破碎原来尺寸达 1 m 以上的物料，这类粉碎机主要是以压碎的方法进行破碎。

②中碎。凡经粉碎后的物料块粒的直径达 30～190 mm 的称为中碎。中碎机主要用于第二次破碎，可破碎块度在 350 mm 以下的物料，这类粉碎机主要采用击碎或压碎的方法进行破碎。

③细碎。粉碎后的物料粒度在 20 mm 以下的称为细碎。细碎又分为粗细碎（物料直径为 0.14～0.30 mm）、精细碎（物料直径在 0.1 mm 以下）、超细碎（物料直径在 0.020～0.004 mm）。细碎机主要用于第三次粉碎，待磨碎物料的尺寸在 60 mm 以下。这类机械主要用磨碎（或研磨）的方法进行粉碎，因此也称为研磨机。

常用的粉碎机有颚式粉碎机、圆锥式粉碎机、滚筒式粉磨机等几种。

（2）混合罐

混合罐主要用于粉状化妆品的调料拌和，一般常采用搪瓷或不锈钢材质并附有搅拌器。当投入物料后，开动搅拌器便可使物料混合拌匀，当然可根据生产实际而定，简易的办法是采用容器用人工拌和调匀即可。

（3）筛粉机

筛粉的方式一般分为机械自动筛粉和人工筛粉两种，机械自动筛粉机主要由电动部分和筛网及框板组成。当粉类加入后，通过筛网，达到要求的细度。

一般用于制作香粉、爽身料、痱子粉等时为 120 目（即孔径为 0.125 mm）以上。

（4）包装机

粉状化妆品所采用的包装机，主要由贮料斗、计量装置组成，当进行包装时，计量装置可定量的将粉状物加至包装容器里。生产中也可采用人工包装。

6. 生产工艺

香粉制造工艺主要包括混合、研磨、过筛。一种是混合、研磨后过筛；另一种是研磨、过筛后混合。研磨机主要有球磨机、气流磨碎机和超微粉碎机。

配料前要查看领用原料是否经检验部门检验合格，必须校正好磅秤。制造前必须检验机器。球磨机、高速混合机、超微粉碎机和过筛机运转是否正常，并要注意安全用电。制造的容器、球磨机、超微粉碎机的尼龙袋、筛子和铝桶，在制造不同色泽的香粉时应做到专料专用。在调换制造不同色泽香粉时，应将高速混合机，超微粉碎机等设备和容器彻底清洗。

（1）混合

混合的目的是将各种原料用机械进行均匀混合，混合香粉用机器主要有 4 种。

①卧式混合机。搅拌桨转速较慢，不会因搅拌时摩擦使香粉产生热量。缺点是搅拌桨和容器之间有较大的间隙和死角，在间隙和死角的香粉原料搅拌不均匀，此外，搅拌完毕后启盖和放料时粉尘容易飞扬。

②球磨机。球磨机转动时利用石球在香粉原料中无规则运动和坠落时相互撞击使香粉混合，同时有磨细作用。缺点是混合速度慢，至少要混合数小时，故效率较低。

③V 型混合机。V 型混合筒转动时，香粉在混合筒上下颠覆运动，使香粉充分混合。

④高速混合机。近年来，采用高效率的高速混合机，整个香粉搅拌混合时间约 5 min，搅拌转速达 1000～1500 r/min。高速混合机有夹套装置，可通过冷却水进行冷却，如果搅拌时间较长，就会在加工过程中产生高温。50 L 高速混合机只能投入粉料 25 kg，控制投料量和搅拌时间就不至于产生高热，要使产生的热量降至最低限度。

（2）磨细

磨细的目的是将粉料再度粉碎，可使得加入的颜料分布均匀，显出应有的色泽。不同的磨细程度，香粉的色泽也略有不同，磨细机主要有 3 种。

①球磨机。球磨机也就是带有混合作用的球磨机。球磨机转动时，利用石球坠落相互撞击使粉磨细，要使粉磨细至少 8 h，多则数天，故效率很低。

②气流磨机。在空气回旋式的气流磨中，粉料随空气高速流动、旋转，粉料相互撞击粉碎，再通过旋风分离器得磨细的粉料。

③超微粉碎机。超微粉碎机是利用高速旋转的转子，外壳是定子，转子上有 20～30 片刀片，转子高速旋转时产生剪切，粉料相互撞击而使粉料磨细，再通过旋风分离器得到磨细的粉料，5～10 μm 的粉料占 50% 以上，磨细过程是连续的，速度快、效率高。

（3）过筛

通过球磨机磨细、混合的粉料要通过卧式筛粉机，其形状和卧式混合机相同，转轴上装有刷子，筛粉机下部有筛子，刷子将粉料通过筛子落入底部密封的木箱，特级颗粒分开。如果采用气流磨或超微粉碎机，再经过旋风分离器得到的粉料，则不一定再进行过筛，或通过 120 目筛子。

（4）加香精

一般是将香精预先加入部分碳酸钙或碳酸镁中，搅拌均匀后加入 V 型球磨机中混合。如果采用气流磨或超微粉碎机，为了避免油脂物的黏附，提高磨细效率，同时避免粉料升温后对香精的影响，应将碳酸钙和香精混合物加入磨细后经过旋风分离器的粉料中，再进行混合。

7. 产品标准

粉体	香粉	爽身粉	痱子粉
粉体		无明显杂质及明显黑点	
色泽		均匀无色或符合规定的色泽	
香气		符合规定香型	
pH	6.0～9.5	6.0～9.5	6.0～9.5
重金属（以 Pb 计）	≤0.002%	≤0.002%	≤0.002%
水及挥发物	≤1.5%	≤1.5%	≤1.5%
细度（120 目筛）	≥95%	≥98%	≥98%

8. 产品用途

香粉为面部化妆品，用粉底霜在面部、颈部打底后，再扑香粉，能遮盖原来的肤色及斑点，得到中意的肤色。爽身粉供全身使用的化妆品，夏季浴后使用，有滑爽感，并能吸收汗液和水分；痱子粉供湿热天气防止皮肤生痱子。

9. 参考文献

[1] 日用化学品科学编辑部. 香粉、爽身粉和痱子粉的行业标准 [J]. 日用化学品科学，2004（10）：29-30.
[2] 冯兰宾，袁铁彪. 香粉类化妆品 [J]. 日用化学工业，1981（6）：36-38.

1.12　粉饼

1. 产品性能

粉饼又称压制粉饼、盒装粉饼。薄饼形粉块，一般为肉色，含一定油分，粉质滑细，易于搽用，附着力强，香气悦人。饼块硬度适中，颜色均一。

为了使物饼压制成型，必须加入胶质、羊毛脂、白油，以加强粉质的胶合性能，或用加脂香粉压制成型。

2. 技术配方（质量，份）

（1）配方一

高岭土	42.97
云母粉	15.00
钛白	10.00
氧化铁黄	5.00
氧化铁红	1.00
氧化铁黑	0.30
硅酮	6.00
角鲨烷	10.00

吐温-80	0.50
异辛酸三羟甲基丙酯	5.00
丁二醇	3.00
防腐剂	0.70
抗氧剂	0.03
香料	0.50

（2）配方二

	（一）	（二）
绢云母	5.600	9.150
尼龙粉	0.760	—
钛白	1.100	0.150
二聚甘油三异硬脂酸酯	0.250	—
端基为三甲基的聚三氟丙基甲基硅氧烷	1.100	—
硬脂酸镁	—	0.120
硅酮油	—	0.200
液状石蜡	—	0.300
氧化铁红	0.100	0.015
氧化铁黄	0.230	0.010
氧化铁黑	—	0.001
群青	0.014	—
油酸辛基月桂酯	0.850	
香精	适量	0.050

配方（一）引自日本公开特许89-211514，配方（二）引自欧洲专利申请154150。

（3）配方三

	（一）	（二）
滑石粉	78.0	85.5
高岭土	7.0	—
羊毛脂	2.0	5.0
硬脂酸	—	1.5
失水山梨醇倍半油酸酯		2.0
甘油	5.0	
硬脂酸锌	5.0	
异三十烷	—	5.0
三乙醇胺		1.0
钛白	3.0	
颜料、香精	适量	适量

（4）配方四

硬脂酸钙	3.0
羊毛脂	0.5
凡士林/羊毛脂/高氯酸钠/吐温-60	1.0
尼泊金丙酯	0.2
尼泊金甲酯	0.1

咪唑烷基尿素	0.4
抗氧剂（BHA）	0.1
颜料	适量
滑石粉	94.7

该粉饼具有良好的皮肤覆盖化妆效果。

（5）配方五

	（一）	（二）
滑石粉	74.0	93.0
角鲨烷	—	1.5
二氧化钛	5.0	—
高岭土	10.0	—
液状石蜡	3.0	—
失水山梨醇倍半油酸酯	2.0	0.5
CMC-Na	—	5.0
丙二醇	2.0	—
颜料、香精	适量	适量

3. 主要原料

（1）硬脂酸镁

硬脂酸镁又称十八碳酸镁。白色粉末，有滑腻感，不溶于水，能溶于热乙醇。遇稀酸分解，熔点 88.5 ℃。

（2）角鲨烷

角鲨烷分子式 $C_{30}H_{62}$，相对分子质量 422.83，以深海角鲨色的肝脏中提取角鲨烯，将角鲨烯加氢精制得角鲨烷。相对密度 （d_{20}^{20}） 0.807～0.810，折光率 （n_D^{20}） 1.451～1.457，酸值＜1 mgKOH/g，皂化值＜0.5 mgKOH/g，碘值＜3.5 gI$_2$/100 g，涂敷于皮肤非常润滑，−55 ℃ 仍能保持流动状态，是无色透明，几乎是无气味的油状液体。

（3）钛白粉

钛白粉分子式 TiO_2，以钛铁矿等含钛量高的矿石，用硫酸处理成硫酸钛，再加工制得，学名二氧化钛。白色无定形粉末，水溶性物质＜0.12％，2 g 二氧化钛加 20 mL 蒸馏水搅拌，过滤后水溶液呈中性，含铅量＜40 μg/g，含砷量＜7 μg/g，不溶于水、盐酸、硝酸和稀硫酸。工业用二氧化铁的铝含量往往高达 200～300 μg/g，不适宜用于化妆品。二氧化钛的遮盖力很强，遮盖力比氧化锌高 2～3 倍，用于粉类产品、有增强遮盖力作用。

（4）色素

色素是粉类产品的主要原料之一，它能调和皮肤的颜色，使之鲜艳，有良好的质感，适用于粉类制品的色素，要求能耐光和耐热，日久不变色，使用时遇水或油不致溶化的颜料，在 pH 略有变化时不致变色。因为使用粉类产品时会和皮肤的汗液接触，所以颜料对弱酸或弱碱应具有一定稳定性，粉类制品的着色一般是无机颜料和有机颜料合用。例如，氧化铁一类的无机颜料，再加入一些红色或橘黄色的有机颜料，使得色泽较为鲜艳。香粉和粉饼的色泽有白色、米色、天然肤色、玫瑰色等，胭脂则以颜料立索尔红为主，用于粉类制品的有机颜料有 D&C 红 NO.7、NO.9、NO.11、NO.36，D&C 橙 NO.4、NO.17，D&C 黄 NO.5 等。

（5）香精

香精加入粉类产品以后，每一颗粉粒都黏附有香精，因此香精的挥发表面非常大，如果不加定香原料，那么不到 2～3 个月，香味将会全部消失，因此在香精中要加入定香原料。香膏、檀香油和人造麝香等，香气一般都比较醇厚，一般用于花粉香型、素心兰、馥奇香型和玫瑰檀香型等。

4. 工艺流程

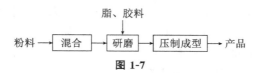

图 1-7

5. 生产工艺

将各粉质原料按配方比混合，投入球磨机中研磨 2 h，m（粉料）：m（球）＝1：1，球磨机的转速为 50～55 r/min，然后加入油脂、胶水及香精混合物，混合球磨至色泽均匀一致。过筛后，粉料加入超微粉碎机中磨细，得到的微粉在灭菌器内用环氧乙烷灭菌。再过 60 目筛，压制成型得到粉饼。

具体操作：生产中，单纯依靠香粉中各种粉料的胶合性是不够的，为了使粉料有足够的胶合性，最普通的方法是加入一些水溶性胶质——天然或合成的胶质（如阿拉伯树胶、羧甲基纤维素、羧乙基纤维素、羧基聚亚甲基胶粉），使用这些胶质是先将胶质溶化在含有少量吸湿剂的水溶液中，如甘油、丙二醇、山梨醇或葡萄糖的水溶液，同时加入一些防腐剂，乳化的脂肪混合物也可和胶水混合在一起加入香粉中，胶质的用量必须按香粉的组分和香粉的性质而定。

用烧杯或不锈钢容器称量胶粉，加入去离子水或蒸馏水搅拌均匀，加热至 90 ℃，加入苯甲酸钠或其他防腐剂，在 90 ℃ 灭菌 20 min，用沸水补充蒸发的水分后备用。

所用羊毛脂、白油等油脂必须事先溶解，加入少量抗氧剂，用尼龙布过滤后，将羊毛脂、白油、香精和胶水混合。

按配方称取滑石粉、陶土粉、玉米粉、二氧化钛、硬脂酸锌、云母粉、颜料等，在球磨机中混合研磨 2 h，m（粉料）：m（石球）＝1：1，球磨机转速是 50～55 r/min，再加入胶水泥合 15 min。球磨机混合时间共为 375 min。在球磨机混合过程中，要经常取样检验颜料是否混合均匀，色泽是否与标准样一致。

在球磨机中混合好的粉料，筛去石球后，粉料加入超微粉碎机中进行磨细，超微粉碎后的粉料在灭菌器内用环氧乙烷灭菌，将粉料装入清洁的桶里，将桶盖盖好，防止水分挥发，并检查粉料是否有未粉碎的颜料色点、二氧化钛白点或灰尘杂质的黑色点。

在压制粉饼前，粉料先要经过 60 目筛，还要做好压制粉饼机的检查工作：运转情况是否正常，是否有严重漏油现象，所用木盘（放置粉饼用）必须保持清洁。

按规定重量的粉料加入模具内压制，压制时做到平稳，不求过快，防止漏粉、压碎，根据配方适当调节压力。压制粉饼所需要的压力大小和压粉机的机型、香粉中的水分和吸湿剂的含量,以及包装容器的形状等有关。如果压力太大,制成的粉饼就会太硬,使用时不易擦开;如果压力太小,制成的粉饼就会太松易碎。

压粉饼的机器有数种,有手工操作的,油压泵产生压力的手动粉末成型机,每次可压饼2～4块;也有自动压制粉饼机,每分钟可压制粉饼4～30块,是连续压制粉饼的生产流水线。

压制好的粉饼必须检查,不得有缺角、裂缝、毛糙、松紧不匀等现象。采用加脂香粉基料压制的粉饼,要求压力恒定。不得使粉饼过于结实或疏松。

6. 质量控制

粉饼是用于面部的美容化妆品,其作用在于使极细颗粒的粉质敷在面部,以遮盖皮肤上某些瑕疵,要求近乎自然的肤色和良好的质感,粉类制品应有良好的爽滑性、黏附性、吸收性和遮盖力。它的香气应芳馥醇和而不浓郁,以免遮盖香水的香味,根据使用上的要求,粉饼制品应具有以下几种特性。

（1）滑爽性

粉饼原料常有结团、结块的倾向,当粉饼用于面部时易发生阻曳现象,因此必须具有滑爽性。粉饼的滑爽性是依靠滑石粉的作用而实现的。滑石粉的种类很多,它的色泽可从洁白到灰暗,它的光彩可以从闪烁到暗淡。它的质地有的柔软而滑爽,有的粗糙而较硬。对滑石粉等主要原料的品质要谨慎地选择是制造粉类制品成功的要诀。适用粉饼的滑石粉色泽必须洁白、无臭,手指接触后感觉柔软光滑,因为滑石粉的颗粒有平滑的表面,颗粒之间的摩擦力很小。优质滑石粉能赋予香粉一种特殊的半透明性,能均匀地黏附在皮肤上。

粉饼用的滑石粉,它的细度应该98％以上能通过200目筛网,就是说98％以上的颗粒孔径小于74 μm,如果需要更细的滑石粉,应再加工磨细。滑石粉的颗粒太粗会影响对皮肤的黏附性,太细会使粉层结构破坏而失去某些特性。

对滑石粉体积大小的控制也是很重要的,一般是计算它的单位体积的重量,即可见密度,粉饼在一定的重量时必须有固定的体积。粉饼的滑石粉用量往往超过50％。

（2）黏附性

粉饼制品不应在涂敷后脱落,因此要求黏附在皮肤上,硬脂酸镁、锌和铝盐在皮肤上有很好的黏附性,能增加粉饼在皮肤上的附着力。此种硬脂酸金属盐或棕榈酸金属盐常作粉饼的黏附剂,这种金属盐的相对密度小、色白、无臭,粉饼中普遍采用硬脂酸镁或锌盐,硬脂酸铝比较粗糙;硬脂酸钙盐则缺少滑爽性;十一烯酸锌虽有很好的黏附性,但成本较高。硬脂酸金属盐类是质轻的白色细粉,加入粉饼制品就包覆在其他粉粒外面。黏附剂的用量随配方需要而决定,一般用量为配方量的5％～15％。

用来制金属皂的硬脂酸质量是极其重要的,质量差的硬脂酸制成的金属皂会产生讨厌的气味,这是因为存在着的油酸或其他不饱和脂肪酸等杂质引起了酸败味,这种酸败的气味混入粉饼中,即使添加再多的香精也是很难掩盖的。

（3）吸收性

吸收性是指对香料的吸收,也是指对油料和水分的吸收。粉类制品一般以沉淀碳酸钙、碳酸镁、胶性陶土、淀粉和硅藻土等作为香精的吸收剂。碳酸钙所具有的吸收性是因为颗粒有许多气孔的缘故,它是一种白色无光泽的细粉,所以它和胶性陶土一样有消去滑石粉闪光的功效。碳酸钙的缺点是它在水中呈碱性反应，如果在粉饼中用量过多，热天涂抹吸汗后会在皮肤上形成条纹，所以粉饼中碳酸钙的用量不宜过多，用量一般不超过粉饼总量的 5％。

碳酸镁的吸附性较碳酸钙强 3～10 倍，对香精有优良的混合特性，是一种很好的香料吸附剂，因此，在配制粉饼产品时往往先将碳酸镁和香精混合均匀后，再加入其他粉质原料中。"吸收"意味着一种干燥的方法，粉饼的吸收性越强，对面部皮肤的干燥就越严重。

不同类型的皮肤、不同的气候对于粉饼制品的要求不同，多油性皮肤和炎热潮湿的地区，皮脂和汗液较多，需要吸收性较好的粉饼制品，而干燥性皮肤和寒冷干燥地区，皮肤容易干燥皲裂，因此应采用吸收性较差的粉饼制品。配制吸收性较差的粉类制品的方法：一种方法是减少碳酸镁（或碳酸钙）的用量，或是增加硬脂酸镁（或硬脂酸锌）的用量；另一种方法是在粉类制品内加脂肪物称为加脂香粉或加脂粉饼等，粉颗粒外表涂布了很均匀的脂肪，因此，粉质的碱性不会影响到皮肤的 pH，而且粉质有柔软、滑爽、黏附性好等优点，近年来的发展趋势是生产加脂粉饼和珠光粉饼。

（4）遮盖力

粉饼制品一般带有一定色泽，接近皮肤的颜色，能遮盖黄褐斑或小瑕疵。有良好遮盖力的白色颜料，常用的有氧化锌、二氧化钛，这些原料称为遮盖剂。遮盖力是以单位重量的遮盖剂所能遮盖的黑色表面积来表示的。例如，1 kg 二氧化钛约可遮盖黑色表面积 12 m²。

配方中采用占配方量 15％～25％ 的氧化锌，可使遮盖剂制品有足够的遮盖力，而且不拔干皮肤，如果要求更好的遮盖力，可以采用氧化锌和二氧化钛配合使用。

7. 产品用途

粉质滑细，易于搽用，附着力强。香气符合规定之香型，香气悦人。饼块颜色均一，表面平整，无异色、无杂点。

面部化妆品，赋予美观悦目的肤色。

8. 参考文献

[1] 王成湘. 化妆品粉饼生产的新工艺 [J]. 日用化学工业，2001（2）：46—47.

1.13　胭脂

1. 产品性能

胭脂是由颜料、粉料、胶合剂和香料等复配而成的一种粉饼，用来敷于面颊使面色显得红润健康呈现立体感与健美的魅力的面部美容化妆品。它是一种古老的美容化妆品。古代有用天然红色原料，如朱砂、胭脂虫、玫瑰花等作胭脂；现代生产的胭脂品种较多，有液体、半固体和固体的，如胭脂块、胭脂膏、胭脂乳、胭脂胶冻、胭脂水、颊红摩丝、透明状胭脂、乳化状胭脂膏等。但以团体粉饼状胭脂在市场上最受欢迎。用刷子沾上胭脂在脸部所需处轻轻抹刷，就可消除脸部平坦感，增加起伏感，有突出个性的作用。

2. 技术配方（质量，份）

（1）配方一

	（一）	（二）
凡士林	76.0	11.4
矿物油	8.0	18.0
蜂蜡	—	12.0
聚乙二醇单硬脂酸酯		9.0
羊毛脂	4.0	9.0
硼砂		0.6
氧化锌	5.0	—
颜料	7.0	8.0
防腐剂	适量	适量

配方（一）所得产品为膏状胭脂，易于使用，无油腻感，如需时可调整颜料用量。配方（二）所得产品为乳剂型胭脂膏，将油相加热溶化，于 60 ℃ 加颜料，用三辊机研磨数次为油相，将硼砂、防腐剂溶于 60 ℃ 热水中，将 60 ℃ 的油相与水相混合乳化，45 ℃ 加香精，再通过胶体磨或三辊机研磨得成品。

（2）配方二

	（一）	（二）
白蜂蜡	12.0	2.0
鲸蜡（或替代物）	8.0	—
地蜡	—	4.0
卡拉巴蜡	—	8.0
凡士林	24.0	—
矿物油	22.0	22.0
硼砂	0.8	—
棕榈酸异丙酯		32.0
羊毛脂		2.0
尼泊金甲酯	0.1	—
水	30.0	—
颜料	3.1	30.0

配方（一）所得产品为乳剂型胭脂膏，分散均匀，对皮肤滑润无油腻感；配方（二）所得产品为油性胭脂膏。

（3）配方三

单硬脂酸丙二醇酯	1.70
二氧化钛	1.25
油酸	6.00
矿物油	25.00
羧甲基纤维素（celluloseum CMC-7LF）	0.10
丙二醇	5.00
三乙醇胺	3.00

铝硅酸镁（veeum 增稠剂）	0.75
聚合烷基萘磺酸钠（分散剂）	0.25
色素	1.25
蒸馏水	53.20
防腐剂	适量

该配方为胭脂液的生产配方。

（4）配方四

聚酰胺树脂（$M=8000$）	20.0
聚酰胺树脂（$M=600\sim800$）	5.0
蓖麻油	12.6
羊毛醇	8.0
二乙二醇单乙醚	10.0
聚氧乙烯（5）羊毛醇醚	10.1
香精	1.0
21#D&C 红	0.3
无水乙醇	5.0
丙二醇单月桂酸酯	28.0

将除颜料、香精外的原料按配方量混合加热，混溶并搅拌均匀，冷却至略高于凝结温度时加颜料、香精，混合后注入包装容器即得成品。

（5）配方五

白油	22.5
豆蔻酸异丙酯	45.0
羊毛脂	4.0
小烛树蜡	8.8
颜料	19.7

该配方制得固体胭脂。

（6）配方六

精制羊毛脂	1.0
液状石蜡	14.0
硬脂醇	6.0
甘油单硬脂酸酯	8.0
硬脂酸	5.0
甘油	15.0
胶朊水解蛋白	2.0
精制水	43.0
色素	5.0
乳化剂	1.0
香精、防腐剂	适量

（7）配方七

甘油三硬脂酸酯	4.00
甘油	10.00

橄榄油	8.00
硼砂	0.96
羊毛脂	4.00
乳化蜡	4.00
鲸蜡	3.00
玫瑰蜡	3.00
三乙醇胺	2.00
玫瑰油	0.50
乙醇	1.50
聚乙烯吡咯烷酮	0.30
维生素原浓缩物	2.00
精制水	57.74
色素	0.60
香精	0.50
防腐剂	0.30

该配方为多维胭脂膏。

（8）配方八

三聚氰胺树脂（乳液）	45.0
白垩	4.0
碳酸镁	4.0
硬脂酸锌	4.0
钛白粉（掺和染料）	12.0
高岭土（掺和染料）	28.0
香料	0.6

（9）配方九

甘油	30.0
聚乙二醇	10.0
胭脂红	2.0
精制水	58.0
香精、防腐剂	适量

（10）配方十

聚乙二醇 400 单油酸酯	33.0
18#白油	4.0
硬脂酸钠	7.0
丙二醇	6.0
油醇	49.0
颜料	1.0

3. 主要生产原料

（1）颜料

胭脂中的颜料以立索尔红为主，如立索尔宝红 BK、立索尔紫红 2R、金光红 C。

（2）香精

一般使用花粉香型、素心兰型、馥奇香型和玫瑰檀香型等。在香精中要加入定香原料，如香膏、檀香油和人造麝香等，以保证香气持久。

（3）碳酸镁

碳酸镁又称轻质碳酸镁、碱式碳酸镁。白色无定形粉末，无臭、无毒。遇稀酸分解，放出 CO_2。有良好的吸收性能（比碳酸钙大 $3\sim4$ 倍），对香精也有优良的混合特性。

	特级	一级
氧化镁（MgO）	41%～45%	41%～45%
氧化钙（CaO）	≤0.45%	≤1.00%
盐酸不溶物	≤0.10%	≤0.15%
比容/mL	≥5.4	≥5.4
水分	≤0.5%	≤2.5%

4. 工艺流程

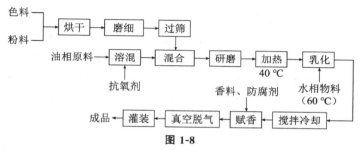

图 1-8

注：该工艺为胭脂乳（膏）的生产工艺。

5. 生产工艺

不同类型的产品采用不同的工艺步骤。胭脂块一般将粉料混合、研磨，与胶料等混合均匀后压制成型而得；油性胭脂膏是将色料（粉料）烘干后研磨、过筛，与溶混的油料捏合后加入其余物料，混匀后研磨，溶化，真空脱气，灌装而得。

混合磨细是胭脂制造操作重要的环节之一，越是磨得细，颜色越明显，粉料也越细腻。混合磨细是使白色粉料和红色颜料混合均匀，使胭脂颜色均匀一致。

由于制造胭脂的数量相对较少，现在混合磨细的方法多数是采用球磨机，用石球来滚磨粉料。球磨机的种类很多，有金属制的，也有瓷器制的，为了防止金属对胭脂中某些成分的影响，因此采用瓷器制的球磨机较为保险。称取粉料和颜料倒入球磨机内，同时放入大小石球，将球磨机密封后，用电动机带动球磨机旋转，使粉料和颜料在球磨机里上下窜动，石球相互撞击、研轧，从而达到磨细粉料和颜料的目的。

因为粉料和颜料性质关系，每当变动配方，应预先做好试验，在球磨机进行工作时，每隔一定时间取出粉样，核对色泽，继续滚磨，直至色泽均匀，颗粒细腻，前后两次取出的样品对比色泽，基本上没有区别，可以停止球磨机运转。制定的配方应当留有标准色样，以便制造时每次核对色泽。一般混合磨细的时间 $3\sim5$ h，在混合磨细时为了加速着色，可加入少量水分或乙醇润湿粉料，滚磨时如果粉料潮湿，应当每隔一定时间开启容器，用棒翻搅球磨机桶壁，以防粉料黏附于桶的角落造成死角。每批制品必须保持色泽一致。

粉料和颜料混合磨细后，下一工序是加胶合剂，加胶合剂可以在球磨机内进行，要间歇用棒翻搅桶壁，因为粉料受到沉重的石球滚压，会把部分受潮粉料黏附在桶壁上，所以应当不时翻搅黏附在桶壁的粉料。将混合磨细的粉料放入卧式搅拌机里进行加胶合剂和香料更为适宜，着色的粉料放入卧式搅拌机里不断搅拌，同时将胶合剂用喷雾器喷入，这样可使胶合剂均匀地拌入粉料中。

加入香料的方法要按压制的方法决定，一般分为湿压法和干压法两种，湿压法是胶合剂和香精同时加入；干压法是将潮湿的粉料烘干后再混入香精，这种做法主要是避免香料受到焙烘而保持原有香气。

胶合剂的用量应适当配合，用量过少，在压制胭脂时的粘合力就差，容易碎；用量过多，胭脂表面就坚硬难涂擦。加胶合剂、香精后就是过筛，如果过筛次数能够连续两次或两次以上，那么对粉料的细腻度，颜料的均匀度和最后压制的胭脂块质量都有很大帮助，分布均匀、磨得细、筛得透胭脂的主要质量就得以保证。

加入胶合剂和香精的胭脂粉料，经过筛后，就应当压制成块，否则就要放入密闭的容器里，以防止水分蒸发，这样，可保持压制胭脂时的黏合力。

压制胭脂是将加入胶合剂和香精的粉料，过筛后放入胭脂底盘上，用模子加压，制成粉块。一般胭脂底盘是用铁皮或铝皮冲制成的圆形底盘。金属底盘上轧有圆形凹凸线槽，这样可使压制的胭脂在底盘上轧得牢。压制胭脂的机器有手扳式和脚踏式，手扳式压机大多用轧硬印机改制，多采用它，棋子是圆形的钢模，厚约 1 cm，直径比胭脂底盘略小，中部有些凹入，胭脂底盘盛满一定量粉料后即可覆上棋子，再放在压机上压制成块。

压制胭脂块时，要注意压力适度，如果压力过大，会使胭脂变硬；如果压力过小，压制的粉块就很松。此外，粉料水分过多，会沾模子；水分过少，黏合力就差，胭脂块容易碎，在整个压制粉块过程中，应当保持粉料一定湿度，不使水分过量蒸发。

胭脂压制成块后，就一块块放在木盘上，堆放在通风干燥的房间内，静置干燥 1~2 天，就可以装盒。干燥温度不必过高，温度过高会使水分过量蒸发，干燥过度会使胭脂块收缩，但是冬季气候冷，室内温度过低，水分不易蒸发，也会影响胭脂质量。

装盒时，应在外包装盒底涂抹一层不干胶水，不干胶水有粘胶弹性作用，既能粘胶胭脂底盘，又能避免在运输过程受震时胭脂震动碎裂。胭脂底盘放入外包装盒子后，上面覆盖一片透明纸，再放上胭脂粉扑，加上盖，即为胭脂成品。

6. 产品标准

①色泽。色泽鲜艳，深浅均一，粉质细滑。

②香气。符合规定之香型，香气悦人。

③牢固度。高 1 m 落在地面上，胭脂不破碎。

④块形。块形表面应完整，不得有缺角、裂缝、离缝、毛糙粉质松紧不均等现象。

⑤均匀度。膏状产品膏体细腻，色泽均匀，无明显红点、白点或黑点。

对皮肤无刺激或其他不良反应，易于涂展，具有一定的抗水、抗汗性。胭脂按色泽，包装材料不同，有多种类型。按其色别有大红、橘红、桃红、玫瑰红、浅红等；按其包装形式有纸盒、塑料盒、金属盒等。

7. 质量检验

①色泽。在光线明亮处，取试样与色泽标准样品观察对比。

②香气。用正常嗅觉测定是否符合该产品香气。

③牢固度。成品胭脂放入中包装纸盒内，离地面 1 m，使盒面与地面平行，自然坠落到地板上或地面木板上，盒内胭脂块应无破碎。

④块形。在光线充足处观察块面是否完整，有无裂缝、离缝、缺角、松紧个均匀等现象，用手指轻按是否有明显凹陷现。

⑤均匀度。在光线充足处观察颜料和粉质是否均匀，有无红点、白点和黑点。

8. 产品用途

涂于面颊适宜的部位以呈现立体感与健美的魅力。

9. 参考文献

[1] 李华锋. 中国古代胭脂的种类和制作工艺探析 [J]. 宁夏农林科技，2012，53 (7)：84-86.

1.14　健美胭脂水

该类产品是透明、易于扩散、具有适当黏度与快干性能的红色黏液。涂于面颊适宜部位，以显现立体感与健美的魅力。

1. 技术配方（质量，份）

聚氧乙烯硬化蓖麻油	10.0
丙二醇	2.5
甲基纤维素（10%的溶液）	15.0
染料	适量
对羟基苯甲酸酯（防腐剂）	适量
蒸馏水	31.5

2. 生产工艺

将染料溶于水中至完全透明后，与其余组分充分混合均匀即得成品。

3. 产品标准

黏液透明，无沉淀，无絮状物，红色均匀一致。黏度适宜于涂展，成膜容易，干燥快。对皮肤无刺激和不良反应。

4. 产品用途

用海绵球涂于面颊适宜部位。

5. 参考文献

[1] 李华锋. 中国古代胭脂的种类和制作工艺探析 [J]. 宁夏农林科技，2012，53
（7）：84-86.

[2] 美肤新词汇：胭脂水 [J]. 中国化妆品（时尚），2011（1）：76-77.

1.15 美容护肤胭脂胶冻

该品为透明而带有震颤弹性的红色胶冻。易于涂展，无油腻感，具有良好的皮肤通透性，能耐汗、抗水，但又易于卸装。这种胭脂胶冻兼具美容及对皮肤的护理功效。用后能在皮肤表面形成一层极薄的弹性薄膜，不光能保持底彩的原有美观，且还具有一定的消除皱纹的功效。

1. 技术配方（质量，份）

甘油	8.00
尼泊金甲酯	0.08
聚乙二醇（$M=1600$）	2.00
尼泊金丙酯	0.05
聚乙烯聚合物（10%）	20.00
香精	适量
蒸馏水	19.40
三乙醇胺	0.50
红色色料	适量
乙二胺四乙酸钠	0.01

2. 生产工艺

将聚乙二醇与甘油混溶后加入香精和尼泊金酯，混合均匀得 A 组分。将红色色料溶于水得组分 B。EDTA 钠盐溶于部分水中后，加入 A 组分、B 组分和羧乙烯聚合物溶液，混溶后，加三乙醇胺中和配制成胶冻即得成品。

3. 产品标准

外观呈透明胶冻状。色泽明亮且均匀一致。易于涂展，膜干后透明薄韧，遇轻度汗水不得掉色和脱除，对皮肤无刺激性。

4. 产品用途

用海绵球涂于面颊适宜部位。

5. 参考文献

[1] 李华锋. 中国古代胭脂的种类和制作工艺探析 [J]. 宁夏农林科技，2012，53
（7）：84-86.

[2] 梦媛. 新品集萃 [J]. 中国化妆品，2002 (12)：92-93.

1.16　亮唇膏

亮唇膏又称唇棒，用以保护、滋润唇部皮肤并能赋予使用者魅力。产品为红色光亮，质地细密，易于涂展而又稳定挺拔的棒状油蜡栓剂。

1. 技术配方（质量，份）

（1）配方一

纯白蜂蜡	10.00
巴西棕榈蜡	2.50
无水羊毛脂	2.80
鲸蜡醇	1.00
蓖麻油	22.30
棕榈酸异丙酯	1.25
单硬脂酸甘油酯	4.75
色淀	5.00
2，6-二叔丁基-4-甲基苯酚（抗氧剂）	适量
溴酸红	1.00
香料	适量

（2）配方二

油脂（含蜡料）	945.0
$D-\alpha-$生育酚	50.0
甘油单/二脂肪酸酯	5.0
抗坏血酸棕榈酸酯	0.5

（3）配方三

甘油单肉豆蔻酸单-7-甲基-2-(8-甲基己基) 癸酸酯	500
地蜡	100
微晶蜡	30
聚乙烯蜡	50
巴西棕榈蜡	40
液状石蜡	100
凡士林	150
紫外线吸收剂	30

（4）配方四

微晶蜡	150
二季戊四醇脂肪酸酯	300
日本红-2020	20
日本红-226	20
二甘油三异硬脂酸酯	461
钛白粉	15

氧化锌	50
紫外光（UV）吸收剂	适量
抗氧剂	1

（5）配方五

苹果酸二异十八烷酯	250.0
固蜡	130.0
羟基硬脂酸辛酯	150.0
凡士林	200.0
重液体异构烷烃	100.0
蜡	169.0
四溴荧光黄	0.5

（6）配方六

微晶蜡	140
液态油	50
聚丁烯	50
季戊四醇松香酸酯	50
羊毛脂	50
甘油异硬脂酸酯	600
色素、香精、防腐剂	少量

（7）配方七

天然甘油二硬脂酸酯、棕榈酸酯和油酸酯混合物与磷酸胆碱酯交联产物	2.0
貂油	52.5
坎底利拉蜡	3.0
微晶蜡及其他组分	8.5
羊毛脂	11.0
乙酰单乙醇胺	12.5
香料	0.3
氧氯化铋、蓖麻油和油酸钠	5.0
DC红	5.0

（8）配方八

微胶囊	200
巴西棕榈蜡	16
地蜡	128
漂白蜂蜡	32
辛基月桂醇	140
甘油三异辛酸酯	140
香精	5
苹果酸二异十八烷酯	162
防腐剂、抗氧剂	少量
甘油二辛酸新戊基酯	80

（9）配方九

油醇	1.80
苯甲酸 $C_{12\sim15}$ 醇酯	0.20
蓖麻油	3.00
无水羊毛脂	0.60
白凡士林	2.50
白地蜡	0.20
白蜂蜡	1.00
卡洛巴蜡	0.60
杨树皮类脂	0.10
色素	适量
尼泊金酯	0.02
抗氧剂	0.01
香料	适量

注：其中，杨树皮类脂（poplar lipid）是一种新颖的具有天然活性的化妆品原料，其中含有维生素 E、β-胡萝卜素、磷脂、甾醇类，具有润泽、软化减缓皮肤衰老等功能。

（10）配方十

小烛树脂	0.600
蜂蜡	0.400
巴西棕榈蜡	0.040
地蜡	0.320
羊毛脂	0.480
羊毛脂油	0.240
甘油单葵花油酯	0.400
聚丁烯	0.080
内豆蔻基丙二醇醚乙酸酯	0.600
甘油三辛酸/癸酸/异硬脂酸/己二酸酯	0.920
甘油三（辛酸/癸酸）酯	0.600
大豆卵磷脂	0.100
明胶（起霜强度 270）	0.036
棕榈酸异丙酯	1.200
水	0.964

（11）配方十一

羊毛脂肪酸	2.50
羟基硬脂酸	1.00
异硬脂酸异十六烷酯	5.00
液体乙酸羊毛酯	1.00
钛白	0.45
色素	0.45

2. 生产工艺

（1）配方一的生产工艺

将色淀烘干磨细后，与软脂组分捏合，磨细得 A 组分。另将溴酸红与蓖麻油混合溶解后，加至熔化的油蜡组分中混合，然后与 A 组分混合后研磨，熔浇铸型，脱模，插枝，烘面，装管。

本配方存放期间不失去光泽，色调无变化，不变质，不酸败，不发霉。在四季普通气候中不变形，不发汗、发粉，不变硬、发干。在嘴唇上容易涂展，唇感润滑，色泽鲜艳，能保持必要的时间，唇边的膏不会向外化开，吃东西时颜色不易沾到容器上。对皮肤无刺激、无毒害。气味舒适，无不良气味。

（2）配方二的生产工艺

将各物料混合熔化后，注模成型。引自德国公开专利 820693。

（3）配方三的生产工艺

将 568 份 7-甲基-2-（3-甲基己基）癸酸和 184 份甘油酯化得单甘油酯，再用 358 份豆蔻酸和 274 份脂肪酶在 50 ℃ 真空处理 5 h，制得甘油单肉豆蔻酸-7-甲基-2-（8-甲基己基）癸酸酯。然后将各物料混熔，注模成型，制得含防晒剂的唇膏。引自日本公开专利 90-270814。

（4）配方四的生产工艺

将氧化锌、钛白粉粉碎过筛，另将油、脂、蜡原料及紫外光（UV）吸收剂、抗氧剂熔混后，加入粉料，混合，均质后灌装。该唇膏含有微晶蜡、润肤剂、色料、填料和添加剂等，用于保护唇部润湿，并赋予鲜艳的色彩。

该唇油稳定、色亮、铺展性和附着性能好。其中含有羟基硬脂酸酯、油溶性色料四溴荧光黄等。引自日本公开专利 91-86808。

（5）配方五的生产工艺

将除四溴荧光黄、溴荧光黄两种油溶色料以外的物料混合加热熔混，加入色料，搅拌均匀后即得含油溶色料的唇膏。

该唇膏含有异辛酰基葡糖胺的液态油、微晶蜡、羊毛脂等，具有亮唇和护唇功用。引自日本公开专利 91-13021。

（6）配方六的生产工艺

将各蜡、油脂料混合加热熔混，然后加入少量香精、色素、防腐剂，混匀后注模成型，得油亮唇膏。

貂油公司推荐本润湿性唇膏配方。

（7）配方七的生产工艺

将所有配方中的所有物量熔化在一起，再加乙酰胺，缓慢地进行搅拌以防止发生气泡，趁热倾出。

与一般唇膏相同。用于保护、滋润唇皮肤，赋予唇部光泽以增强魅力。一般为油脂混合物的棒形栓剂。本配方由貂油公司推荐。

（8）配方八的生产工艺

将油蜡料热混溶，加入防腐剂、抗氧剂和香精，注模成型。引自日本公开专利 91-34910。

（9）配方九的生产工艺

首先制备杨树皮类脂。杨树皮类脂存在于杨树皮内，将杨树片切成 0.5～1.0 cm² 大小碎块，将碎块在 80～120 ℃ 的干燥机内烘干至含水量 10%～15%。然后用石油醚萃取，石油醚的 m（干皮）：m（石油醚）＝1：20，温度 50～60 ℃，时间 4～5 h。将萃取液过滤，回收溶剂（蒸发浓缩）得到杨树皮类脂（收率 4％）。润唇膏的生产工艺与一般唇膏类似，即将油蜡料加热熔混后，加入其余物料，入模冷却成型即得。

（10）配方十的生产工艺

油蜡料热至 75～80 ℃ 混溶，水相热至 75～80 ℃ 搅拌均匀，然后将两相混合乳化制得膏状高级亮唇膏。该亮唇膏含有高级天然蜡、天然酯和胶凝剂，在唇部涂展附着性好，无刺激性，赋予唇部诱人的光泽。引自欧洲专利申请 522624。

3. 说明

热混熔后加入粉料，注模制得唇脂。唇脂与唇膏类似，是保护唇部润湿并赋予色泽的化妆品。

利用蓖麻油等溶剂对溴酸红的溶解性，使其溶解，以得到良好的显色效果（在悬浮状态时就差多了）。并配合其他颜料，混合于油、脂、蜡中，经三辊机研磨及真空脱泡锅中搅拌、脱除空气泡，得以充分混合制成细腻致密的膏体。浇模成型，再经过文火焰烘，制成表面光洁、细致的唇膏。

唇膏的用料也是极其讲究的。因其直接涂在唇部，有较高的安全性，如抗氧剂的品种与剂量均要重视。

只有优质的原料，合理的配方，严格的制造操作，方可得到有竞争力的优质唇膏。

唇膏的香气必须既芳香舒适，又要求口味和悦，日久不变气味。唇膏香气的好坏有时甚至决定产品的销售命运。因为消费者往往首先是根据香气和外包装来判定一个产品的可取与否。鉴于前述安全性要求及感官要求，唇膏往往采用对唇黏膜无刺激性的、无苦味、无其他不愉快味觉的香料。例如，比较清雅的果香、花香及一些食用香精（玫瑰、茉莉、橙花、香兰素、杨梅、巧克力等）。

唇膏的形状是多样的，如笔型唇膏，有直径 12～15 mm 较粗的，也有细到仅8 mm 的，这种唇膏的好处是，即使膏体较软也不要紧，因其外部有金属套保护，使用时慢慢推出以免碰坏或断裂。

唇膏的色调极其丰富多彩，以配合每年不同流行色的需要。既有一般不透明的橙色、桃红、朱红、玫瑰、绛红、赭色等遮盖力较强的唇膏，也有用油活性染料制得的遮盖力较差的唇膏，更有不加色素的防裂唇膏和只有加溴酸红的变色唇膏。均按配方不同而变化，生产工艺大致相同。

配料前先按配方领取所需的合格原料，经核对其质量和数量均无误后方可配料，切不可贸然使用。投料前检查各锅底部阀门是否关紧，搅拌桨、电机及三辊机运转是否正常，夹套蒸气是否达到要求，各路管道是否畅通。

将所要用的容器、工具均准备完毕，就可以开始配料。在配制不同色泽的唇膏或启用多时未用的设备时，需将颜料捏合机、三辊机、真空脱泡机、慢速充填机、管道和模子彻底清洗，以免膏体不纯净。

将溴酸红及其他颜料加入不锈钢或铝制颜料混合机内，再加入部分蓖麻油或其他溶剂，加热至 70～80 ℃，充分搅匀后从底部放料口送至三辊机研磨。为尽量使聚结成团的颜料碾碎，需研磨 2～3 次，然后放入真空脱泡机。

一批唇膏总的制造量最好为 5～7 kg，否则保温浇模时间过久（70～80 ℃）香气容易变坏。

液压三辊机的滚筒直径 150 mm、长 300 mm，三辊筒内的冷却水或加温水的温度可以预先调节，加温水最高温度为 80 ℃。自动控制温度的误差± 1 ℃。

将油、脂、蜡加入原料熔化锅，加热至 85 ℃ 左右，熔化后充分搅拌均匀，经过滤放入真空脱泡机。

在真空脱气锅内，唇膏基质和色浆经搅拌充分混合，此时应避免强烈的搅拌。同时也因真空条件能脱去经三辊机研磨后产生的气泡。否则浇成唇膏表面合带有气孔，影响产品外观质量。

保温搅拌的目的在于使浇铸时颜料均匀分散，故搅拌桨应尽可能靠近锅底，一般采用锚式搅拌桨，以防止颜料下沉。同时搅拌速度要慢，以免混入空气。控制浇铸时温度很重要，一般控制在高于唇膏熔点 10 ℃ 时浇铸。

浇铸唇膏的模子可以用铝或青铜制成。铝制的双排模子一次可浇铸 72 支唇膏，而青铜制的因相对密度大，不用双排模子，只用单排的，为 12～15 只模子。

浇铸时将慢速充填机底部出料口放出的料直接浇入模子，待稍冷却后，刮去模子口多余的膏料，置冰箱继续冷却。

取出模子，开模取出已定型的唇膏。配方中的地蜡和精制地蜡可使浇模时唇膏收缩与模型分开容易取出，蜂蜡也有同样作用。

将唇膏插入容器底座，注意插正、插牢（工作时可戴橡皮指套，以防唇膏表面损坏）。外露部分一般还不够光亮，可在酒精灯文火上将表面快速重熔以便外观光亮圆整。此步操作需动作熟练、轻巧、准确。否则会使唇膏变形。然后插上套子、贴上底贴，就可装盒了。各种唇膏熔点差距很大，制订配方时，需经试验来加以确定。一般熔点为52～75 ℃，但一些受欢迎的产品熔点控制在 55～60 ℃。

4. 产品标准

①耐热。经 38 ℃、24 h，口红表面无油珠，管装口红经 50 ℃、24 h 不弯曲变形。
②耐寒。0 ℃、24 h，可正常使用；—10 ℃、24 h，恢复室温后，口红不开裂。
③色泽。符合标准样品，色泽鲜明均匀，无深浅夹杂和发暗现象。
④香气。符合规定（配方）之香型，无异味。易在唇部涂搽，唇感润滑，色泽稳定，维持时间持久，对皮肤无刺激、无毒害，pH≤7.0。

5. 产品用途

唇部化妆品部，赋予唇部光泽与色彩，并能保护和滋润唇部。

6. 参考文献

[1] 胡小莳，严国俊，卢欢，等. 中药润唇膏制备工艺研究 [J]. 中医外治杂志，2008，17 (6)：62-63.
[2] 步平，徐良. 唇膏及其制备技术 [J]. 中国化妆品，2001 (4)：62-64.

1. 17　口红

口红是所有唇部彩妆的总称。口红包括唇膏、唇棒、唇彩、唇釉等，能让唇部红润有光泽，达到滋润、保护嘴唇，增加面部美感及修正嘴唇轮廓有衬托作用的一种产品，是女性必备的美容化妆品之一，可衬托出女性的美。

1. 产品性能

以红色基调为主，或辅以珠光色彩，或可变色的柱状蜡状体。质地细腻，体表光洁亮丽。有一定硬度和柔软性，易于在唇部涂展，形成薄膜或条线，耐唾液、汗液和抗水。对皮肤无刺激、无毒害。口红在美容品中占有极其重要地位。口红色泽较多，且分珠光、非珠光、防裂、变色等品种。

2. 技术配方（质量，份）

（1）配方一

	（一）	（二）
豆蔻酸异丙酯	30.0	30.0
加洛巴蜡	13.7	13.3
蜂蜡	8.5	8.5
蓖麻油	32.80	10.7
合成珍珠颜料浓缩液（40%）	—	37.5
珍珠粉 $[m（二氧化钛）:m（云母）=26:74]$	15.0	—
抗氧剂、抗菌剂、香料	适量	适量

该配方为硬度适中的口红的技术配方。将配方中硬蜡含量提高 0.5%～2.0%，将稀油减少相同的量，可使口红更硬。

（2）配方二

	（一）	（二）
蜂蜡	15.0	15.0
小烛树蜡	11.5	11.5
蓖麻油	—	16.0
羊毛脂酸异丙酯	15.0	15.0
异硬脂酰硬脂醇（羟值 206～216 mg KOH/g）	14.0	14.0
二异丙基己二酸酯	7.0	13.5
合成珍珠颜料（40%的蓖麻油溶液）	37.5	—
珍珠粉颜料 $[m（二氧化钛）:m（云母）=26:74]$	—	15.0
抗氧剂、抗菌剂、香料	适量	适量

该配方为硬型口红的技术配方。将硬蜡含量增加 0.5%～2.0%，将稀油减少同量，可使口红更硬。

（3）配方三

	（一）	（二）
氧化羊毛脂衍生物	13.0	13.0

加洛巴蜡	12.0	11.6
蜡	15.0	15.0
油酸癸酯（柔软剂）	15.0	7.5
乳酸月桂酯（ceraphyl-31）	16.0	8.0
硬脂酸丁酯	14.0	7.4
珍珠粉颜料 [m（二氧化钛）∶m（云母）＝26∶74]	15.0	—
合成珍珠颜料（40%的蓖麻液）	—	37.5
抗氧剂、抗菌剂、香料	适量	适量

该配方为柔软型口红的技术配方。将硬蜡含量增加 0.5%～2.0%，将稀油减少相同量，可使口红变硬。

（4）配方四

巴西棕榈蜡	0.500
蜂蜡	1.200
鲸蜡醇	1.000
神经鞘脂类	0.300
蓖麻油	6.000
3，7，11，15-四甲基-1，2，3-三羟基十六烷	0.500
抗氧剂（BHT）	0.005
染料红	0.500

该口红在嘴唇上易于涂展，色泽鲜艳，并能滋润唇部皮肤。引自法国公开专利 2675045。

（5）配方五

羊毛脂油	7.010
羊毛脂蜡	2.810
聚丁烯	5.260
聚二甲基硅氧烷	6.410
滑石粉	10.920
十八烷基苄基二甲基季铵化水辉石	7.010
7#红-蓖麻油混合物	0.190
6#红-蓖麻油混合物	0.210
1#蓝-蓖麻油混合物	0.024
氧化铁黄-蓖麻油混合物	0.400
钛白-蓖麻油混合物	1.560
7#红-滑石粉	0.240
群青	0.219
钛白粉	1.220
氧化铁黄	0.219
聚乙烯/醋酸乙烯酯	2.450
唇妆香精	0.068
氧化铁红	0.880
尼泊金酯	0.204
抗氧剂（BTH）	0.019

该配方是一种高级唇部化妆用口红，可赋予唇部迷人的光泽。引自美国专利 5085855。

（6）配方六

乳酸辛基十二烷酯	140.4
酰基氨基酸酰胺	10.0
二氧化钛	6.0
二甘油三硬脂酸酯	6.0
2-乙基己酸十六烷酯	6.0
二季戊四醇脂肪酸酯	6.0
纯地蜡	20.0
铝色淀 4#黄	2.4
226#红	2.0
202#红	0.6
防腐剂	0.1
抗氧剂	0.1
香精	0.4

该口红配方引自日本公开特许 90-178208。

（7）配方七

A 组分

地蜡	4.50
小烛树蜡	9.20
羊毛脂醇	9.20
白凡士林	9.20
甘油酯	0.45
乙酰化羊毛脂醇	7.00
水解动物蛋白质	0.25
油醇	8.00
维生素 E	0.03
尼泊金丙酯	0.20

B 组分

蓖麻油	39.140
6#红	1.000
7#红	4.000
钛白粉	2.000
尼泊金丙酯	0.005
抗氧剂（BTH）	0.025

C 组分

聚丙烯酸酯	1.5
蓖麻油	1.5
香料	0.3

A 组分中的各物料混溶制得口红基料，B 组分物料混合研磨得色料浆。将色料浆加

入口红基料中混溶，然后加入聚丙烯酸酯溶于蓖麻油的混合物，加入香精，冷却成型，得到涂展性和耐水性好的口红。该配方引自欧洲专利申请195575。

（8）配方八

	（一）	（二）
油醇	1.80	25.60
白凡士林	2.50	7.00
蓖麻油	3.00	31.00
白蜂蜡	1.00	6.00
杨树皮类脂（popear lipoid）	0.10	—
苯甲酸 $C_{12\sim15}$ 醇酯	0.20	—
卡洛巴蜡	0.60	7.00
白地蜡	0.20	—
无水羊毛脂	0.60	10.00
色素（颜料）	适量	8.00
曙红酸	—	0.40
鲸蜡醇	—	5.00
抗氧剂（BTH）	0.01	0.10
尼泊金酯	0.02	0.20
香料	适量	适量

（9）配方九

	（一）	（二）
巴西棕榈蜡	5.00	1.00
鲸蜡醇	—	5.00
蜂蜡	5.00	10.00
鲸蜡	—	4.00
纯地蜡	—	15.00
固体石蜡	8.00	—
羊毛脂	11.00	—
液体羊毛脂	—	20.00
白油	—	20.95
坎特利拉树脂（小烛树蜡）	9.00	—
蓖麻油	44.80	—
肉豆蔻酸异丙酯	10.00	—
硬脂酸丁酯	—	15.00
失水山梨醇倍半油酸酯	—	2.00
二氧化钛	5.00	4.50
204#红色	0.60	2.00
223#红色	0.20	0.05
202#红色	—	0.50
203#橙黄色	1.00	—
香精、抗氧剂	适量	适量

（10）配方十

羊毛脂	3.0～5.0
鲸蜡	12.0～18.0
蜂蜡	9.0～12.0
地蜡	5.0～7.0
卵磷脂	0.5～2.5
珍珠膏	18.0～24.0
染料	10.0～16.0
香精	0.5～1.0
二氧化硅粉末	0.5～2.5
聚乙烯硅氧烷	1.2～2.5
水貂油	加至100

（11）配方十一

白蜂蜡	13.00
微晶石蜡（76℃）	4.00
羊毛脂	5.00
蓖麻油	56.00
尿囊素（200目）	0.05
硬脂酸丁酯	2.00
巴西棕榈蜡	3.00
轻质矿物油	4.00
色淀染料和白颜料	10.00
三溴荧光素	2.00
香精	0.95

该配方中的尿囊素能赋予口唇柔软、光泽，并富有弹性，且具有防止口唇干裂的作用。

（12）配方十二

地蜡	12.8
巴西棕榈蜡	1.6
漂白蜂蜡	3.2
甘油三异辛酸酯	14.0
二异硬脂醇苹果醇酯	16.2
甘油二辛酸新戊基酯	8.0
微胶囊（含色素）	20.0
辛基月桂醇	14.0
香精	0.5
抗氧剂、防腐剂	适量

（13）配方十三

羊毛醇	10.00
羊毛脂	8.00
凡士林	10.00
氢化动物脂	10.00

石蜡	20.00
蓖麻油	13.00
颜料	8.00
胶朊水解蛋白	2.00
金盏花萃取液	2.00
抗氧剂（BHT）	0.05
香精	1.00

该配方中含有名贵中草药金盏花萃取液和胶朊水解蛋白，是一种营养型口红的技术配方。颜料、胶朊水解蛋白与金盏花萃取液混合，并在 30～40 ℃过滤，滤液与蜡油料混合，并加入香精，浇注成型。

（14）配方十四

油蜡料	94.50
$D-\alpha-$生育酚	5.00
抗坏血酸棕榈酸酯	0.05
甘油单/二脂肪酸酯	0.50

该口红配方引自前联邦德国专利 3820693。

（15）配方十五

甘油单肉豆蔻酸单-7-甲基-2-（3-甲基己基）癸酸酯	50.0
微晶蜡	3.0
地蜡	10.0
液状石蜡	10.0
巴西棕榈蜡	4.0
凡士林	15.0
聚乙烯蜡	5.0
紫外线（UV）吸收剂	3.0

这种含防晒剂的口红配方引自日本公开特许公报 90-270814。

（16）配方十六

	（一）	（二）
纯白蜂蜡	6.5	10.0
羊毛脂	10.0	10.0
地蜡	2.0	3.0
卡洛巴蜡	6.0	5.0
蓖麻油	50.0	44.0
聚乙二醇 1000	7.0	8.0
棕榈酸异丙酯	6.7	7.0
溴酸红	1.0	2.0
红色淀	10.0	8.0
钛白	1.0	1.0
抗氧剂（BTH）	0.1	0.1
香精	1.0	1.0

配方中的溴酸红分散于 70 ℃的聚乙二醇中，必要时加部分蓖麻油充分溶解。

（17）配方十七

	1#	2#	3#	4#
蓖麻油	30.0	—	50.0	44.0
蜂蜡	40.0	10.0	6.5	10.0
羊毛脂	5.0	10.0	10.0	10.0
地蜡（75 ℃）	—	30.0	2.0	3.0
棕榈酸异丙酯	—	—	6.0	7.0
18#白油	5.0	39.0	—	—
可可脂	11.0	—	—	—
聚乙二醇1000	—	—	7.0	8.0
卡拉巴蜡	—	—	6.0	5.0
溴酸红	—	—	1.0	2.0
铝红色淀	8.0	8.0	10.0	8.0
二氧化钛	—	—	2.0	2.0
香精	1.0	1.0	1.0	1.0
抗氧剂	适量	适量	适量	适量

在一不锈钢容器中将溴酸红一类的颜料分散在70 ℃的聚乙二醇之类的溶剂中，必要时加部分蓖麻油充分溶解。在另一不锈钢容器中加液体油脂，再投入色淀颜料慢速搅拌，并加以保温。将溴酸红溶液加入油脂色淀颜料中，通过三辊机或胶体磨，磨至色淀颜料颗粒细腻均匀，放入夹套蒸汽加热锅中，此加热锅装有高速均质机和框式叶桨，同时可以抽真空，均质机转速500～8000 r/min，可无级调速，慢速搅拌时抽真空，将油脂与色淀混合物中的空气除去。

羊毛脂及蜡类在另一容器内加热除去杂质后，加已除去空气的油脂色淀颜料，慢速搅拌，不使色淀颜料下沉，在高于口红熔点10 ℃时浇入铝模或黄铜模成型。浇入时，如果温度过高或冷却速度过慢，都可能引起色淀颜料的下沉，所以要把棋子放入冷却器内快速冷却，使口红硬结，表面光滑，易于脱模。

3. 主要生产原料

口红化妆品直接和皮肤接触，所以选用的原料要求非常严格，必须符合对皮肤的安全性。原料不能对皮肤有任何刺激性，原料或制品的杂菌含量应＜10 个/g，不得检出致病菌金黄色葡萄球菌及绿脓杆菌。原料的pH也应加以控制。原料或制品的重金盐含量也应加以控制，一般控制含铅量＜20 μg/g，含汞量＜3 μg/g，含砷量＜5 μg/g。

口红主要原料是油脂蜡和色素。油、脂、蜡基是唇膏的基体，除对颜料的分散性外，必须具有一定的柔软性，能方便地涂敷于嘴唇上成均匀的薄膜，在炎热的天气中不软、不熔、不走油，在严寒的天气不干、不硬、不脆裂，涂在嘴唇上润滑而有光泽，但不能过于油腻，也无干燥不适之感，且不会向外化开。

（1）巴西棕榈蜡

巴西棕榈蜡又称卡那巴蜡，从巴西棕榈叶中取得的蜡。硬质无定型微黄或深褐绿色脆性块状物。不溶于水，能溶于热乙醇、热乙醚、热氯仿。熔点84～86 ℃，是天然蜡中熔点最高的一种。用于制备口红，使其达到所需硬度，可使口红结构细腻而光亮，一般用量≤5％。

熔点/℃	82.5～86.0
相对密度（25 ℃）	0.996～0.998
皂化值（mgKOH/g）	78～88
不皂化物含量	50%～55%
折光率（60 ℃）	1.463

（2）硬脂酸丁酯

硬脂酸丁酯又称十八酸丁酯，分子式 $C_{17}H_{35}COOC_4H_9$，由硬脂酸与丁醇酯化而得。无色稳定油状液体或结晶，室温下为白色或浅黄色蜡状物，能与矿物油及植物油类混合。利用它的低黏度与高黏度蓖麻油一起使用，能很快均匀润湿各种颜料。精制的硬脂酸丁酯是无臭且不会酸败的物质。

酯值/（mgKOH/g）	≤155～175
酸值/（mgKOH/g）	≤5
色泽（碘比色法）	≤10

（3）精制药用蓖麻油

精制药用蓖麻油又称蓖麻籽油，主要为蓖麻酸甘油酯，无色或浅黄色的黏稠透明油状液体，属于不干性油。相对密度（d_{15}^{15}）0.950～0.974，折光率（n_D^{20}）1.477～1.480，酸值<3 mgKOH/g，皂化值 176～186 mgKOH/g，碘值 80～90 gI₂/100 g，羟值>150 mgKOH/g。不溶于水，能与醇、苯、二硫化碳和三氯甲烷等任意混溶。蓖麻油是唯一的高黏度植物油。它能溶解少量溴酸红，又因其黏度高，在浇模时能帮助颜料沉降慢一些，还能改善膏体渗油现象。它的缺点是与干粉颜料搅拌混合时不能及时渗透。口红内蓖麻油含量太高，在涂搽时有黏滞感觉，因为形成了黏厚的油腻膜，因此，在口红内的含量不能高于 40%。蓖麻油的油酸内存在着羟基，对溴酸红的溶解度一般不大于 0.3%。

	精炼	药用
色泽	无色或黄色	无色或微黄
透明（20 ℃，48 h）	完全透明	完全透明
酸值/（mgKOH/g）	≤3	≤2
碘值/（gI₂/100g）	82～88	84～88
不皂化物	≤1.0%	

（4）无水羊毛脂

无水羊毛脂主要为胆甾醇及其脂肪酸酯，由羊毛中提取，浅棕黄色软膏状物，有独特气味。熔点 34%～48%。溶于苯、乙醚、氯仿、丙酮、石油醚及热的无水乙醇，不溶于水。有水羊毛脂含水 25%～30%，溶于氯仿和乙醚后可将水析出。可用于冷霜、口红等。用在口红内有良好的协和性，能帮助口红的各种成分成为均匀一致的混合物，适量加入羊毛脂，对防止溶剂油的油分析出及对温度和压力的突然变化有抵抗作用。它也是一种优良的滋润性物质。由于其有特殊臭味，故不宜多用，一般控制在总量的 10%～15%。

（5）加洛巴蜡

加洛巴蜡主要为高碳羟基酸的酯类与其他蜡酸的酯类，是从巴西棕榈树的叶和叶柄的分泌物中提取的，淡黄至淡棕色脆硬团体。熔点 80～86 ℃，酸值<10 mgKOH/g，皂化值 78～95 mgKOH/g，碘值 5～14 gI₂/100 g。坚硬而脆，微有特殊气味或几乎无气味。口红中加洛巴蜡能提高口红的熔点，而且能达到需要的硬度，它和其他蜡类配合

使用，如用量适当可使口红结构细腻而光亮，在口红内用量太多会使口红发脆，因此用量控制尽可能少一些，一般以不超过总量的 5%。

（6）不溶性颜料

不溶性颜料分为有机色淀颜料和纯粹有机颜料两种，纯粹有机颜料是不含无机基质的有机颜料。现代不溶性有机颜料色泽品种很多，可按不同需要配制。纯粹有机颜料加入少量无机颜料可增加遮盖力和调色效果。

（7）溴酸红染料

溴酸红染料（曙红）是溴化荧光素类染料的总称，有二溴荧光素、四溴荧光素、四溴四氯荧光素等多种，分子式 $C_{20}H_8Br_2O_5$。

溴酸红是口红中常用的一种染料，它能染红嘴唇，并有牢固而持久的附着力。唇膏内加入溴酸红涂于嘴唇上，由于 pH 的改变，使唇膏由溴酸红会变为玫瑰红，这是溴酸红与唇组织部分发生显色效果。当溴酸红与其他颜料合用，其作用在于使色彩牢固。溴酸红不溶于水，在一般的油、脂、蜡中溶解性很差，须有优良溶剂方可产生良好的显色效果。

4. 工艺流程

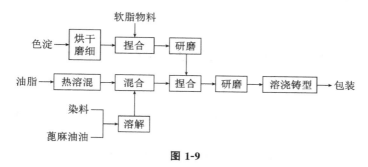

图 1-9

5. 生产工艺

一般生产工艺包括制备色浆、油蜡料溶化、真空脱泡、保温浇铸、加工包装。由于口红贮存在较高温度和潮湿环境中，致使口红表面失去光泽或冒出小油滴的现象，称为发汗。此种质量问题与制造口红过程中口红的结晶与多晶型现象有关。晶体是在制造过程中，而不是在贮存过程中形成的。恒定的浇模温度、恒定的快速冷却速度，能保持正常的结晶，反之则结晶形态有变化。例如，浇模后使口红缓慢冷却，得到大而粗的结晶，则表面失去光泽，贮存若干时间后可出现发汗现象。如果颜料色淀颗粒和油蜡之间存有空气，或色淀颜料的絮结现象，保存空气间隙，就可能因毛细管现象渗出油脂。配方中某些蜡在油脂中溶解度差，不能完全互溶，都可能造成出汗。

解决出汗的方法：将口红放置在 500 mL 密闭的玻璃容器中，放入 43～52 ℃的恒温烘箱中，至少放置 24 h，从烘箱取出（口红仍在密闭容器中），冷却至室温，观察口红表面如果有小油滴渗出或有粉质状的白霜现象，就需改进配方或工艺操作，使油、脂、蜡更好地互溶，且真空脱气要彻底，浇模时要保持温度恒定，浇模后快速冷冻。

口红表面粗糙的一个原因是口红在三辊机中研磨次数不够，颜料在口红中分散度不够。解决方法，选用精密的三辊机，使颜料均匀地分散在口红中；另一个原因是浇铸口红、冷却脱模后，在文火上煨得不够均匀。

40 ℃、24 h 时口红变形，这是由于配方中的各种硬蜡用量比例不够协调，或加洛巴蜡、地蜡的量不够。解决方法：选用配伍协调的硬蜡，或适当增加加洛巴蜡、地蜡的用量。或改包装，做成细长型笔状口红，其直径约 8 mm，这样可对口红熔点要求降低，已使用这种形状的口红涂敷唇部时，线条清晰，口红耐寒 0 ℃、24 h 恢复室温后不易涂擦。这是由于配方中硬蜡用量过多，使口红变硬性，不易涂擦。可适当增加棕榈酸异丙酯用量和降低硬蜡用量。

口红有油脂气味。这是因为选用的原料质量差，选用的蓖麻油等油脂不够纯。可选用精制蓖麻油，制造时避免水分，加入抗氧剂，可延缓口红酸败变味。

6. 产品标准

①耐热。经 38 ℃、24 h，口红表面无油珠，管装口红经 50 ℃、24 h，不弯曲变形。
②耐寒。0 ℃、24 h，可正常使用；−10 ℃、24 h，恢复室温后，口红不开裂。
③色泽。符合标准样品，色泽鲜明均匀，无深浅夹杂和发暗现象。
④香气。符合规定（配方）之香型，无异味。易在唇部涂搽，唇感润滑，色泽稳定维持时间持久，对皮肤无刺激、无毒害。pH≤7.0。

7. 产品用途

唇部化妆品部，赋予唇部色彩与光泽，并能保护和滋润唇部。

8. 参考文献

[1] 倪帅. 浅析女性视角下的口红色彩设计与营销 [J]. 明日风尚，2017 （20）：13，19.
[2] 陈菲菲. 口红类包材产品综述和一般质量问题介绍 [J]. 上海包装，2016 （12）：36−38.

1.18　睫毛膏

睫毛膏（eye black）为涂抹于睫毛的化妆品，目的在于使睫毛浓密，纤长，卷翘，以及加深睫毛的颜色。通常由刷子及内含涂抹用印色、可收纳刷子的管子两大部分所组成，刷子本身有弯曲型也有直立型，睫毛膏的质地可分为霜状、液状与膏状。

1. 产品性能

深青色膏体，色泽深亮，膏体极为细密而稳定。易于涂刷，黏附牢度适宜。无毒、无刺激性。

2. 技术配方（质量，份）

（1）配方一

可可脂	6.0
鲸蜡醇	2.0

黄色蜂蜡	4.0
淡色凡士林	64.0
矿物颜料	20.0
鲸蜡凡士林	4.0
防腐剂	适量

（2）配方二

聚乙烯吡咯烷酮	0.22
硅铝酸镁（增稠剂）	1.50
胶朊水解物	1.00
烃类溶剂	32.00
丙二醇	5.00
凡士林	3.00
加洛巴蜡	5.00
合成蜂蜡	5.00
小烛树蜡	3.00
石蜡	2.50
油酰二乙醇胺（乳化剂）	5.00
氧化铁（颜料）	5.00
水	31.28
防腐剂	适量

该配方为睫毛软质膏油的技术配方，所得睫毛软质膏油具有高度稳定性的高黏度油包水乳剂、良好的成膜性，并能快速干燥。

（3）配方三

异构液状石蜡	30.0
固体石蜡	8.0
无水羊毛脂	8.0
聚丙烯酸乳液	30.0
失水山梨醇倍半油酸酯	4.0
氧化铁黑和群青混合物	10.0
精制水	10.0
抗氧剂、防腐剂、香料	适量

（4）配方四

硅油	1.0
硬脂酸	15.0
地蜡	5.0
固体石蜡	3.0
聚乙烯蜡	2.0
钠皂	3.0
颜料	28.0
甘油	8.0
成膜剂	10.0
乙醇胺	5.0

防腐剂	0.4
香精	0.2
蒸馏水	113.2

（5）配方五

聚乙烯醇	5.0
丙二醇	3.0
聚丙烯酸	0.5
炭黑染料	7.0
精制水	84.0
抗氧剂、防腐剂、香精	适量

该配方引自日本公开特许公报 91-153613。这种睫毛膏涂于睫毛，可使其显得更长、更黑。

（6）配方六

硅铝酸镁（增稠剂）	2.0
1，2-丙二醇	1.5
羟甲纤维素钠（CMC-Na）	0.1
辛基/癸基三甘油酯（CTFA）	2.0
蜂蜡	3.5
硬脂酸甘油酯（非自乳化）	2.0
巴西棕榈蜡	5.0
优质硬脂醇	1.0
表面活性剂	2.0
吗啉	0.4
松香	1.5
聚乙烯吡咯烷酮（粉末）	2.0
乙醇（96%）	5.0
颜料（景泰蓝）	4.0
蒸馏水	68.0
香料、防腐剂	适量

（7）配方七

聚乙烯醇	1.000
三乙醇胺交联聚丙烯酸	3.275
甘油	0.500
亚甲基双 $\{N'-[1-（羟甲基）-2，5-二氧-4 咪唑烷基] 脲\}$	0.010
水解动物蛋白	0.050
乙二胺四乙酸三钠盐（EDTA-3Na）	0.050
卵磷脂处理的铁黑	2.500
改性乙醇	4.500
精制水	87.865
香料	适量
尼泊金甲酯	0.250

该睫毛膏配方引自美国专利 4988502。

（8）配方八

地蜡	20.0
微晶蜡	20.0
异构烷烃	31.6
糊精脂肪酸酯	12.0
四氢枞酸季戊四醇酯	80.0
尼泊金酯	0.4
氧化铁黑	36.0

该睫毛膏铺展性、快干性、卷曲力及持久性优良。引自日本公开特许公报91-173811。

（9）配方九

羊毛脂醇	15.0
石蜡	12.0
异构烷烃	45.0
蒙脱土	8.0
泛醇	3.0
吡咯烷酮羧酸壳聚糖酯	3.0
淀粉	2.0
氧化铁黑	5.0
尼泊金酯、香料	适量
精制水	7.0

这种抗水睫毛膏配方引自国际专利申请91-12793。

（10）配方十

角蛋白制剂	2.0
巴西棕榈蜡	5.0
小烛树蜡	5.0
有机物改性蒙脱土	4.0
滑石粉	10.0
乙醇	3.0
氧化铁黑	10.0
异构烷烃	61.0

该睫毛膏配方引自前联邦德国公开专利3541008。

3. 主要生产原料

（1）小烛树蜡

小烛树蜡又称坎特利那蜡（candelilla wax），淡棕色或淡棕黄色不透明或半透明固体植物蜡，质硬而脆，有光泽和芳香气味。能溶于丙酮、苯、热氯仿、松节油和四氯化碳，微溶于乙醇。

熔点/℃	65.0～68.9
皂化值/（mgKOH/g）	46～66
酸值/（mgKOH/g）	11～19
含不皂化物	65%～67%

相对密度（15 ℃）	0.982～0.993
折光率	1.4555

（2）氧化铁黑

氧化铁黑又称 8651 药用黑氧化铁、药用铁黑，性能稳定，久晒不变色，着色力和遮盖力高。耐光、耐大气性良好，无水渗性和油渗性，无毒、无味、无臭，人体不吸收。

四氧化三铁含量	≥96%
水溶物含量/（mg）	<10
酸中不溶物含量/（mg）	<20
砷含量	≤0.0005%
铅含量	≤0.003%

4. 工艺流程

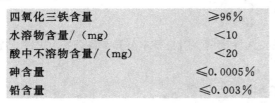
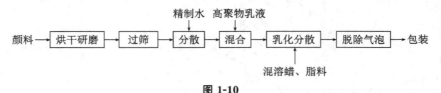

图 1-10

5. 生产工艺

颜料经烘干研磨后，过筛，分散于水和高聚物乳浊液中，再同溶化混合好的油脂蜡等原料进行乳化分散，真空脱气后灌装。

6. 产品标准

无论是膏体或油状体，必须均一细腻，黏度适中，在眼睫毛上易于涂刷，黏附均匀，成膜干燥快，不使睫毛变硬但有卷曲效果，干燥后不粘下眼皮，不怕汗、泪水和雨水的浸湿。可使黑色睫毛颜色加深、光泽增加，具有一定黏附牢固性，而又易于卸除。产品卫生，无细菌污染，对眼部安全无害、无刺激。

7. 产品用途

眼睫毛美容化妆品，用于刷涂睫毛，能增加浓黑美感和弯翘加长的效果。

8. 参考文献

[1] 陈培丰，甘晖，林建明. 防水型睫毛膏化妆品的研制 [J]. 福建轻纺，2001（1）：8-11.

1.19　眼影

眼影（eyeshadow）是用于对眼部周围的化妆，以色与影使之具有立体感。眼影有粉末状、棒状、膏状、眼影乳液状和铅笔状。颜色十分多样，眼影的首要作用就是要赋予眼部立体感、并透过色彩的张力，造成阴影，突出眼部立体感和神秘感，从而突出眼部魅力。

1. 产品性能

眼影的形态、色调丰富多彩，有蓝、绿、褐、灰或金银光泽。产品色彩鲜明，易于涂展、卸妆，不易脱落，无毒、无刺激。

2. 技术配方（质量，份）

（1）配方一

	（一）	（二）
硬脂酸锌	9.00	5.00
滑石粉	38.00	—
珍珠白	20.00	—
合成珍珠粉颜料	20.00	73.00
珍珠粉颜料（含2%表面活性剂）	—	10.00
羟甲纤维素（CMC）	0.16	0.16
碳酸镁	1.0	—
山梨醇（70%）	1.2	1.2
甘油单硬脂酸酯（自乳化型）	0.72	0.72
脱水羊毛脂	2.04	2.04
香料、抗菌剂	适量	适量

该配方为眼影块的技术配方。其中，适用的珠光颜料包括 Cloisnne 色素（珍珠粉–二氧化钛–云母–铁蓝、珍珠粉–二氧化钛–云母–氧化铬绿、珍珠粉–二氧化钛–云母–铁黄）、Mearlite BU 或 LBU（珍珠粉100%的颜料）。

（2）配方二

蜂蜡	2.0
高岭土	47.5
二氧化钛	5.0
氧化铁红	6.0
氧化铁黄	8.0
氧化铁黑	6.0
软脂酸十六烷酯	5.0
甘油单硬脂酸酯	0.5
珠光颜料	20.0
香料	适量

（3）配方三

聚甲基硅氧烷	3.50
液状石蜡	3.50
氟化物包覆的云母	16.50
氟化物包覆的丝云母	24.75
氟化物包覆的钛云母	29.75
氟化物包覆的钛白	2.00

氟化物包覆的铁红	1.00
氟化物包覆的铁黄	3.00
氟化物包覆的铁黑	1.00
尼泊金酯	适量

该硅油眼影配方引自日本公开特许公报 91-246210。

（4）配方四

	（一）	（二）
高岭土	5.00	10.00
滑石粉	54.50	50.87
珍珠粉色素	29.00	26.13
铝粉	6.00	—
丙酸花生酯（粉状）	5.00	5.00
硬脂酸锌	—	5.00
尼泊金甲酯	0.20	0.20
尼泊金丙酯	0.10	0.10
抗氧剂	适量	适量
二氧化钛	—	2.50

这种压制眼影制品改进了着色性能，增进了分散性和附着性，具有优良的防水性能，具有柔软感。

（5）配方五

聚乙烯	2.00
硬脂酸锌	5.00
氯氧化铋	4.00
苯甲酸 $C_{12\sim15}$ 烷基酯	1.25
辛酸/癸酸椰油醇酯	2.25
聚二甲基硅氧烷/三甲基甲硅氧基硅酸酯	5.0
N，N'-亚甲基双［N'-（1-羟甲基-2，5-二氧-4-咪唑烷基）脲］	0.3
卵磷脂涂覆云母	30.0
卵磷脂涂覆的滑石粉	35.25
卵磷脂涂覆的氧化铁（颜料）	14.0
尼泊金甲酯	0.2
羟苯乙酯	0.15
尼泊金丙酯	0.1
辛基十二烷基硬脂酸酯	1.25

该眼影块配方引自美国专利 5073364。

（6）配方六

钛酸云母	25.0
云母	26.0
景泰蓝（颜料）	10.0
乙酰化羊毛脂醇	5.0
白颜料	2.0

丝粉（400目）	10.0
丝粉（144目）	10.0
硬脂酸锌	5.0
羊毛醇	2.0
环化乙酰纤维素	5.0

该配方为丝素眼影的技术配方，配方中的丝粉有助于颜料的均匀扩散，使化妆的色泽更加柔和、更加逼真，同时还有助于眼部皮肤的滋润与保护，对防止眼部皱纹的形成有一定的功效。

（7）配方七

全氟聚醚	2.00
磷酸单十六烷酯锌钠盐	2.00
云母	1.40
涂钛白云母	3.50
氧化铁红/黄/黑	0.64
有机颜料	0.43
尼泊金酯	0.03

这种氟化油眼影粉成品不发黏、不结块，易于涂覆。该配方引自日本公开特许公报91-246211。

（8）配方八

	（一）	（二）
硅铝酸镁（增稠剂）	5.0	7.0
滑石粉	50.0	50.0
氧化锌	—	4.0
高岭土	—	10.0
珍珠白颜料	35.0	—
碳酸镁	1.0	
乙酰化羊毛脂醇（100%）	3.0	
硬脂酸锌	8.0	11.0
吐温-20	9.0	
水	10.0	
颜料	—	18.0
防腐剂	适量	适量

该配方为眼影块的生产配方，得到的坚硬的眼影块有良好的涂覆性。配方（一）具有珠母般的光泽，用湿笔调磨，可涂于眼周。

（9）配方九

丝云母	4.0
云母钛	1.0
肉豆蔻酸锌	0.3
着色丝蛋白粉	2.0
液状石蜡	0.7
滑石粉	2.0

这种眼影粉含有着色丝纤维蛋白粉，显鲜红紫色，耐热、耐光，对皮肤刺激小。该配方引自日本公开特许公报 91-77806。

（10）配方十

豆蔻酸异丙酯	5.0
液蜡	5.0
羊毛脂	1.0
丝云母	20.0
聚甲基硅氧烷	5.0
滑石粉	28.0
氧化铁黄	1.5
氧化铁黑	0.5
氧化铬颜料	2.0
珠光颜料	30.0
香料、防腐剂	适量

该眼影块在眼皮上易于涂展，黏附耐久，对皮肤无刺激。该配方引自日本公开特许公报 90-275814。

（11）配方十一

原料名称	（一）	（二）
地蜡	4.0	23.8
小烛树蜡	16.0	7.2
轻质矿物油	31.2	41.0
鲸蜡醇	—	9.2
羊毛脂酸异丙酯	20.0	—
聚乙烯吡咯烷酮	0.8	—
白蜂蜡	—	15.9
硬脂酸丁酯	—	2.9
颜料	8.0	适量
珍珠粉颜料	20.0	—

该配方为眼影棒的技术配方，必要时可调整颜料用量及色调。

（12）配方十二

固体蜡	5.0
有机改性高岭土	11.5
涂钛白云母	5.0
液蜡	5.0
滑石粉	2.0
海蓝（颜料）	3.0
三氯三氟乙烷	18.0
香精、防腐剂	适量
失水山梨醇倍半油酸酯	0.5

将固体物料烘干研磨，然后与溶混的油蜡料捏合得眼影块。该配方引自法国公开专利 2593392。

（13）配方十三

液态羊毛脂	5.0
钛云母	50.0
凡士林	4.8
滑石粉	5.0
交联聚-β-丙氨酸微球粉	5.0
尼泊金丙酯	0.2
色料	适量

该配方制得的眼影具有优良的润滑性。该配方引自欧洲专利申请340103。

（14）配方十四

滑石粉	58.0
硬脂酸锌	8.0
碳酸镁	1.0
颜料	8.0
珍珠粉 [m（二氧化钛）：m（云母）＝26：74]	25.0
抗菌剂	适量

该配方为眼影粉的技术配方，需要时可调整颜料，其他适用的珠光颜料有 Cloisnne 色素、Flamenco 珍珠或色素、Mearlite BU、LBU 或 LO、Shinju White 100A 或 Timica 丝光白 100A。

（15）配方十五

小烛树蜡	4.4
硬地蜡	4.4
羊毛脂酸异丙酯	10.0
浅色化妆液	49.2
滑石粉	16.0
颜料	8.0
珍珠白颜料	8.0

该配方为眼影油的技术配方，需要时可添加抗菌防腐剂。

（16）配方十六

硬脂酸	11.0
白凡士林	22.0
无水羊毛脂	4.5
纯白蜂蜡	3.6
甘油	5.0
珍珠色料粉	10.0
三乙醇胺	3.6
精制水	40.0
香料、防腐剂、抗氧剂	适量

3. 主要生产原料

（1）珍珠粉

珍珠粉由珍珠加工研磨制得，主要含有碳酸钙（90％）、多种微量元素和16种氨基酸，可使皮肤滋润、柔软、光滑洁白，防止皮肤衰老。

外观	白色或微黄色粉末
碳酸钙	≥95.0%
水分	≤1.0%
粒度/目	100～500
pH（1%）	6.5～7.0

（2）氧化铁黄

氧化铁黄又称药用黄氧化铁、药用铁黄，具有优良的颜料性能，着色力和遮盖力都很高。无毒、无味。

三氧化二铁含量	≥97.5%
酸中不溶物/（mg）	≤20
灼烧失重	<13%
含砷量	<0.0015%
含铅量	<0.003%

4. 工艺流程

（1）压制眼影制品

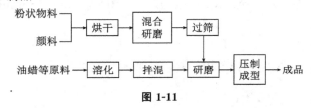

图 1-11

（2）眼影膏

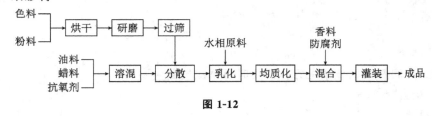

图 1-12

5. 生产工艺

（1）压制眼影制品

压制眼影制品的生产工艺：将混合溶化的油蜡等原料均匀地与已研磨过筛的粉质原料的细粉混合分散，再研磨后压制成型。

（2）眼影膏

眼影膏的生产工艺：将已研磨过筛的粉料和颜料细粉均匀地分散于已溶混的油蜡料中，再与水溶性物料组成的水相在 70 ℃下乳化制得成品。

6. 产品标准

①压制眼影制品。块形完整无损，粉质细滑，色泽均一，易于擦取涂抹，黏附耐久但又易于卸装。产品符合卫生标准，对眼皮无刺激。

②眼影膏。浓稠乳膏，膏体细腻，颜色均一，易于涂展，黏附耐久，有一定抗水、抗汗性，易于卸除。膏体冷、热稳定性好。符合卫生标准，无微生物污染，对眼皮无刺激。

7. 产品用途

眼部美容化妆品，根据消费者需要选择色调，涂于上下眼皮和外眼角，造成阴影，突出眼部立体感。

8. 参考文献

[1] 张旭明，TIGER M，张鑫. 多色眼影 异彩世界 [J]. 中国化妆品 （时尚），2005 （10）：60-63.

[2] 张旭明，TIGER M. 珠光眼影 折射神奇 [J]. 中国化妆品 （时尚），2005 （9）：56-57.

1.20　眼窝抗衰老霜

眼窝抗衰老霜可以改善受损害的皮肤同时消除眼部皱纹，使皮肤外观平滑紧致，能舒缓和滋润皮肤，使眼周肌肤呈天鹅绒般光滑，使肌肤容光焕发。配方中1，2-二棕榈酰基-α-磷脂酰-N，N-二甲基乙醇胺（A）能促进血液循环、防皮肤衰老，特别适宜眼窝周围血管丰富部位的抗衰老。欧洲专利申请533126。

1. 技术配方（质量，份）

1，2-二棕榈酰基-α-磷脂酰-N，N-"二甲基乙醇胺	0.001
聚氧乙烯（10）羟乙基纤维素醚	0.350
天然保湿因子水解溶液	2.000
2-甲基-3-(二氢)-异噻唑啉酮/5-氯-2-甲基-3-(二氢)异噻唑啉酮	0.025
马栗子脂质体（5%）	3.200
泛醇	1.000
山梨醇（70%）	2.000
甘油	4.000
色素	0.050
添加剂	0.1000
香精	0.1000
水	95.000

2. 生产工艺

将技术配方中的各物料分散于水中，搅拌混合均匀。

3. 产品用途

抗衰老眼霜，搽于眼窝周围及面部。

4. 参考文献

[1] 蔡义文. 富番茄红素酵母提取物抗衰老眼霜及面膜研发 [D]. 广州：华南理工大学，2018.

[2] 于佳. 月季花抗衰老化妆品的开发研究 [D]. 天津：天津大学，2015.

[3] 吴丽红. 抗衰老润肤霜的研制 [J]. 日用化学品科学，2011，34（9）：17-21.

1.21 眉笔

眉笔是供画眉用的美容化妆品。现代眉笔有两种形式，一种是铅笔式的，另一种是推管式的，使用时将笔芯推出来画眉。能将修饰后的眉部描绘出美观的外形，赋予眉形深而亮的健康色泽。眉色深浅浓淡向来是时髦与否的一个重要参数。眉笔的主要成分是石蜡、蜂蜡、地蜡、矿脂、巴西棕榈蜡、羊毛脂、可可脂、炭黑颜料等。将上述原料制成蜡块并在压条机内压注成笔芯，并黏合在两块半圆形木条的中间，呈铅笔状以供使用。眉笔优点是方便快捷，适宜于勾勒眉形、描画短羽状眉毛、勾勒眉尾。缺点是描画的线条比较生硬，不能调和色彩，因为含有蜡，在温热和潮湿的环境下，相对容易脱妆。

1. 技术配方（质量，份）

（1）配方一

精制地蜡（75 ℃）	2.0
纯白蜂蜡	7.5
巴西棕榈蜡	3.0
日本蜡	12.5
中黏度矿物油	1.5
可可脂	5.0
无水羊毛脂	10.0
色粉	8.5
防腐剂、抗氧剂	适量

（2）配方二

石蜡	33.0
矿脂	10.0
蜂蜡	16.0
虫蜡	12.0
羊毛脂	10.0
液状石蜡	7.0
色素炭黑	12.0

（3）配方三

聚乙烯吡咯烷酮	4.4
氧化铁黑	1.0
吐温-20	0.3

蓝色氧化铁	4.0
丙二醇	1.0
净化水	8.2
防腐剂	0.1
乙醇	0.1

（4）配方四

日本蜡	200
硬脂酸	100
钛白粉	50
羟乙基纤维素	60
炭黑	250
滑石粉	200
丝云母	140
水	420

2. 生产配方

（1）配方一的生产工艺

色料粉烘干后磨细过筛，然后加入已熔化的油、脂和蜡的混合物中，混合均匀后压芯成型，制成铅笔芯型的眉笔。

本品软硬适度，使用时不断、不裂、不碎。描画容易、分布均匀、色彩自然。久存无发汗、发粉现象。

（2）配方二的生产工艺

将颜料和适量的矿脂和液状石蜡研轧均匀成糊状。再将剩下的油脂，蜡加热熔化，和入颜料浆，搅拌均匀后，浇入模子中，冷却制成笔芯。

（3）配方三的生产工艺

先将聚乙烯吡咯烷酮、丙二醇、吐温-20 与两种氧化铁混合，制得染料中间体；然后与其他物料混合，制得眼线液，灌入装有油绳笔尖的笔里，得眼线笔。

（4）配方四的生产工艺

将色、粉料烘干后磨细过筛，将羟乙基纤维素溶在水中，将蜡和硬脂酸及羟乙基纤维素液加热熔化后，与粉料混匀，加热捏合、挤条、切割、干燥，制成直径 3.6mm 眉笔芯。这种眉笔芯含有羟乙基纤维索、丝云母、蜡和色料等。产品不脆，易削尖，描画容易，色彩自然。日本公开专利 91-190813。

3. 产品用途

（1）配方一所得产品用途

与一般眉笔相同。使用时笔芯应削成逐渐变薄的扁铲形，描眉时应描黑眉部的眉毛而不是眉部皮肤，仅在需要时才以轻盈的手法将无毛的眉梢描弯或加长。这种推管眉笔使用方便，效果好。

（2）配方三所得产品用途

用于直接描绘眼线。这种眼线笔装有油绳笔尖，其眼线液含有聚乙烯吡咯烷酮、吐温、色料和溶剂。该配方引自美国专利 5013543。

（3）配方四所得产品用途

沿着眉峰到眉尾方向描画外侧线，眉笔从内到外一点一点地轻轻移动。眉头的颜色要轻薄，顺着朝向鼻梁的方向描画。轻握眉笔点触般的描画效果更自然。眉头颜色本身就浓重的人不描眉头也可以。

1.22 眼线化妆品

眼线（eyeline）也称为睫毛线，由上、下睑缘前唇的睫毛根部排列而形成的特定美学结构。眼线不是眼部固有的解剖生理结构，但是其外观与形态变化能调整眼裂和眼型，因而在眼部审美中具有一定意义。画眼线的方法为眼线笔和眼线液并用，使眼头延展出 2～3 mm 即可，根据不同的要求和搭配可以选择不同的眼线工具和画法。

不同于画眼线，文眼线是在确定了理想的形状之后，再用针笔蘸上特别的原料文上。文眉可依头发的色泽选用多种颜色，而文眼线只能选用黑色。文眼线时，眼线的位置要选得准确，因一旦文上，形状便不宜改变，且颜色也无法褪去。相比于画眼线，文的眼线较持久，节约了化妆时间，但对眼线的设计和操作要求较高。

1. 技术配方（质量，份）

（1）配方一

聚乙酸乙烯酯乳液	50
颜料	120
聚丙烯酸乳液	450
聚丙二醇	40
对羟基苯甲酸甲酯	2
水	338

（2）配方二

黑色氧化铁水分散液（50%）	250
丙二醇	70
双氧水（35%）	50
多肽	30
对羟基苯甲酸甲酯	5
水	595

2. 生产工艺

（1）配方一的生产工艺

将颜料研磨过筛后，分散于 3 种聚合物的混合物中，再与水、对羟基苯甲酸甲酯混合，制得眼线膏。

（2）配方二的生产工艺

将 35% 的双氧水用含 50% 黑色氯化铁水分散液和水混合处理 30 min，100 ℃保温 1 h 得棕色颜料，得到的棕色颜料与含丙二醇、对羟基苯甲酸甲酯、多肽和剩余水组成的混合液混合，制得眼线液。这种眼线液含有黑色氧化铁、多肽，为眼部液体化妆品。引自日本公开专利 90-145506。

3. 产品用途

与一般眼线膏相同。

4. 参考文献

[1] 阿薇. 怎样使用眼线笔、眼线液和眼线粉 [J]. 服务科技，1997 (6)：18.

1.23　眼部卸妆剂

该眼部卸妆剂具有良好的溶剂性能，能很快去掉眼睛上的化妆树脂膜。

1. 技术配方（质量，份）

（1）配方一

$C_{10\sim30}$ 羧酸甾醇酯	10.0
聚氧丙烯（2）肉豆蔻醚丙酸酯	10.0
乳化蜡	7.5
矿物油	57.5
防腐剂、香料	适量

（2）配方二

咪唑啉型两性离子表面活性剂	0.550
聚丙烯酰胺基磺酸水溶液（15%）	6.000
尿囊素	0.050
2-甲基-2，4-戊二醇	0.003
C_{12} 脂肪醇硫酸铵	0.450
三乙醇胺	0.500
香精	0.100
二乙汞硫代水杨酸钠	0.003
水	加至100

2. 生产工艺

（1）配方一的生产工艺

在搅拌下将混合的组分加热至110℃，保证所有固体完全熔化后，在搅拌下冷却即得成品。

（2）配方二的生产工艺

将上述物质溶于水拌匀为溶液即得。该剂无刺激性，清洗力强。

3. 产品用途

（1）配方一所得产品用途

用棉球（或海绵球）蘸取擦洗睛部化妆处。

（2）配方二所得产品用途

用海绵球蘸取擦洗化妆部位。

4. 参考文献

[1] 新型眼部卸妆品 [J]. 国内外香化信息，1996（6）：11.

1.24 卸妆精

这种演员卸妆清洁剂，卸妆快，不损害皮肤，且有一定的护肤调理功能。配方引自欧洲专利申请490749。

1. 技术配方（质量，份）

邻苯二甲酸二丁酯	1.000
1-羟乙基-2-月桂基羧甲基咪唑啉鎓化合物	0.200
2-羟基-4-甲氧基苯甲酮-5-磺酸	0.005
珠光剂	0.001
香精	0.005
尼泊金酯	0.020
乙二胺四乙酸（EDTA）	0.005
色素	0.010
水	8.754

2. 生产工艺

将各物料溶于水中，搅拌均匀即得卸妆精。

3. 产品用途

用于面部化妆品的洗涤和清洁。

4. 参考文献

[1] 孙淑秀. 功能型自乳化液的制备及应用 [D]. 福州：福建师范大学，2016.

1.25 脂粉用香精

脂粉为粉饰面容的美容化妆品，所用香精要求纯正而不浓郁，并具有持久留香性。

1. 技术配方（质量，份）

丁香油	6
麝香酊剂（3%）	10
柏木油	6
香茅醇	8
洋茉莉醛	6

藿香油	6
大茴香醛	16
甲基香叶酯	1
羟基香草醛	4
水杨酸戊酯	6
甘松油	6
人造灵猫香	1
桂酸乙酯	2
二苯醚	4
水杨酸丁酯	6
人造麝香	8
芸香膏	10
水剑草油	4
香豆素	4
乙酸松油酯	9
松油醇	11
香兰素	1
乙酸香叶酯	2
苍木酯	10
甜橙油	6
乙酸草香酯	2
赖百当香膏	1
香叶醇	10
香附油	2
乙酸苄酯	16
邻氨基苯甲酸甲酯	4
花椒油	4
柠檬醛	2

2. 生产工艺

将配方中的各物料混匀后陈化一周，冷冻并过滤即得成品。

3. 产品用途

用于脂粉配制中，用量为总量的 0.4％～1.0％。

4. 参考文献

[1] 黎浩明，唐嘉雯，李雪竹. 浅析我国化妆品香精安全评价现状 [J]. 日用化学品科学，2018，41（3）：6-10.

[2] 林翔云. 化妆品的加香 [J]. 日用化学品科学，2015，38（6）：45-49.

1.26 美容水用香精

美容水又称化妆水，是一种鲜艳透明的液体，搽后可弥补皮肤角质层中水分的不足、改善皮肤的生理机能。香型常用花香型和果香型，一般用量为美容水总量的 0.2%～0.5%。

1. 技术配方（质量，份）

（1）配方一

	（一）	（二）
薰衣草油	25	20
龙涎香香精油	—	25
灵猫香酊剂（3%）	10	—
香柑油	5	10
薰衣素	2	—
安息香树脂	2	—
海狸香酊剂（3%）	—	5
鼠尾草油	—	3
麝香酊剂（3%）	5	—
合成麝香梨子油	—	1
草香精	1	—
柠檬油	—	20
酒精（90%）	1000	890

（2）配方二

鸢尾浸膏	5
鼠尾草油	1
薰衣草油	20
香柑油	10
灵猫香酊剂（3%）	4
酒精（90%）	1000

（3）配方三

香柑油	60
橙花油	14
迷迭香油	8
红橘油	30
鼠尾草油	1
麝香酮	1
玫瑰香精	2
柠檬油	40
卑柠油	20
薰衣草油	10

乙酸乙酯	4
安息香	10
酒精（80%）	3000

（4）配方四

橙花油（合成）	7
甜桔油	20
香柑油	10
卑柠油	10
迷迭香油	3
柠檬油	20
乙酸沉香酯	20
香茅醇	1
薰衣草油	4
麝香酮	1
安息香 R	3
丁香油	1
酒精（80%）	1900

（5）配方五

柠檬油	10
栎藓树脂	2
鼠尾草油	2
迷迭香油	2
香柑油	40
依兰油	4
薰衣草油	2
麝香酊剂（3%）	6
合成玫瑰花油	2
水杨酸异丁酯	20
薰草素	10
乙醇（80%）	1900

2. 生产工艺

（1）配方一的生产工艺

在搪瓷或玻璃容器中，先投入酒精，再于搅拌下加入其余物料，混匀后过滤，陈化即得。

（2）配方三的生产工艺

将各物料的混合物溶于酒精中，陈化一周，冷冻并加以过滤即得。

（3）配方四的生产工艺

将各物料的混合物溶于乙醇中，分散均匀后静置一周，冷冻，并经过滤，即得美容水用香精。

3. 产品用途

用于美容水配制中，用量为美容水总量的 0.2%～0.5%。

4. 参考文献

[1] 林翔云. 功能性香精：化妆品加香用的复配精油调配 [J]. 香料香精化妆品，2004
（3）：35-36.

[2] 冯莹，夏云生，王洋，等. 一种多功能型固体香水的研制 [J]. 日用化学品科学，
2018，41（5）：20-22.

1.27 柠檬花露水

该花露水带有柠檬清香气味，是常用香水之一。

1. 技术配方（质量，份）

（1）配方一

柠檬油	168
丁香油	14
玫瑰油	9
橙花油	9
安息香	4
酒精	8960

（2）配方二

柠檬油	168
丁香油	14
橙花油	9
玫瑰油	9
酒精	8960

2. 生产工艺

（1）配方一的生产工艺

将酒精加入搪瓷或搪玻璃容器内（不能使用金属或水制容器），然后于搅拌下加入玫瑰油、丁香油，搅匀后再加入橙花油和柠檬油，后加入安息香，分散均匀后密封之，静置于阴凉处陈化一周即得。

（2）配方二的生产工艺

在玻璃容器中，先放入酒精，加入玫瑰油和丁香油，用玻璃棒搅匀后，加入柠檬油和橙花油，混合均匀后密封陈化，一周后即得柠檬花露水。

3. 产品用途

与一般香水相同。

4. 参考文献

[1] 石梦菲，扎西次仁，刘婷，等. 伊朗蒿花露水的研制及试用调查 [J]. 西藏科技，2015（4）：34-35.

[2] 楚占格，王小兵，揭邃. 花露水的研发与流行趋势 [J]. 中国洗涤用品工业，2010（6）：85-87.

1.28　玫瑰花露水

　　花露水是一种用于淋浴后祛除汗臭的良好夏季卫生用品。此外，它可用于消除公共场所的秽气。其组成一般是 70%～75% 的乙醇、20% 左右的水、2%～5% 的香精。采用 70%～75% 乙醇用量的原因，是由于此浓度的乙醇最易渗入细菌的细胞膜，使原生质和细胞核中的蛋白质变性而失去活性，从而达到杀菌的目的。

　　玫瑰香型花露水是常用香水之一，其颜色浅绿色或黄色居多，因为此种颜色能给人以清凉爽快之感。其配方简单，香味纯正。

1. 技术配方（质量，份）

玫瑰香精	225
肉桂油	187.5
素馨油	450
玫瑰油	1.251
麝香酊	150
薰衣草油	75
酒精	10

2. 生产工艺

先将酒精投入搪玻璃容器中，然后依次加入各香料，搅匀后密封陈化即得产品。

3. 参考文献

[1] 楚占格，王小兵，揭邃. 花露水的研发与流行趋势 [J]. 中国洗涤用品工业，2010（6）：85-87.

[2] 赵小学，赵惠领. 清凉万金油及花露水制作法 [J]. 农业科技与信息，2003（6）：43.

1.29　新型香水

　　香水是化妆品中较高贵的一类芳香佳品，它的品级除与调配技术和所含香精有关外，还与原料质量相关。高档香水的香精，多选用天然花、果的芳香油及动物香料来调配；具有留香持久的特点；低档香水多用人造香精。

　　香水中的香精用量一般为 8%～30%。为缩短香水类化妆品的生产周期，香精需进行预处理。初调制的香精，其香气往往不够协调，须经熟化。其方法有：先在香精中加入少量乙醇，然后移入玻璃瓶中，在 25～30 ℃ 和无光线条件下贮存几周后再配制产品，香精应贮存在铝制或玻璃容器内；新鲜的和陈旧的同一品种香精混合，有利于加速香气的协调。

香水的香型大致有以下几种：清香型；花香、清香型香、草香型；醛香、花香型；醛香、花香、木香、粉香型、醛香、清香、苔香型；素馨兰型；苔香、果香型；东方型；烟草、皮革香型、馥奇香型。

国际香料市场中合成的香料有下列几种：龙涎香和麝香；柑橘香；花香（香水草、茉莉、薰衣草、铃兰、橙花、鸢尾、玫瑰、突厥酮系、紫罗兰等）；果香（苹果、凤梨、草彭、覆盆子等）；青香；薄荷香；臭氧香；海洋香；辛香；芳香；木香；木香、麝香；橡苔香、藿香香气；檀香香韵；紫罗兰酮梓木香；其他木香。

1. 技术配方（质量，份）

（1）配方一

紫丁香油	458.0
水仙花油	513.0
香豆素	74.0
茉莉油	253.0
玫瑰油	99.0
橡苔净油	75.0
须芒草油	18.8
岩兰草油	49.0
苯乙醛二甲缩醛	5.2
水仙混合净油	99.0
古巴香脂	24.0
酮麝香	24.0
茉莉净油	112
橙花油	99
苯乙醛	49
肉桂酸甲酯	48
乙醇	5000～8000

该配方为芳草香水配方，属高级香水类。

（2）配方二

苯乙醇	70
玫瑰醇	70
依兰油	56
乙酸苄酯	21
水杨酸异丁酯	70
异丁子香酚	70
秘鲁香脂	70
萝卜子油	7
苯基异丁子香酚	21

安息香树脂	10
茉莉净油	10
玫瑰净油	20
石竹花香精	40
乙醇	800

该配方为康乃馨香水配方。

（3）配方三

苯乙醛	5.2
香柠檬油	7.0
牻牛儿醇	28.0
香橙油	7.0
香兰素	14.0
甲基紫罗兰酮	14.0
水杨酸异丁酯	70.0
乙酸苄酯	8.4
茉莉净油	5.0
香豆树脂	2.0
玫瑰净油	2.0
灵猫香净油	1.0
麝香酊剂（3%）	50.0
酒精	800.0

该配方为兰花香水配方。

（4）配方四

依兰油	14.0
兔耳草醛	0.7
羟基香茅醛	56.0
丁子香酚	7.0
柠檬醛	2.8
橙花醇	21.0
癸醛（10%）	0.7
茉莉净油	2.8
桂醇	14.0
香柠檬油	8.4
乙酸苄酯	1.4
胡椒醛	5.6
苦橙花油	1.4
松油醇	4.2
灵猫香净油（10%）	1.0
龙涎香酊剂（3%）	20.0
麝香酊剂（3%）	30.0
橙花净油	5.0
茉莉净油	2.0

玫瑰净油	2.0
乙醇	800.0

该配方为木兰花香水配方，除后面 8 种原料外的配方，为木兰花香精配方。

（5）配方五

橡苔净油（10％）	4.0
乙酸苄酯	10.0
晚香玉净油	4.0
苯乙醛	3.0
α-紫罗兰酮	2.5
长寿花净油	1.0
香柠檬油	3.0
依兰依兰油	2.0
玫瑰油	3.0
乙酸香根酯	3.0
羟基香茅醛	10.0
茉莉净油	12.0
鸢尾浸膏	1.0
玫瑰醇	8.0
玫瑰香精	50.0
苯乙醇	20.0
康乃馨香精	3.0
酮麝香	5.0
茉莉香精	20.0
麝香酊（3％）	1.0
紫丁香香精	3.0
海狸香酊	2.0
风信子香精	3.0
灵猫香酊	4.0

该配方为百花型香水配方。

（6）配方六

肉豆蔻油	3.0
芹菜籽油	0.4
依兰依兰油	2.0
柠檬油	10.0
薰衣草油	20.0
龙蒿油	3.0
香根油	6.0
水杨酸戊酯	14.0
水杨酸苄酯	14.0
橙叶油	4.0
香柠檬油	12.0
香叶油	14.0

广藿香油	10.0
橡苔净油	3.0
香兰素	2.0
柠檬醛	2.0
邻羟基苯甲酸甲酯	2.0
白檀油	10.0
大茴香醛	2.0
丁子香酚	6.0
香豆素	6.6
玫瑰香精	10.0
葵子麝香	29.0
胡椒醛	16.0
康乃馨香精	4.0

该配方为馥奇香精配方。

（7）配方七

水杨酸甲酯	0.8
麝香酮	12
依兰油	28
橡苔净油	24
香紫苏油	12
岩兰草油	24
乙酸肉桂酯	10
异丁子香酚	14
玫瑰油	6
檀香脑	24
茉莉油	8
广霍香油	8
当归油	2
龙涎香醇	10
香豆素	6
合成麝香	8
沉香醇	12
香兰素	36
龙蒿油	10
薰衣草油	1.2
茉莉油	8
安息香	20
甲基紫罗兰酮	20
胡椒醛	14
香柠檬油	90
乙醇	1600

该配方为东方型香水配方。

（8）配方八

茴香醛	1.1
苯乙醇	26.4
乙酸苄酯	3.85
松油醇	11.00
胡椒醛	19.80
羟基香茅醛	31.90
桂醛	14.30
异丁香酚	0.55
苯乙醛（10%）	1.10
铃木香精	20.00
茉莉净油	10.00
兔耳草醛	6.00
龙涎香酊剂（3%）	40.00
橙花净油	5.00
甲基壬基乙醛（10%）	4.00
葵子麝香	1.00
玫瑰净油	2.00
麝香酊（3%）	10.00
乙醇	800.00

该配方为紫丁香香水配方。

（9）配方九

晚香玉净油	2.0
吐鲁香脂	2.0
庚炔羧酸甲酯	4.0
水杨酸甲酯	4.0
乙酸苄酯	10.0
依兰油	4.0
羟基香茅醛	30.0
芳樟醇	7.0
水杨酸乙酯	10.0
苯甲酸甲酯	4.0
芹菜籽油	0.9
邻氨基苯甲酸甲酯	20
香兰素	0.1
壬内酯	5
葵子麝香油	2
麝香酊剂（3%）	10
橙花净油	3
茉莉净油	6
栀子花香精	40
龙涎香酊剂（3%）	40
乙醇	800

该配方为晚香玉香水配方。

（10）配方十

依兰油	4
茉莉香精	3
香柠檬油	5
檀香油	5
橙花香精	42
山楂花香精	28
麝香酮	3
桂酸甲酯	2
异丁子香酚	1
麝香浸液	30
酒精	870

该配方为金合欢香水配方。

（11）配方十一

月桂醛	0.14
香柠檬油	7.00
松油醇	8.40
辛炔羧酸甲酯	0.14
苯乙醛	0.14
橙花油	14.00
胡椒醛	14.00
羟基香茅醛	49.00
茉莉净油	7.20
肉桂醇	14.00
兔耳草醛	0.70
酮麝香	4.20
玫瑰净油	7.80
甲基紫罗兰酮	21.00
橡苔树脂	0.28
桂皮净油	2.00
龙涎香酊剂（3%）	20.00
麝香酊剂（3%）	30.00
乙醇	800.00

该配方为兔耳草花香水配方。

（12）配方十二

苯乙醛	7.00
吲哚	0.14
芳樟醇	28.00
桂醇	14.00
橙花醇	21.00
羟基香茅醛	14.00
苯乙酸对甲苯酯	8.40

乙酸苄酯	28.00
苯乙醛	1.26
异丁香酚	5.60
戊基桂醛	1.40
依兰油	8.40
水仙花净油	4.00
玫瑰净油	2.00
麝香酊剂（3%）	20.00
茉莉净油	3.00
龙涎香酊剂（3%）	30.00
灵猫香净油	1.00
酒精	800.00

该配方为水仙花香水配方。

（13）配方十三

维多利亚紫罗兰香精	40
桂皮净油	5
巴马紫罗兰香精	20
玫瑰油	1
檀香油	2
灵猫香净油	4
麝香酮	1
麝香酊剂（3%）	20
龙涎香酊剂（3%）	30
酒精	800

维多利亚紫罗兰香精（A）和巴马紫罗兰香精（B）配方如下（质量，份）：

	A	B
香柠檬油	10	10
α-紫罗兰酮	15	—
甲基紫罗兰酮	50	40
茉莉净油	2	—
β-紫罗兰酮	—	10
鸢尾浸膏	2	1
桂皮净油	2	2
乙酸苄酯	10	—
庚炔羧酸甲酯	1	1
紫罗兰净油	2	1
胡椒醛	—	6
苄基异丁香酚	4	5
依兰油	2	6
茴香醛	—	4
茉莉香精	—	10
羟基香茅醛	—	4

该配方为紫罗兰香水配方。

2. 生产设备

香水类化妆品常用的设备可用于制作香水、花露水、化妆水等。其生产设备有配料罐、贮存罐、过滤机、灌装机等。

制作液体化妆品常用的配料罐多采用不锈钢、搪瓷、玻璃材质，一般常附有机械搅拌或人工搅拌。通过搅拌可使料液混合均匀。配料距的大小可根据产量而定。

贮存罐一般采用密闭搪瓷材质。例如，在香水制作过程中，刚配制的香水粗制品，需经1~3个月的陈化贮存，使香气充分协调、圆润，然后经冷冻、过滤、灌装。

许多液体存在各种杂质，可采用过滤机进行过滤、精制、除去杂质。过滤机的种类主要有板框式压滤机、叶滤机、转筒式真空过滤机等，本节仅简单地介绍板框式压滤机。

板框式压滤机主要由许多顺序文替的滤板和滤框构成。滤板和滤框支承在压滤机的机座的两个平行的核梁上，机座上有固定的端板和可移动的端板。板与框利用特殊的装置压紧在固定端板和可移动端板之间，每块滤板与滤框间夹有滤布。

压滤机滤板的周边表面平滑，而在中间部分有沟槽，泥板的沟槽都与下部通道连通，通道的末端有旋塞以排放滤液。

压滤机滤机框位于两滤板之间，三者形成一个滤渣室，被滤布阻挡的杂质粒子就沉积在这里。

板框式压滤机的操作方法：待过滤的液体用离心泵送入压滤机，沿各滤框上的垂直通道进入柜内。滤液在压力下通过滤布，经排放通道和旋塞泄放在压滤机地面上的槽中。固体颗粒物（杂质）则被滤布所阻挡而留在滤框所形成的滤渣室内。当滤渣充满滤框时，则停止送入待滤液，打开压滤机将滤渣清除。

板框式压滤机具有占地面积小、过滤效果好、操作简单、使用可靠的优点。因此，可用于香水、化妆水、染发水、洗发液、头油等液体状化妆品及液体原料的过滤。

液体灌装机主要由贮槽（罐）、自动计量装置组成。进行灌装时，可自动地进行计量和包装。

3. 生产工艺

将乙醇投入搪玻璃配料罐中，加入其余物料，混匀，过滤，着色，陈化得成品。

4. 产品标准

①色泽：符合标准样品。

②香气：符合该产品的规定香型。

③色泽稳定度：(48±1)℃、24 h，维持原有色泽不变。

④相对密度：符合该产品确定标准相对密度±0.02（在20 ℃时）。

⑤清晰度：室温（20~25 ℃）水质清晰，不得有明显杂质和黑点（以正常目力距离30 cm能看得出）。

5. 产品用途

与一般香水相同。

6. 参考文献

[1] 楚占格，王小兵，揭邃. 花露水的研发与流行趋势 [J]. 中国洗涤用品工业，2010 (6)：85-87.

[2] 于湘子. 香水、科隆水和花露水 [J]. 中国化妆品，1995 (5)：32.

1.30 化妆水

化妆水是一种透明的液体化妆品，又称美容水、爽身水、柔软化妆水。能除去皮肤上的污垢和油性分泌物，保持皮肤角质层有适度水分，具有促进皮肤的生理作用，柔软皮肤和防止皮肤粗糙等功能。化妆水种类较多，一般根据使用目的可分为润肤化妆水、收敛性化妆水、柔软性化妆水等。化妆水中常加有醇溶性润肤剂或中草药浸出液，乙醇的含量一般在 20%～50% 范围内，少量多元醇，其余为精制水。

1. 产品性能

化妆水一般为透明液体，它能使皮肤洁净、使皮肤角质层补充适度的水分和保湿成分，调节皮肤生理作用。其使用范围几乎遍及全身。通常有正常皮肤用、干性皮肤用、油性皮肤用、老年皮肤用的化妆水之分。

2. 技术配方（质量，份）

（1）配方一

甘油	30.00
乙醇	80.00
1，3-丁二醇	40.00
牛脾脏的水提取物	0.01
L-抗坏血酸	0.10
油醇聚氧乙烯醚	5.00
柠檬酸	1.00
尼泊金甲酯	1.00
香料	1.00
精制水	84.20

该化妆水对皮肤有极好的美白效果。

（2）配方二

甘油三辛酸酯	7.0
三月桂基磷酸酯盐	5.0
甘油单硬脂酸酯	8.0
维生素 C	0.2
柠檬油	0.3
香精、防腐剂	适量
精制水	79.5

该配方中含有维生素 C，属于营养性化妆水。

（3）配方三

	（一）	（二）
羊毛脂	0.5	15.0
吐温-20	—	0.3
月桂醇聚氧乙烯醚	1.5	—
柠檬酸	—	0.3
甘油	4.0	5.0
乙醇	10.0	3.0
黄檗提取液	4.0	—
薏米提取物	—	0.5
1，3-丁二醇	5.0	—
精制水	75.0	75.9
香精、防腐剂	适量	适量

该配方中分别含有黄檗、薏米提取物，对皮肤有一定的调理作用，可使皮肤柔软、光洁。

（4）配方四

	（一）	（二）
苯酚磺酸锌	1.0	1.0
硼酸	—	4.0
甘油	3.0	10.0
丹宁酸	0.1	—
聚乙二醇	5.0	—
乙醇	10.0	13.5
油醇聚氧乙烯（15）醚	2.0	—
失水山梨醇聚氧乙烯醚月桂酯	—	3.0
精制水	78.4	67.4
香精	0.4	0.5
尼泊金甲酯	0.1	0.1

配方中的硼酸、苯酚磺酸锌、丹宁酸是收敛剂，具有收敛毛孔，有效地抑制皮肤过多分泌油分，防治粉刺，促使皮肤细腻光洁的功用。

（5）配方五

芝麻酚	1.0
乙醇	25.0
甘油	5.0
硬脂醇聚氧乙烯醚	2.0
精制水	67.0
香精、防腐剂	适量

该化妆水对皮肤有增亮效果，引自日本公开特许公报87-56411。

（6）配方六

油酸聚乙二醇酯	1.00
聚乙二醇600	5.00
脱氧葡萄糖	0.10

柠檬酸	0.03
枸橼酸钠	0.20
乙醇	3.00
尼泊金甲酯	0.01
香料	适量
精制水	90.00

该化妆水对皮肤黑色素有增白效果。

（7）配方七

羟乙基纤维素	0.50
甘油	5.00
甲基氯代异噻唑酮	0.04
22 型季铵盐	2.00
26 型季铵盐	2.00
香精	0.50
尼泊金甲酯	0.10
精制水	89.86

该化妆水又称皮肤柔软剂。

（8）配方八

维生素 E 壬二酸单酯钠	0.5
L-抗坏血酸-2-磷酸酯镁	0.5
聚氧乙烯硬化蓖麻油	0.5
尼泊金甲酯	0.1
甘油	5.0
乙醇	7.0
精制水	86.4
香精、防腐剂	适量

这种增白化妆水，含有维生素 E 和抗坏血酸衍生物，对皮肤刺激性小，增白效果好。引自日本公开特许公报 91-153610。

（9）配方九

	（一）	（二）
甘油	2.0	5.0
白油	2.0	—
脂肪醇聚氧乙烯醚	—	1.0
乙醇	20.0	10.0
蜂王浆	—	1.0
紫草根提取液	1.0	—
吐温-80	1.0	—
司本-20	0.5	—
香精	0.5	0.1
色素	—	适量
防腐剂	适量	适量

| 精制水 | 72.9 | 82.9 |
| EDTA-2Na | 0.1 | — |

配方（一）为含有蜂王浆的营养型化妆水配方，配方（二）为含有中草药提取物的调理型化妆水配方。

（10）配方十

丙二醇	4.0
缩水二丙二醇	4.0
甘油	3.0
油醇	0.1
吐温-20	1.5
月桂醇聚氧乙烯（20）醚	0.5
乙醇	15.0
色素、防腐剂、紫外线吸收剂	适量
香精	0.1
精制水	71.8

将甘油、丙二醇、缩水二丙二醇、紫外线吸收剂加入精制水中，室温下溶解；另将油醇、防腐剂、吐温、月桂醇聚氧乙烯醚、香精溶于乙醇中，将乙醇体系加入水体系，着色后过滤，得柔软化妆水。

3. 主要生产原料

（1）苯酚磺酸锌

苯酚磺酸锌又称对羟基苯磺酸锌，无色或白色结晶或结晶性粉末，易变成粉红色。易溶于水和乙醇，水溶液呈酸性，pH 约为 4.0。用作收敛剂、杀虫剂、抑汗剂等的原料。

（2）乙醇

无色透明易燃易挥发液体。溶于水和大多有机溶剂。乙醇蒸气与空气混合形成爆炸混合物，爆炸极限 3.5%～18.0%。

20 世纪 50 年代以前乙醇多由天然原料制取（如葡萄汁、糖、山芋或木屑水解液经发酵来制取）。50 年代后多用石油化工原料乙烯做原料，经高压氧化合成，经精制后，纯度高，气味醇和，而且价格便宜，为企业所乐于接受。因为乙醇在香水类化妆品中的含量可达 9%，所以，它的质量好坏会直接影响香水类化妆品的质量。乙醇的质量可根据它的外观指标和理化指标来判断，感观判断乙醇是否适用于香水类化妆品的方法甚多。用闻香纸条用鼻子闻，若稍有杂醇油味或任何不愉快的气味便认为不适用。将 10 mL 乙醇加入干净的 500 mL 烧杯中，摇晃后闻挥发出的乙醇味，不应有杂醇、杂油味。将 10 mL 乙醇加入干净的 250 mL 的烧杯中，加 100 mL 蒸馏水，加热至 75～80 ℃，闻蒸发时乙醇的气味以资鉴别。

有的乙醇虽然符合规定的感观及理化指标，但如乙醇的气味过浓，也不适宜直接用于香水类化妆品，而须加以醇（纯）化处理，使其气味更加醇和。下面介绍几种醇（纯）化处理方法。

①向乙醇中加 0.02%～0.05% 高锰酸钾，剧烈搅拌，同时通空气鼓泡，如有棕色

的二氧化锰沉淀，过滤除去。

②每升乙醇中加入 1～2 滴 30％的过氧化氢溶液，在 25～30 ℃ 贮存几天后备用。

③乙醇中加入 1％的活性炭，每天搅拌几次，一周后过滤备用。

④每升乙醇中加 0.5 mg 硫化银，晃动使之溶解，然后加氯化钙使银盐沉淀，再经蒸馏后备用。

⑤将乙醇通过硅胶渗透过滤，硅胶将吸附部分杂质。

⑥在乙醇中加入少量香原料，放置 30～60 天以消除或调和乙醇气味，使气味醇和。

（3）香精

初调制的香精，其香气往往不够协调，须经熟化。为缩短香水类化妆品的生产周期，有必要将香精预处理。处理方法有以下两种。

①先在香精中加入少量乙醇，然后移入玻璃瓶中，在 25～30 ℃ 和无光线条件下贮存几周后再配制产品，香精应贮存在铝制或玻璃容器内。

②新鲜的和陈旧的同一品种香精混合，有利于加速香气的协调。

（4）防腐剂

在化妆水中，大多使用尼泊金甲酯，又称对羟基苯甲酸甲酯。该品为无色结晶或白色结晶性粉末，能溶于乙醇、乙醚、丙酮，难溶于水。

含量	≥99％
熔点/℃	125～128
灼烧残渣	≤0.1％

4. 工艺流程

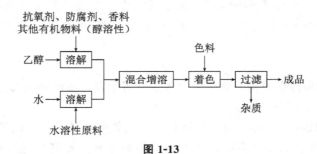

图 1-13

5. 生产工艺

一般将醇溶性原料（有机物料）溶于乙醇中，将水溶性原料溶于精制水中，然后将乙醇体系搅拌下加入水相体系混合增溶，着色后过滤，滤液即为化妆水成品。

6. 质量控制

化妆水制品的主要质量问题是干缩、混浊、变色等现象，有时在生产过程中可以发觉，但有时要经过一段时间或不同条件下贮存后才能发现。常见的质量问题有以下几种。

（1）混浊和头屑状沉淀物

产生混浊和头屑状沉淀物的原因有 3 点：原因之一是静置陈化时间不够，一小部分不溶解的沉淀物尚未析出，控制方法是适当延长静置陈化时间，使沉淀物凝聚析出后除去；原因之二是压滤机失效，冷冻温度不够，控制方法是检查压滤机滤布，滤纸贴得是否平整，无破碎，助滤剂是否均匀吸入每块滤板表面，检查过滤时温度是否控制在规定温度以下；原因之三是香精中不溶物，如浸胶和净油中的含不溶物过高，也易使混浊，控制方法是检查香精配方有无变动，尽量在配方设计时注意单体香料的质量及其溶解度。

（2）严重变色、变味

产生严重变色、变味的原因有4个：原因之一是瓶子有碱性物质，控制方法是灌装的瓶子不可有游离碱，要求中性，否则香料中的醛类等起聚合作用而造成分离或混浊，致使变色，变味，影响香气；原因之二是香水与空气或阳光接触，控制方法是将配制好的香水、古龙水或花露水等制品，未灌装前必须放在阴凉处，尽量避免与阳光接触，有的高级香水采用有色瓶包装亦为避光的一种方法；原因之三是某些原料变色，有的香精香料中含有变色成分如葵子麝香、洋茉莉醛，日久或日光照射会色泽变黄、变深，有时也因香精中含酚类、醛类等不稳定成分较多而变色、变味。原因之四是原料不纯，所用油脂碘价高，以致氧化变色，甚至变味，也含有如酚、间苯二酚、丁香油、奎宁及其盐类、苯酚磺酸锌等在日光下也会变色。控制方法是设计配方时注意原料的选用及包装容器的研究。增用防腐剂或抗氧剂，特别是化妆水，可用一些紫外线吸收剂。

（3）严重干缩、甚至瓶内香精析出分离

产生严重干缩、甚至瓶内香精析出分离的原因有两个：原因之一是瓶口不平整或瓶口、瓶盖螺丝不够紧，配合超出公差范围，包装容器密封不严造成的。由于香水、古龙水、花露水、头水、奎宁水等乙醇含量在70%左右，易于气化挥发；化妆水制品中也含有适量乙醇，一般在10%～40%，水分在50%以上，如包装容器不密封，经过几个月甚至几个星期，就有可能发生因乙醇挥发而严重干缩甚至香精析出分离现象，特别是香水、古龙水、花露水等。控制方法是制订瓶、盖模具的公差范围，严格管理，事先用精密仪器检测模具，符合要求后再投入生产，同时检测瓶、盖密封程度；瓶盖内衬垫要用略有弹性的材料，最好是软木片，检查瓶盖内垫片应留有较深的凹槽痕迹；包装时要用紧盖机。原因之二是盖子松，拧得不够紧。

（4）刺激皮肤

原因之一是香精中含有某些刺激性成分较高的香料或这些有刺激性成分的香料用量太高等；原因之二是原料不纯，含有对皮肤有害物质各种不良反应。应选用纯净的原料，加强检验，对新原料的采用，必须事先做各种安全性试验，如动物刺激性试验、过敏性试验、积累性试验等。

7. 产品标准

①色泽稳定度：48±1 ℃、24 h，维持原色泽不变。

②相对密度：符合该产品确定标准相对密度±0.02。

③香气：符合标准之香型。

④清晰度。室温下清澈透明，无沉淀、混浊，不分层，不得有明显的杂质和黑点。

⑤使用效果。具有良好的去污和柔软皮肤效果（或相应的调理效果），用后舒爽，对皮肤安全无刺激。

8. 产品用途

全身皮肤保养用美容化妆品。能除去附着在皮肤上的污垢或油性分泌物，对皮肤角质层补充适度的水分和滋润成分，调节皮肤生理作用，柔软（增白）肌肤，防止皮肤粗糙，赋予皮肤舒适的清凉感。

9. 参考文献

[1] 郑玉霞，李丽芳，卢原俊，等. 浅析化妆水在研制生产过程中的质量问题与控制 [J]. 内蒙古石油化工，2006（12）：87-88.

[2] 樊金拴，贾彩霞. 新型收敛性化妆水的研制 [J]. 陕西林业科技，1999（2）：75-77.

第二章 护肤化妆品

2.1 雪花膏

雪花膏（vanishing cream）是一种以硬脂酸为主要成分的膏霜，由于涂在皮肤上即似雪花状溶入皮肤中而消失，故称雪花膏。雪花膏在皮肤表面形成一层薄膜，使皮肤与外界干燥空气隔离，能节制表皮水分的蒸发，保护皮肤不致干燥、开裂或粗糙。问世最早的雪花膏产品是 1873 年生产的夏士莲雪花膏。在 1905—1910 年我国广生行的双妹雪花膏投入生产。雪花膏作粉底用，也作护肤品和美容品。

1. 产品性能

雪花膏又称香霜，是非油腻性的护肤化妆品。大多为皂型的 O/W 型乳剂。一般偏碱性，无油腻感，气味高雅，不刺激皮肤。

2. 技术配方（质量，份）

（1）配方一

三压硬脂酸盐	3.0~7.5
游离硬脂酸	10.0~20.0
多元醇（甘油、山梨醇等）	5.0~20.0
碱（按 KOH 计）	0.5~1.0
不皂化物（高级脂肪醇）	0~2.5
水	60.0~80.0
香精、防腐剂	适量

该配方为基本配方。一般需要把 15%~30% 的硬脂酸中和为皂，其余部分即为游离硬脂酸。常用的高级脂肪醇有鲸蜡醇、十八醇。多元醇除甘油、山梨醇外，还可使用丁二醇、丙二醇、聚乙二醇 400、聚乙烯山梨醇，也可使用混合的多元醇。配方中使用的水要求是经紫外线灭菌的去离子水。

（2）配方二

	（一）	（二）
硬脂酸	10.0	16.0
甘油单硬脂酸酯	2.0	—
失水山梨糖醇单硬脂酸酯	—	2.0
丙二醇	10.0	10.0
硬脂醇	4.0	—
硬脂酸丁酯	8.0	

聚氧乙烯失水山梨糖醇单硬脂酸酯	—	1.5
苛性钾	0.2	—
香精	1.0	0.5
防腐剂、抗氧剂	适量	适量
精制水	64.8	70.0

将丙二醇、苛性钾加入精制水中，溶解，加热 70 ℃ 得水相。其余物料混合熔融（70 ℃）得油相。在搅拌下将油相缓慢加至水相，于 70 ℃ 下搅拌 20 min，然后用均质器乳化，边乳化边冷却至 30 ℃，加入香精、防腐剂、抗氧剂，混合均匀得雪花膏。

（3）配方三

辛基/癸基/硬脂基三甘油酯	15.0
辛基/癸基三甘油酯（中性油）	8.0
异硬脂酸甘油酯	5.0
鳄梨油	6.0
保湿剂	5.0
芝麻油	4.0
Karion F	5.0
胶原	3.0
芳香油	0.2
精制水	48.8

（4）配方四

硬脂酸聚氧乙烯醇酯	4.0
鲸蜡醇	10.0
聚丙烯酸水溶性树脂	0.1
氢氧化钠（10%的水溶液）	0.1
抗菌剂	0.1
香料	0.2
精制水	85.0

该配方为热稳定性好的光滑而又洁白的雪花膏。适用于干燥皮肤或化妆打底。

（5）配方五

	（一）	（二）
失水山梨醇单硬脂酸酯	3.0	2.5
吐温-60	4.0	4.5
山梨醇（70%水溶液）	5.0	5.0
CMC-Na	0.2	0.4
蜂蜡	5.0	10.0
矿物油	26.3	23.6
氢化鱼油	17.5	15.0
香精	0.2	0.3
精制水	38.7	38.7
防腐剂	适量	适量

配方（一）为中型通用雪花膏配方，配方（二）为重型通用雪花膏配方。

（6）配方六

	（一）	（二）	（三）
白油	0.5	—	—
羊毛醇	—	5.0	4.5
乙酰化羊毛脂	—	2.0	—
乙酰化羊毛醇	3.0	—	0.5
鲸蜡醇	0.5	—	—
鲸蜡	—	—	1.5
硬脂酸	18.0	22.8	18.0
甘油	—	4.0	4.5
丙二醇	14.0	—	—
三乙醇胺	—	1.2	—
氢氧化钠	0.8	—	—
氢氧化钾	—	—	1.0
香精、防腐剂	适量	适量	适量
精制水	63.2	65.0	70.0

（7）配方七

	（一）	（二）
白油（或羊毛醇）	5.0	4.0
乙酰化羊毛醇	2.0	—
部分乙酰化的聚氧乙烯（10）羊毛脂	3.0	—
乙酰化羊毛脂	—	2.0
甘油单硬脂酸酯	5.0	—
硬脂酸	15.0	18.0
矿物油（黏度 $70 \times 10^{-3} Pa \cdot s$）	—	2.0
甘油	—	5.0
三乙醇胺	—	2.0
丙二醇	5.0	—
硼砂	—	2.0
香精、防腐剂	适量	适量
精制水	65.0	65.0

（8）配方八

	（一）	（二）
硬脂酸	40.7	13.8
白蜂蜡	5.0	—
月桂醇	—	3.1
甘油	15.2	4.9
月桂硫酸钠	—	0.5
三乙醇胺	—	0.7
吗啉	5.0	—
硼砂	1.3	—
薄荷醇	5.0	—

柠檬油	5.0	—
防腐剂	适量	适量
香料	—	0.3
精制水	22.8	75.7

（9）配方九

	（一）	（二）
羊毛醇乙酸酯	3.0	2.0
乳化稳定剂	6.0	5.0
甘油单硬脂酸酯	10.0	5.0
硬脂酸	—	5.0
鲸蜡醇	2.0	2.0
硅酮油	10.0	1.0
聚乙烯吡咯烷酮	2.0	—
三乙醇胺	—	1.0
丙二醇	—	4.0
鲸蜡	—	5.0
月桂硫酸钠	0.40	—
香精、防腐剂	适量	适量
精制水	67.6	69.0

配方（一）中的聚乙烯吡咯烷酮可用聚氧乙烯甲基葡萄糖醚（$n=10$，lucam E-10）代替，从而减小产品黏性，若用肉豆蔻醇代替部分鲸蜡醇，可降低产品黏度。为了增加配方（二）的光滑感，可用 PP-36 油酸酯代替部分鲸蜡。

（10）配方十

	（一）	（二）
乙酰化羊毛脂醇	1.0	—
甲基葡萄糖倍半硬脂酸酯	0.8	0.8
花生油	12.0	—
鲸蜡	4.0	—
甘油单硬脂酸酯	5.0	—
聚氧乙烯甲基葡萄糖醚倍半硬脂酸酯	1.2	1.2
乙酰化羊毛脂	—	2.0
鲸蜡醇	—	2.0
矿物油	—	6.0
硬脂酸	—	2.0
聚氧乙烯（10）甲基葡萄糖醚	5.0	5.0
膨润土	—	1.5
香精、防腐剂	适量	适量
精制水	71.0	79.5

配方（一）中的花生油也可用其他液体植物油代替。配方（二）中的鲸蜡醇可用部分硬脂醇代替，以增加产品的黏度，用乙酰化羊毛醇代替部分的矿物油，可减少产品的油腻感。配方（一）是通用柔软雪花膏，配方（二）为通用高润肤性、中等黏性的光滑雪花膏。

(11) 配方十一

羊毛脂醇聚氧乙烯醚	2.0
甘油单硬脂酸酯	10.0
硬脂酸	8.0
鲸蜡	6.0
椰子油	20.0
鲸蜡醇	2.0
硅酮	4.0
山梨醇（70％水溶液）	8.0
三乙醇胺	3.0
香精	0.4
防腐剂（尼泊金酯）	适量
精制水	136.6

若使用十八醇代替鲸蜡醇，可增加膏体硬度。为了增加擦用的均匀性，可用聚氧乙烯甲基葡萄糖醚代替山梨醇。使用羊毛脂酸异丙酯代替硅酮油，可增加产品的光滑感。

(12) 配方十二

羊毛脂醇聚氧乙烯醚（16）	6.0
硅酮油	2.0
乳化稳定剂	10.0
肉豆蔻酸肉豆蔻醇酯	10.0
鲸蜡醇	20.0
甘油	5.0
杀菌剂	0.2
香料、防腐剂	适量
精制水	146.8

使用十八醇代替鲸蜡醇，可增加产品黏性；而使用肉豆蔻醇代替鲸蜡醇可减小产品黏性。本配方是珍珠色的柔软光滑的通用雪花膏，擦用后具有非常好的滑润感。

(13) 配方十三

硬脂酸	12.0
鲸蜡醇	2.0
硬脂酸单甘油酯	2.0
氢氧化钾	0.4
丙二醇	10.0
香精	0.5
二氧化钛	1.0
氧化铁红	0.1
氧化铁黄	0.4
精制水	71.7
尼泊金酯	0.3

(14) 配方十四

硬脂酸	4.0
硬脂醇	14.0

还原羊毛脂	4.0
聚丙二醇	10.0
角鲨烷	10.0
菊粉型多糖	6.0
鲸蜡醇聚氧乙烯醚	6.0
辛基十二醇	12.0
甘油单硬脂酸酯	4.0
香精	0.6
水	129.4

水相和油相分别加热至 75～80 ℃，然后于搅拌下将油相加至水相中混合乳化，搅拌至冷凝，于 30 ℃ 加入香精。引自日本公开特许 92-352714。

（15）配方十五

硬脂酸	5.0
蜂蜡	2.0
可溶性蛋壳膜	0.5
脑苷脂	0.2
硬脂醇（十八碳醇）	5.0
还原羊毛脂	2.0
角鲨烷	20.0
1，3-丁二醇	5.0
司本-60	3.0
吐温-60	3.0
尼泊金酯	0.1
香精	0.5
精制水	54.2

该雪花膏中含有脑苷脂和可溶性蛋壳膜，对皮肤具有很好的调理功能。引自日本公开特许公报 91-258710。

（16）配方十六

	（一）	（二）
三压硬脂酸	14.0	12.0
18#白油	2.0	—
甘油单硬脂酸酯	1.0	1.0
鲸蜡醇	1.0	3.0
丙二醇	—	10.0
甘油	8.0	5.0
氢氧化钾	0.5	0.5
钛白粉	—	2.0
羊毛醇	—	2.0
香精、防腐剂	适量	适量
精制水	73.5	64.4

（17）配方十七

	（一）	（二）
硬脂酸	2～15	10.0
核油（山苍子核油、橄油核油等）	2～10	—
甘油单硬脂酸酯	2～10	1.5
鲸蜡醇	—	2.0
甘油	5～10	10.0
氢氧化钾	—	0.5
蛋白酶制剂	0.1～3.0	—
维生素 F	3～5	—
钛白粉	—	2.0
乳化蜡	1.0～5.0	—
三乙醇胺	0.4～1.0	—
尿素	0.3～2.0	—
氯化钾	0.1～1.0	—
樟脑	0.1～1.0	—
乙醇	0.1～5.0	—
防腐剂（尼泊金酯）	0.2	0.2
香料	0.4	0.3
精制水	加至 100.0	73.5

配方（一）为干燥皮肤用雪花膏，先制得无酶雪花膏，于 40 ℃ 以下，加入酶制剂和香料。

（18）配方十八

丙二醇二辛酯（中性油）	20.0
液状石蜡	8.0
异硬脂酸甘油酯	5.0
地蜡（硬石蜡）	3.0
脂肪酸三甘油酯	5.0
硫酸镁	2.0
香料、防腐剂	适量
精制水	57.0

该通用雪花膏配方引自 Kay-Fries 公司。

（19）配方十九

硬脂酸	20.0
鲸蜡醇	10.0
甘油-7-甲基-2-（3-甲基己基）肉豆蔻酸酯	200.0
胆甾醇	10.0
角鲨烷	100.0
聚氧乙烯氢化蓖麻油	5.0
十六烷基磷酸酯	5.0
尼泊金甲酯、丁酯混合物 [V（尼泊金甲酯）：V（尼泊金丁酯）=1：2]	3.0
氢氧化钾	1.0

甘油	100.0
司本-60	20.0
1，3-丁二醇	50.0
香精	1.0
精制水	475.0

该配方引自日本公开特许 90-270810。

（20）配方二十

油相组分

	（一）	（二）
硬脂酸	40.00	28.00
鲸蜡醇	1.00	2.00
甘油单硬脂酸酯	—	2.00
白油	—	2.00

水相组分

	（一）	（二）
甘油	16.00	16.00
氢氧化钠	0.72	—
氢氧化钾	—	1.0
三乙醇胺	2.40	—
精制水	140.00	149.00
尼泊金酯	适量	适量
香料	适量	适量

（21）配方二十一

油相组分

	（一）	（二）	（三）	（四）	（五）
白油或羊毛醇	0.5	—	—	4.0	2.5
凡士林或羊毛醇	—	5.0	40.5	—	—
乙酰化羊毛脂	—	2.0	—	2.0	—
乙酰化羊毛醇	3.0	—	0.5	—	0.5
鲸蜡醇	0.5	—	—	—	—
鲸蜡	—	—	1.5	—	—
硬脂酸	18.0	22.8	18.0	18.0	10.0
甘油单硬脂酸酯	—	2.5	—	—	—
矿物油（黏度 70×10⁻³ Pa·s）	—	—	—	2.0	—
硅油（运动黏度 350×10⁻⁶ m/s）	—	—	—	—	10.0

水相组分

	（一）	（二）	（三）	（四）	（五）
甘油	—	4.0	4.5	5.0	—
丙二醇	14.0	—	—	—	—
三乙醇胺	—	1.2	—	2.0	—
氢氧化钾	—	—	1.0	—	—
氢氧化钠	0.8	—	—	—	—

硼砂	—	—	—	2.0	—
精制水	63.2	65.0	70.0	65.0	77.0
香精和防腐剂	适量	适量	适量	适量	适量

（22）配方二十二

油相组分

聚氧乙烯硬脂醇醚	9.00
蔗糖硬脂酸酯	3.50
精制鲨鱼肝油	7.50
叔丁基羟基茴香醚	0.05

水相组分

月桂基二甲基铵水解动物蛋白质	0.05
月桂酰基角阮氨基酸三乙醇胺	0.05
精制水	72.95
单乙醇胺、丙二醇、二唑烷基脲	5.00
对羟基苯甲酸甲酯	1.00

混合油相物料并在高速搅拌下加热至 80 ℃，混合水相加热至 80 ℃，在高速搅拌下，将油相加至水相中，并导入空气，使体积增大 30%～50%，冷却至 40 ℃，即得成品。这种雪花膏适于剃须后使用，铺展性很好。

将油相和水相物料分别加热至 90 ℃，然后搅拌下将油相加至水相，冷却至 40 ℃加香精，继续搅拌至室温，包装。

一般市场上的雪花膏的基本组分如下（质量，份）：

硬脂酸（化合态）	3.0～7.5
游离硬脂酸	10～20
多元醇	5～20
碱（按 KOH 计）	0.5～1.0
不皂化物（如脂肪醇）	0～2.5
水	60～80
香精	适量
防腐剂	适量

在考虑配方时，应掌握以下几种情况：

（1）硬脂酸

配方中硬脂酸的用量，假定是 15%，表示 100 kg 雪花膏需用 15 kg 硬脂酸。

一般需要把 15%～30% 的硬脂酸中和成皂，假定其中 25% 的硬脂酸中和成皂，其余 75% 硬脂酸即为游离硬脂酸。

硬脂酸中被碱所中和的百分率确定以后，就可以计算碱的用量，1 mol 硬脂酸需要 1 mol 氢氧化钾，三压硬脂酸并非纯硬脂酸，是硬脂酸与棕榈酸约各半的混合物，含中性油脂约 0.1%，所以硬脂酸的酸值接近于皂化值。

酸值的定义：中和 1 g 硬脂酸所需要氢氧化钾的毫克数。皂化值是加热皂化 1 g 硬脂酸或油脂所需氢氧化钾的毫克数。

硬脂酸中和成皂百分率确定以后，就可以计算碱的用量。

$$m(KOH) = \frac{m（硬脂酸用量）\times w（硬脂酸中和成皂）\times X/1000}{R（KOH）}。$$

式中，X 为酸值，mgKOH/g；R 的 KOH 的纯度。

例如，制造每百公斤雪花膏所需要用硬脂酸（酸值 208 mgKOH/g）15 kg，硬脂酸中和成皂百分率是 20%，配方中需要纯度为 85% 的氢氧化钾的量：

$$m(KOH) = \frac{15 \times 20\% \times 208/1000}{85\%} = 15 \times 0.20 \times 0.28/0.85 = 0.734 \text{ kg}$$

（2）碱类

钠皂制成的雪花膏稠度很高，所以光泽很差，所采用的碱类为氢氧化钠、碳酸钠和硼砂等，其中，尤以硼砂制成的雪花膏最差，制成的雪花膏发硬、颗粒粗。

钾皂即用氢氧化钾、碳酸钾。它们制成的雪花膏呈软性乳剂，稠度和光泽都适中。碳酸钾和碳酸钠不容易掌握，因为碳酸盐与硬脂酸中和时产生二氧化碳气体，不易完全消失，并且产生较多的气泡，搅拌锅必须放大，增加设备投资费用。

采用 m（氢氧化钠）：m（氢氧化钾）＝1：10 的复合皂，制成的雪花膏的结构和骨架较好，并且有适度光泽。

胺皂制成的雪花膏呈软性乳剂，光泽很好。胺类，如三乙醇胺、三异丙醇胺。三乙醇胺制成的雪花膏容易变色，抑制变色的方法是加入 0.004%～0.020% 碱土硼酸盐。

（3）多元醇

多元醇有甘油、山梨醇、丙二醇、丁二醇等。石油产品丙二醇曾一度被大量采用，其他可采用的多元醇是聚乙二醇 400、聚乙二醇 600、聚氧乙烯山梨醇等，其中 1,3-丁二醇比丙二醇更具有优点，因为在空气中相对湿度较低或较高时，都能保持皮肤相当的湿度，对于防腐剂尼泊金酯类的溶解度，也较丙二醇为高。在雪花膏中个别加入同样用量的丙二醇、85% 的山梨醇或甘油，其中，加入丙二醇的雪花膏稠度最低、加入 85% 的山梨醇的稠度稍高，加入甘油的稠度最高。另外，乳酸也是很好的保湿剂。

（4）水质

制造雪花膏用的水质与其他乳剂的要求相同，要求去离子水且需经紫外灯灭菌。

处于还原状态的铁是以二价离子的形式存在于水中，这种化合物的溶解度较大，二价铁离子能被空气氧化成三价铁离子，三价铁离子在酸性溶液中是以溶解状态存在着。这种杂质铁离子会促使雪花膏中的香精氧化，使香气变味。如果是制造其他乳剂，也会发生同样的情况。水的总硬度和氯化钠含量过高，会促使雪花膏的颗粒变粗，乳化不稳定等现象，所以小规模生产应采用蒸馏水，大规模生产应采用去离子水。

也可采用离子交换膜电渗析器处理水。由于原水的组成和水质不同，离子交换膜的电渗析器装置中，采用的电流密度也有很大差别，电渗析器工作几天后就要用稀盐酸处理，原因：电渗析槽附着了杂质，所以便水通过的时间增加；离子交换膜，特别是阴离子交换膜将由于附着有机物而毒化；原水中的 Ca^{2+}、Mg^{2+}、HCO_3^-、SO_4^{2-} 等水垢成分在用离子交换膜脱盐时，将在浓缩室阴离子交换膜面上产生水垢。

紫外线灯外套石英玻璃管，浸入去离子水箱中，照射 20 min，在 300 mm 半径范围内有杀菌作用；或去离子水流过紫外线灯管道，连续进行杀菌，其装置是紫外线灯外套石英玻璃管，外面再套比石英玻璃管半径大 2 cm 的玻璃管，去离子水在此 2 cm 的间隙里连续流过，紫外线灯总功率为 300 w/h 可生产灭菌的去离子水约 2 t，灭菌的去离子水，检验杂菌应为阴性。

（5）珠光

用氢氧化铵或三乙醇胺和纯棕榈酸制成的雪花膏要比硬脂酸钾皂制成的容易产生珠光，尤其当加入少量乙醇，增加了分散相脂肪酸和脂肪酸皂的溶解度，致使两者有更大的接触面积，从而加速了硬脂酸和硬脂酸皂所结合形成的酸性肥皂片状结晶。在制造过程中长时间的搅拌，会增加硬脂酸分散程度，增加了二者的接触面积，同样能加速酸性肥皂片状结晶的产生，硬脂酸本身的结晶也能呈现珠光现象。

当配方中加入2%～3%的中性油脂或高碳脂肪醇，则可以避免产生珠光，一年以后仍保持原有内部油脂颗粒。雪花膏呈现珠光，并非质量问题，往往很多厂商有意识制成珠光雪花膏供应市场。

3. 主要生产原料

最简单的雪花膏配方有四类基础原料，即三压硬脂酸、碱、水和多元醇。

（1）三压硬脂酸

三压硬脂酸又称十八碳烷酸、十八碳脂肪酸，主要成分是 $C_{17}H_{35}COOH$ 和 $C_{15}H_{31}COOH$，由牛羊油或硬化油水解而得。带有光泽的白色柔软小片。可燃、无毒，皂化值206～211 mgKOH/g，酸值205～210 mgKOH/g，凝固点54～57 ℃，碘值<2 gI_2/100 g。不溶于水，溶于热的乙醇及醚中，高质量的硬脂酸能制成洁白的雪花膏而不会酸败。硬脂酸的碘值用来表示硬脂酸中油酸的含量，碘值过高，表示油酸含量较多，油酸是不饱和脂肪酸，室温呈液体，因此硬脂酸的凝固点必然降低，颜色泛黄，这样就影响了雪花膏的色泽，还会引起储存过程中的酸败。天然来源的硬脂酸是一种脂肪酸的混合物，其中，含有硬脂酸45%～49%、棕榈酸48%～55%、油酸0.5%。一压硬脂酸、二压硬脂酸碘价高，不适用制造雪花膏。

不同的脂肪酸相互混合时有凝固点降低现象，当硬脂酸为30%，棕榈酸为70%时的凝固点最低，为55.1 ℃，当含有少量豆蔻酸或油酸时，也会使凝固点降低。

硬脂酸的含量从0～30%，晶体逐渐变小，超过30%，晶体又逐渐增大，直至 w（硬脂酸）：w（棕榈酸）=45%：55%时晶体最大，随着硬脂酸比例增加，晶体又变小；硬脂酸占65%时，几乎呈现无定形结晶，比例再增加时，晶体又重新增大。硬脂酸-棕榈酸的比例不同，用针入度表示的硬度也各异，制成的乳剂的硬度也各不相同。w（硬脂酸）：w（棕榈酸）=（30%：70%）～（50%：50%）时的针入度较低。它是各种乳剂的原料，硬脂酸衍生物能作为乳化剂。硬脂酸镁、锌配制的香粉具有很好的黏附性。

酸值/（mgKOH/g）	205～210
皂化值/（mgKOH/g）	206～211
凝固点/℃	54～57
碘值/（gI_2/100 g）	≤2
水分	<0.2%

（2）甘油单硬脂酸酯

甘油单硬脂酸酯又称十八酸甘油酯、硬脂酸单甘油酯，纯白色至淡乳色的蜡状固体。无毒，可燃，具有刺激性气味。分散于热水中，极易溶于热乙醇、石油和烃类。

熔点/℃	≥54
碘值（gI₂/100 g）	≤3
游离脂肪酸	≤2.5%
重金属（Pb）	≤0.0005%

（3）羊毛醇聚氧乙烯醚

羊毛醇聚氧乙烯醚又称乙氧基化羊毛脂醇，是由精制的羊毛脂醇与环氧乙烷加成制得的从水分散到水溶性的各种制品，其性能随乙氧基化程度增加而有规律变化。抗酸、碱性和化学稳定性好。具有起泡、增溶、加脂性。

	polychol-5	polychol-15	polychol-20
n（环氧己烷）/mol	5	15	20
酸值/（mgKOH/g）	≤5	≤5	≤5
羟值/（mgKOH/g）	90～135	60～95	50～75
pH	4.0～7.0	4.0～7.0	4.0～7.0
水分	≤3%	≤3%	≤3%

（4）氢氧化钠

分子式 NaOH，白色固体，要求氢氧化钠含量＞90%、氯化钠＜2%、碳酸钠＜1%。容易吸收水分及二氧化碳，易溶于水及乙醇，具有强碱性。与硬脂酸中和成皂。

（5）三乙醇胺

分子为（HOCH₂CH₂)₃N，由环氧乙烷与氨化合制得，一般成品中，w（三乙醇胺）＞80%，w（二乙醇胺）＜15%，w（单乙醇胺）＜2.5%，w（总胺）＝99%～120%，相对密度范围（d_4^{20}）1.122～1.130，无色至浅黄色透明的稠厚液体，略有氨的气味，露置空气中能吸收水分和二氧化碳，久置后变褐色。能与水、乙醇相混溶呈碱性，熔点 20.0～21.2 ℃，应避光保存。三乙醇胺和各种脂肪酸中和成皂，加入羧基聚亚甲基树脂溶液中和增稠。

（6）三异丙醇胺

分子式（CH₃CHOHCH₂)₃N，它是由环氧丙烷与氨缩合而成的。熔点 45 ℃，无色至浅黄色黏稠液体，微有氨的气味，稳定性较三乙醇胺为好。能代替三乙醇胺制成沐浴乳剂、上光蜡乳剂等。

（7）鲸蜡醇

分子式 C₁₆H₃₃OH，由白鲸蜡中提制或由棕榈酸丁酯加氢还原制得，熔点 49 ℃，羟值 225～232 mgKOH/g，皂化值＜1.0 mgKOH/g，白色结晶、颗粒或蜡块状，能溶于乙醇、乙醚、氯仿，不溶于水。用作各种乳剂的原料，有增稠乳剂和使皮肤润滑的作用，是一种乳化稳定剂，是膏霜乳液的基料（油性基料）。

熔点/℃	46～49
羟值/（mgKOH/g）	220～230
酸值/（mgKOH/g）	≤1.0

（8）十八醇

十八醇分子式 C₁₈H₃₇OH，由硬脂酸丁酯加氢还原制得，熔点 58～59 ℃，羟值 202～208 mgKOH/g，皂化值＜1 mgKOH/g，白色晶体、颗粒或蜡块状。能溶于乙醇、乙醚、氯仿，不溶于水。用作各种乳剂的原料，增稠性能比鲸蜡醇强，是一种强乳化稳定剂。

（9）甘油

甘油分子式 $C_3H_5(OH)_3$，油脂水解或皂化时的废液制得，或由丙烯合成。一般含量＞98％，相对密度（d_4^{20}）1.2613，熔点 17.8 ℃，沸点 290 ℃，无色、无臭的黏稠液体，味甜，有吸湿性，溶于水及酒精。用作各类乳剂的原料，主要利用其吸湿性以保持皮肤的水分，由油脂加工制得的甘油，仍属于天然原料制品。

（10）丙二醇

分子式为 $CH_3CHOHCH_2OH$，相对密度范围（d_4^{20}）1.050～1.056，沸点 189 ℃，透明无色略黏稠的液体，有吸湿性，溶于水及乙醇。用作各类乳剂的原料，可代替甘油用于乳剂。其他吸湿剂还有山梨醇、乳酸、聚氧乙烯甲基葡萄糖苷、聚乙二醇 600 等。

（11）山梨醇

白色无臭结晶粉末，略有甜味，具有吸湿性。工业品一般为 70％的水溶液。无毒，无水物熔点 110～112 ℃，存在于各种植物果实中。常用作化妆品、牙膏的调湿剂，保湿性较甘油缓和。

	结晶品	70％的山梨醇
外观	白色粉末薄片或颗粒	纯净无色糖浆状
含量	≥91％	≥70％
折光率	—	1.4575
还原糖	≤0.3％	≤1％
pH	—	5～7

（12）去离子水

制造乳剂用水有一定要求，在 20 世纪 60 年代，去离子水未普及前，采用蒸馏水，因消耗能源多，目前多数通过阴、阳离子交换树脂柱或阴、阳离子交换膜电渗析法制得去离子水，通常让自来水通过活性炭吸附胶质和杂质后，再通过阴、阳离子交换树脂栓或阴、阳离子交换膜电渗析而得。pH 6.5～7.5，电阻＞10 kΩ（最好＞25 kΩ），总硬度＜100 μg/g，氯离子＜50 μg/g，铁离子＜10 μg/g，通过紫外线灯灭菌的去离子水，微生物培养检验无杂菌，不得检出金黄色葡萄球菌和绿脓杆菌。

4. 工艺流程

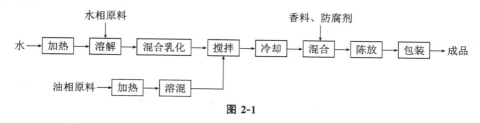

图 2-1

5. 生产设备

这里介绍的一些常用的雪花膏设备也可用于制作各种不同类型的膏状化妆品，如各种类型的冷霜、乳液、发乳、洗发膏等。

（1）加热罐

生产雪花膏化妆品常用的加热罐，主要是夹套式。罐材一般采用不锈钢或搪瓷，其容量一般为 200～1000 L（可根据生产而定）。当原料需加热时，向夹套里通入水或其他载热体进行加热,使原料熔(溶)化。

(2)简单的搅拌器

制作乳膏状雪花膏化妆品,最简单的搅拌设备是带有搅拌浆及刮刀的容器,混合叶片、定子、转子、保温套等。这种设备易于制作,但其乳化效率低,仅能生产平均粒径为 5 μm 左右的乳胶体,一般常用于制作粒度要求不太高的乳胶体,如低档雪花膏、低档洗发膏等。对于产品标准较高的产品,可用它先制成粗制品,然后再经其他设备(如胶体磨、均质器等)精制。搅拌浆的要求,一般可根据产品结构的不同而异。对于稠度较低的化妆品可采用螺旋浆式(或推进式搅拌器);对于稠度较大的膏状化妆品常采用锚式搅拌器。用此设备制作化妆品时,在搅拌乳化阶段,要特别注意不要引入大量的气体,以致成品体系中形成第三相,因为气体的混入会影响化妆品乳胶体的稳定性,严重时能导致化妆品乳胶体分离、变质等。

(3)三滚研磨机

三滚研磨机多采用不锈钢材质制成。使用三滚研磨机可对许多膏霜类化妆品(如粉质雪花膏、冷霜等)的粗制品,进行再加工,精制,以达到所要求的质量。对于不同类型的产品其膏体粗细的程度要求各异,可根据生产的实际,调节三滚机滚筒与滚筒之间的间隙,达到所要求的质量。

(4)胶体磨

肢体磨是由转子和定子两部分组合而成。转子和定子表面可分为平滑的和波纹的两种形式。当化妆品的粗制品或混合液认定于和转子之间的狭窄的缝隙中通过时,靠强剪切作用,而使之乳化,一般转速为 1000~2000 r/min,转子和定子表面的间隙可根据生产的需要进行调整。常用胶体磨的形状有立式或卧式两种。

(5)均质搅拌器

均质搅拌器又称为均质乳化器,是一种高剪切分散机,其特点:搅拌翼高速旋转,对搅拌翼周围的空穴(也称死角等)装配了起挡板作用的定子,产生循环流的作用,以防搅拌过程中造成的空穴。当化妆品混合液通过定子和转子之间微小的间隙时,产生很强的剪切效应和冲击力,达到强分散效果,起到良好的乳化作用。

(6)灌装机

用于雪花膏等膏状化妆品灌装的机器,一般采用不锈钢活塞式,分为电动或脚踏两种形式。

6.生产工艺

将硬脂酸、硬脂酸单甘酯、高级脂肪醇等油相物料投入带有蒸汽夹套的不锈钢加热锅中,总投料量占不锈钢锅有效容积的 70%~80%。加热至 80~95 ℃,维持 30 min 灭菌。另将精制水、多元醇、尼泊金酯类投入另一不锈钢夹套锅内,加热至 80~95 ℃,并搅拌使之溶解完全,维持灭菌 30 min,然后加入稀苛性碱溶液,混匀后转入乳化锅。

乳化搅拌锅内有夹套蒸汽加热和温水循环回流装置,500 L 乳化锅转速约 60 r/min 较为适宜。在搅拌下,将热的油相物料加入乳化锅中。乳化过程产生的气泡在搅拌过程会逐渐消失,待乳液 70~80 ℃,气泡基本消失时,使用温水循环回流冷却:夹套中通入 60 ℃ 温水使乳液逐渐在搅拌下冷却,要控制回流水在 1.0~1.5 h 内由 60 ℃ 逐渐下降至 40 ℃，则相应可控制雪花膏停止搅拌的温度在 55～57 ℃。

乳化搅拌锅停止搅拌后，用无菌压缩空气将雪花膏从锅底压出，于盛料桶中静置冷却至 30～40 ℃，装瓶。

7. 产品标准

①色泽。白色（或符合规定的色泽）。

②香气。符合配方规定之香型。

③耐热。经 50 ℃、6 h（营养性雪花膏 40 ℃、6 h）后，膏体无油水分离现象。

④耐寒。根据技术要求不同，经 0 ℃、24 h，－5 ℃、24 h，－10 ℃、24 h，－15 ℃、24 h 或－30 ℃、24 h 后恢复至室温，乳体正常，无粗粒、出水现象。

⑤pH。微碱性 pH≤8.5；微酸性 pH＝4.0～7.0；粉质霜膏 pH≤9.0；特种药物性 pH 另定。

另外，膏体洁白、细腻，擦在皮肤上应滑润，无面条状，无刺激（过敏性者例外），香气悦人。贮存中无变色、出水干缩、霉变发酵等现象。

8. 贮存与保质期限

应贮存在温度不高于 35 ℃ 的通风干燥仓库内，不得靠近火炉或暖气。堆放时，必须离地面 20 cm，内墙 50 cm，中间应留有通道，按箱子箭头标志堆放，不得倒放。

产品质量由出厂日期起（遇特殊情况，双方协商决定），瓶装复塑袋为期一年，散装（瓶、听）雪花膏，塑袋为期 9 个月。在保质期内雪花膏干缩程度应是四周无脱壳及油水分离现象。

9. 质量控制

雪花膏的主要质量问题和质变情况，有时在配制时即可发觉，有时需要经过长期储存才能发现，常见的问题及控制方法简述如下。

其一，雪花膏有粗颗粒，可能是搅拌桨效率不高，油、水乳化后，乳剂流动缓慢，使得部分硬脂酸和硬脂酸钾皂上浮，在雪结膏时，上浮至液面的结块油脂，必然分散不良，出现粗颗粒。控制方法：搅拌叶的叶片与水平基准成 45 ℃，加快转速，使最上面搅拌桨的叶片大部分埋入液面，不使液面产生气泡为度。

其二，碱溶液用量过多，中和它的硬脂酸比例超过 25％，硬脂酸钾皂过量，出现半透明颗粒状，而且雪花膏也呈现稍有透明。碱的用量应控制在硬脂酸被中和 15％～25％，接近 20％较好。

在配制碱液时，稀淡的碱液和浓度高的碱液没有充分混合，碱液配制锅上部溶液浓度符合要求，而中部和下部碱水的浓度逐渐增高，虽然每次称取同样重量的碱液，但因碱水的浓度逐渐增高，总碱量必定超过规定的碱用量，则有半透明状颗进出现或出现粗颗粒。控制方法：碱溶液配制锅装设小型涡轮搅拌桨，367.8W 的电动机足能驱动。如果采用人工搅拌，则不容易使藏在溶液里的碱液浓度搅拌均匀。

其三，油水乳化后，搅拌冷却速度过快，整个搅拌时间太短，聚集的分散相，没有很好分散。可根据实际操作，搅拌时间控制在 100～150 min，此时雪花膏温度降低至 55～57 ℃。

其四，甘油含量少或配方中的其他原因也会使雪花膏发粗。适当增加保湿剂用量，如甘油，或加入适量的亲水性非离子型乳化剂。

其五，雪花膏出水，这是严重的乳化破坏现象。可能原因是碱用量不足，也就是中和成硬脂酸皂的量不够，不足以形成内相颗粒足够的水-油界面膜，以致乳化不稳定，有水析出。控制方法：投料的碱用量要正确，按照配方比例不能少加；水中含有较多的盐分，盐分是电解质，能将硬脂酸钾皂从水中离析出来，称为"盐桥"，主要是乳化剂被盐析，雪花膏必然出水，当水中含盐量（以氯化钠的 Cl^- 计算）超过 300 $\mu g/g$ 时，即可出现轻微的盐析现象，使雪花膏略有发起，结构松懈，采用去离子水，控制水的质量规格；可能是经过严重冰冻或含有大量石蜡、矿油也可引起出水，适当增加保湿剂的用量，如甘油，避免采用石蜡，石蜡会在皮肤上形成障碍性薄膜，透气性极差，异构白油的用量 1%～5% 已足够；配方中单纯用硬脂酸钾皂作乳化剂，单品种乳化剂往往不稳定，稍加搅拌或冰冻，即雪花膏有水分析出，采用"乳化剂对"，配合使用单硬脂酸或羊毛醇。

其六，雪花膏使用时起面条，当单独选用硬脂酸和碱类中和成皂，容易产生这种情况。控制方法：首先，在加入甘油、丙二醇或单硬脂酸甘油酯 1%～2%，或在加入香精的同时加入 1%～2% 白油，这样可增加润滑度，避免膏体起面条现象；其次，硬脂酸用量过多，或经过严重冰冻，也会使雪花膏使用时起面条，因此，硬脂酸用量 10%～15% 为适中，甘油用量过少，不但在涂擦过程中易起面条，而且经过冰冻有发粗现象，甘油或丙二醇用量超过 10%，此种现象将减轻。

其七，雪花膏变色，雪花膏变色主要是香精里有变色成分（如葵子麝香、洋茉莉醛等），香精中醛类、酚类等不稳定成分含量较多时，日久或日光照射后色泽变黄。控制方法：单体香料分别用同样用量加入试样的雪花膏中，做耐温试验（40 ℃ 恒温箱中放置 15～30 天，观察雪花膏的变色程度，同时做一空白对照）、耐紫外线灯照射试验（分别加入单体香料的雪花膏试样，按照"发乳产品标准"的暴露于紫外线灯"色泽稳定性试验"的操作，同时做一空白对照，进行比较）、耐日光照射实验（将同样用量的各单体香料加入雪花膏试样，在日光充足处暴晒 3～6 天，冬季适当延长照射时间，紫外线照射变色程度有时与日光照射略有不同），可作参考数据，检查出变色严重的单体香料，应不加入或少加入。

其八，硬脂酸的碘值较高也会使雪花膏变色。碘值主要是表明油酸的含量油酸，后于不饱和脂肪酸，位于第九、第十碳原子间的双键具有化学不稳定性。当水分中含有铁离子，油酸和水分混合，且暴露在空气中时，油酸容易氧化变色，同时使雪花膏香气变味。控制方法：精选碘值低的硬脂酸，即三压硬脂酸。

其九，雪花膏刺激。雪花膏刺激皮肤的原因之一是香精中含有某些刺激性较高的香料，或为了掩盖硬脂酸的油脂气味，加入过多的香料所致，如 1% 或 >1%。控制方法：选择刺激性低的香料，也可以将硬脂酸脱除油脂气味，这样制成的雪花膏基本无油脂气味，不必为掩盖硬脂酸的油脂气味而多加香精，加入 0.5% 香精已足够，而且香气纯净而不混杂。原因之二是选用原料中含有对皮肤有害的物质，敷用在皮肤上虽然短时间内没有感觉，但长期使用，皮肤就会有各种不良的反应，如原料中的铅、砷、汞等重金属超过允许范围，会引起皮肤瘙痒和潜伏性的危害。控制方法：选用纯净的优质原料，加强原料检验。

其十，雪花膏霉变和发胀主要是空玻璃瓶保管不慎，沾染了灰尘和微生物，清洗的自来水同样含有微生物，低温烘干的玻璃瓶内仍有大量微生物，装满雪花膏后，瓶口刮下的雪花膏多次回用，因雪花膏被污染，含有大量微生物，储存若干时间，在气温适宜或表面发霉或因细菌繁殖，产生二氧化碳气体而发胀。严重的发胀现象是，雪花膏淌到瓶盖外面，同时香气变差，变酸等。控制方法：空玻璃瓶退火后即装入密封的纸板箱内或热吸塑包装，不使灰尘进入、装雪花膏前不必洗瓶，空玻璃瓶倒置。用无菌的压缩空气吹洗，吹去可能存在的杂质，即可装灌。这样，不致因玻璃瓶被玷污而使雪花膏霉变和发胀。

也有可能是原料被污染，或水质差，水中含有微生物。控制方法：妥善保管原料，避免污灰尘和水分，制造时油温保持 90 ℃ 维持半小时灭菌，但细菌芽孢不能被杀灭。采用去离子水，紫外线灯灭菌。

还有可能是环境卫生和周围环境条件因素。制造和包装场地，设备和接触的容器、工具不够清洁卫生；工场周围环境不良，附近工厂产生尘埃、烟灰；距离水沟、厕所较近等原因。控制方法：制造工段每天工作完毕后，用水冲洗场地，接触的容器、工具清洗后用水蒸气冲洗或沸水灭菌 20 min，制造和包装过程都要注意工业卫生和个人卫生。

其十一，雪花膏含水分 70％ 左右，当包装容器不够密封，经过数月后，必然因水分蒸发而使雪花膏干缩，主要是瓶口不平整或瓶口与瓶盖螺丝不够紧密配合，超过公差范围，总之是包装容器没有做到密封所造成。控制方法：制定瓶、盖、模具的公差范围，严格管理，模具经精密仪器检测后投入生产，同时检测瓶盖密封程度。瓶盖内垫使用略有弹性的塑片或塑纸复合片，并应留有较深的瓶口凹槽痕迹，包装时用紧盖机盖紧。

10．质量检验

（1）耐寒检验

预先将冰箱调至 -30 ℃、-15 ℃、-10 ℃ 或 -5 ℃、0 ℃，将检验品或装入试样小瓶之产品，加盖旋紧后，待乳剂温度降至室温后，根据多种规格产品耐寒要求，分别放入不同温度的冰箱里（耐寒在 0 ℃ 以下的产品，应先放在 0 ℃ 条件下保持 2 h 后，再放入耐寒要求的温度内）保持 24 h，待恢复室温后。用感官检验乳化别是否正常。

（2）耐热检验

预先将恒温箱调节至（50±1）℃、（40±1）℃，将待测之样品，若小瓶装者，事先将封口白蜡（或蜡纸碗、塑碗）去除；若塑袋或大听、大瓶装者，应将样品取出装入小瓶内，加盖旋紧后，再放入恒温箱内保持 6 h，取出用感官检验乳剂是否正常。

（3）pH 检验

用十分之一刻度天平称取试样和蒸馏水搅拌均匀（1 份试样和 10 份煮沸后冷却的蒸馏水）加热至 40 ℃，并不断搅拌，然后冷却至室温，用酸度计测定 pH。

（4）色泽检验

取试样用目力在室内无阳光直射处进行。

（5）香气检验

闻嗅觉鉴定香气应符合规定之香型。

（6）乳剂检验

用目力在室内无阳光直射处进行观察，乳剂应细腻，擦在皮肤上应滑润，不得有面条状及刺激现象（过敏性者例外）。

11. 产品用途

主要用于面部润肤，也可在搽粉前用作打底。

12. 参考文献

[1] 郑绍成，梁刚锋，沈巧莲，等. 新颖雪花膏的配方和工艺优化研制 [J]. 广州化工，2016，44（22）：65-67.

[2] 陈战. 雪花膏的制备 [J]. 广东化工，2012，39（16）：27.

[3] 凌荣君. 雪花膏配方 5 例 [J]. 江苏化工，1986（4）：16.

2.2　冷霜

冷霜（cold cream）也称香脂或护肤霜，基础原料仍沿用希腊人盖伦（在公元 100—200 年）创始的 1 份蜂蜡、4 份橄榄油和部分玫瑰水溶液制成的，限于当时的条件，制得的乳状液不够稳定，涂于皮肤便有水分离出来，水分蒸发吸热，使皮肤有凉爽的感觉，因此而有冷霜的名称。

1. 产品性能

冷霜为水包油或油包水型乳剂霜膏。冷霜外观光滑而有光泽，光亮油润，质地柔软，遇冷不硬。没有油分或水分的分离现象，不收缩，不生斑纹，稠度适中，易于涂抹。由于使用冷霜的地区不同，其技术配方也应有所不同。气温较高的地区使用的冷霜应稠些，而寒冷地区使用的冷霜则应软些，另外，润肤和按摩用的冷霜，要比清洁皮肤用的洁肤霜厚些。

按其性能和用途，可分为微酸性冷霜、微碱性冷霜和特种冷霜。按包装形式可分为金属盒装、瓶装和散装。

2. 技术配方（质量，份）

（1）配方一

	（一）	（二）	（三）
蜂蜡	2.0	2.0	1.2
水解蜂蜡	—	0.2	—
天然地蜡	—	—	7.0
合成地蜡	8.0	7.5	—
18# 白油	52.7	52.0	47.0
三压硬脂酸	7.0	7.0	1.2
双硬脂酸铝	—	—	1.0
丙二醇单硬脂酸酯	—	0.3	1.5
氢氧化钠（10%）	4.0	4.0	—
氢氧化钾（8%）	0.3	0.3	—
氢氧化钙	—	—	0.1

香精、防腐剂、抗氧剂	适量	适量	适量
精制水	26.0	26.7	41.0

（2）配方二

蜂蜡	120.0
鲸蜡醇聚氧乙烯醚	25.0
硬脂醇聚氧乙烯醚	41.0
液状石蜡	380.0
吐温-20	8.0
烟酸	3.0
曲酸	10.0
γ-亚麻油酸	2.0
固状石蜡	120.0
维生素 A	2.0
对羟基苯甲酸丁酯	2.0
香精	3.0
精制水	287

（3）配方三

	（一）	（二）
蜂蜡	16.7	16.5
矿物油	40.0~50.0	—
硬脂酸聚氧丙烯酯	5.0~10.0	—
硼砂	0.8	0.9
白色矿物油（0.015 Pa·s）	—	33.0
香精	0.4	0.4
尼泊金丁酯	0.2	0.2
精制水	31.9	49.0

配方（一）为典型的油包水型冷霜配方；配方（二）为光滑洁白的冷霜配方，擦用后皮肤光滑柔润，没有油腻感。

（4）配方四

	（一）	（二）
蜂蜡	2.0	10.0
白凡士林	—	5.0
白油（18#）	—	48.0
矿物油	20.0	—
地蜡	2.0	—
山梨醇（70%）	18.0	—
硼砂	—	0.6
油酸单/双甘油酯	2.0	—
香精、防腐剂	适量	适量
精制水	56.0	36.4

配方（一）是没有油腻和发黏感觉的冷霜配方。

（5）配方五

	（一）	（二）	（三）
蜂蜡	8.0	10.0	10.0
鲸蜡	2.0	4.0	4.0
18#白油	40.0	25.0	34.0
白凡士林	10.0	—	7.0
失水山梨醇聚氧乙烯醚单硬酯	1.0	—	—
失水山梨醇单油酸酯	—	—	1.0
失水山梨醇单硬酯	2.0	—	—
杏仁油	—	8.0	—
棕榈酸异丙酯	—	5.0	—
乙酰化羊毛脂醇	—	8.0	2.0
硼砂	—	0.7	0.6
香料、防腐剂、抗氧剂	适量	适量	适量
精制水	37.0	37.3	41.4

该配方（二）、配方（三）中，采用传统的蜂蜡–硼砂乳化体系，利用蜂蜡的游离脂肪酸与硼砂中和成钠皂，此钠皂即是很好的水/油型冷霜的乳化剂。在近代冷霜配方中，蜂蜡硼砂体系已逐渐被非离子型乳化剂所代替［如配方（一）］。但为了操作方便和乳化效果，往往采用非离子乳化剂和蜂蜡硼砂体系相结合的方法，配方（三）即是实例。

（6）配方六

	（一）	（二）
蜂蜡	6.0	10.0
微晶石蜡	4.0	—
固蜡	6.0	5.0
凡士林	12.0	15.0
白油	44.0	41.0
皂粉	0.3	0.1
聚氧乙烯（20）失水山梨醇单油酯	0.8	—
失水山梨醇倍半油酸酯	3.2	—
甘油单硬脂酸酯	—	2.0
聚氧乙烯（20）失水山梨醇单月桂酯	—	2.0
硼砂	—	0.2
香料	0.5	1.0
防腐剂、抗氧剂	适量	适量
精制水	22.7	23.7

（7）配方七

	（一）	（二）
白蜂蜡	2.2	7.5
无水羊毛脂	5.2	9.3
硬脂酸	5.6	14.0
矿物油	49.1	15.4

松油醇	—	0.1
甘油	0.9	—
丙二醇	—	7.5
三乙醇胺	0.9	1.8
硼砂	0.9	—
香料	0.4	0.3
防腐剂	0.3	0.3
精制水	34.5	43.8

（8）配方八

	（一）	（二）
羊毛脂	3.0	2.0
矿物油	6.0	—
液状石蜡油	—	35.0
凡士林	4.0	12.0
聚环氧乙烯-环氧丙烯醚	—	3.6
甘油单硬脂酸酯	19.0	—
甘油	1.0	—
脂肪醇聚氧乙烯醚	—	10.0
丙二醇	—	6.4
香精	0.2	0.1
防腐剂（尼泊金丁酯）	适量	适量
精制水	66.8	30.0

配方（一）是自成乳化体系的冷霜。

（9）配方九

油相组分

	（一）	（二）
蜂蜡	2.0	6.2
硬脂醇	1.5	—
白油	18.0	42.5
异十八醇	0.5	—
硬脂酸	1.5	—
白凡士林	—	18.5
石蜡	—	6.2
合成鲸蜡	0.5	—

水相组分

	（一）	（二）
甘油	1.0	0.5
丙二醇	1.0	—
硼砂	1.0	0.45
聚氧乙烯（8）甘油牛油酸酯	1.0	—
氯丙烯基六亚甲四胺氯化物	1.0	—
精制水	72.0	22.45
香精、防腐剂	适量	适量

配方（一）为水包油型冷霜，膏体洁白细腻。搽后爽滑而油润，黏腻性小。

（10）配方十

甘油二硬脂酸酯	5.9
白凡士林	3.1
白油（18#）	10.3
硼砂	0.5
香精、防腐剂	适量
精制水	38.6

（11）配方十一

羊毛醇	6.0
乙酰化羊毛脂醇	8.0
烃蜡	14.0
甘油单硬脂酸酯	4.0
矿物油	60.0
蜂蜡	20.0
三乙醇胺（99%）	0.5
硼砂	1.2
聚乙二醇	1.0
香料、防腐剂	适量
精制水	85.3

（12）配方十二

油相组分

蓖麻油	7.1
鲸蜡醇	7.1
失水山梨醇单硬脂酸酯	14.0
硬脂酸	71.0
凡士林	27.0
矿物油	52.5
羊毛脂	21.3

水相组分

聚氧乙烯（20）失水山梨醇单硬酯	2.8
甘油	2.8
三乙醇胺	1.64
尼泊金甲酯	0.4
尼泊金丙酯	0.16
香料	0.6
精制水	191.6

（13）配方十三

	（一）	（二）
蜂蜡	10.0	4.0
微晶石蜡	—	11.0
鲸蜡醇	5.0	—
含水羊毛脂	8.0	7.0

凡士林	—	5.0
异三十烷	37.5	34.0
甘油硬脂酸酯	2.0	—
甘油单油酸酯	—	3.0
聚氧乙烯（20）失水山梨糖醇油酸酯	—	1.0
聚氧乙烯（20）失水山梨糖醇单月桂酸酯	2.0	—
鲸蜡醇己二酸酯	—	10.0
丙二醇	5.0	2.5
精制水	30.0	22.0
香料	0.5	0.5
防腐剂、抗氧剂	适量	适量

（14）配方十四

	（一）	（二）
蜂蜡	1.2	17.0
羊毛脂	—	10.0
液状石蜡	40.0	35.0
硬脂酸	1.3	
地蜡	8.0	
甘油单硬脂酸酯	1.6	
硬脂酸铝	1.0	
白凡士林	7.2	
聚氧乙烯（20）失水山梨醇棕榈酸酯	—	3.0
失水山梨醇单硬脂酸酯	—	2.0
氢氧化钙	0.1	—
精制水	39.6	33.0
香精	0.3	0.3
抗氧剂、防腐剂	适量	适量

（15）配方十五

	（一）	（二）	（三）	（四）
蜂蜡	10.0	10.0	10.0	8.0
白凡士林	5.0	7.0	—	10.0
18# 白油	48.0	34.0	25.0	40.0
鲸蜡	—	4.0	4.0	2.0
失水山梨醇单油酸酯	—	1.0	—	—
聚氧乙烯失水山梨醇单硬脂酸酯	—	—	—	1.0
失水山梨醇单硬脂酸酯	—	—	—	2.0
杏仁油	—	—	8.0	—
乙酰化羊毛醇	—	2.0	—	—
棕榈酸异丙酯	—	—	5.0	—
精制水	36.4	41.4	37.3	37.0
硼砂	0.6	0.6	0.7	—
香料、防腐剂、抗氧剂	适量	适量	适量	适量

3. 生产工艺

（1）配方一的生产工艺

将油脂混合热溶（100～110 ℃），混匀后维持 80 ℃。将碱与水混合，加热至 80 ℃，于搅拌下加入上述油相中，搅拌冷却至 40 ℃ 加香料、抗氧剂、防腐剂，继续搅拌冷却至 28 ℃，经三辊机研磨（或胶体磨分散），真空脱气，检验合格后包装。

（2）配方二的生产工艺

将蜂蜡、液蜡、固蜡、脂肪醇聚氧乙烯醚、烟酸、曲酸、γ-亚麻油酸、对羟基苯甲酸丁酯混合热溶得油相。将吐温-20 和水混合，加热至 80 ℃，于搅拌下将水相加入油相中，搅拌乳化，继续搅拌冷却于 40 ℃ 加入维生素 A 和香料，制得具有增白效果的冷霜。配方中的曲酸、γ-亚油麻酸、维生素 A 具有调理肌肤和增白效果。引自日本公开特许公报 90-28105。

（3）配方七的生产工艺

将矿物油、羊毛脂、硬脂酸、蜂蜡、松油醇混合于 70～80 ℃ 热溶混。另将精制水加入配料锅中，加热至 75 ℃，加入甘油、硼砂、三乙醇胺，于搅拌下，保温将水相加入油相，剧烈搅拌，制得稳定的乳化体，继续搅拌冷却至 40 ℃ 加入香精、防腐剂，混合均匀，于 30 ℃ 包装。

（4）配方十的生产工艺

将三乙醇胺、聚乙二醇、硼砂溶于水中，加热至 80 ℃ 混匀得水相。其余物料混匀溶混，并保持 80 ℃。于搅拌下将油相加入水相，搅拌冷至 40 ℃ 加入香料、防腐剂，搅拌冷却至 30 ℃ 包装。该配方引自联合碳化物公司，产品具有如同丝绸的滑润感。

（5）配方十二的生产工艺

将油相和水相分别加热至 80 ℃，于搅拌下将 72 份油相原料与 28 份水相混合乳化，搅拌冷却至 40 ℃ 加入香料。

在近代冷霜配方中，蜂蜡与硼砂乳化体系已逐渐非离子型乳化剂所代替。但为了操作和效果，往往采用非离子乳化剂和蜂蜡-硼砂体系相结合的方法。

开始乳化时，使油和水保持在较低的温度（一般为 70 ℃），将硼砂水溶液加入油脂蜡的混合物中。开始搅拌时可剧烈一些，但当水溶液加完后，应缓慢搅拌，较高的温度和过分剧烈搅拌都有可能制成水包油型冷霜。45 ℃ 加香料，停止搅拌，静置过夜，再经过三辊机或胶体磨分散后装瓶。

4. 主要生产原料

（1）蜂蜡

蜂蜡又称蜜蜡、白蜡、黄蜡。天然蜂蜡是无定形的，颜色为深棕或浅黄色，有特殊的蜂蜜气味。其中含软脂酸三十烷酯约 80%，游离的蜡酸约 15%，虫蜡素 4%，还有少量游离蜂醇等。蜂蜡微溶于冷乙醇，完全溶于氯仿、乙醚以及不挥发油、挥发油。可与脂肪、油、蜡和树脂共溶混。

	黄蜡	漂白蜂蜡
熔点/℃	62～64	69.0～72.5
相对密度	0.958～0.970	0.970～0.984

酸值/（mgKOH/g）	17～23	22～30
皂化值/（mgKOH/g）	87～97	91.5～104.0
酯值	70～80	69.0～77.5
酯值/酸值	3.3～4.0	2.5～3.3
不皂化物	50～56	50～56

（2）人参

人参含有人参皂苷等多种有机化合物、维生素、植物激素、糖类等营养物质，用 V（水）：V（乙醇）$=1:5$ 浸出人参，制成 10%～20% 的人参浸出液。在乳剂中的干基人参用量是 0.25～1.00%，能使皮肤的毛细血管扩张，使皮肤柔软、光滑、抵抗日光照射和延缓皮肤衰老。

（3）蜂王浆

蜂王浆为工蜂咽腺分泌的乳白色胶状物，是一类组分相当复杂的蜂产品，随着蜜蜂品种、年龄、季节、花粉植物的不同，其化学成分也有所不同。一般来说，其成分为水分 64.5%～69.5%、粗蛋白 11.0%～14.5%、碳水化合物 13%～15%、脂类 6.0%、矿物质 0.4%～2.0%、未确定物质 2.84%～3.00%。蛋白质约占蜂王浆干物质的 50%，氨基酸约占蜂王浆干重的 1.8%，蜂王浆含有较多的维生素，含 26 种以上的脂肪酸、9 种固醇类化合物。蜂王浆在乳剂中的用量为 0.3%～0.6%。

（4）硼砂

硼砂又称四硼酸钠（$Na_2B_4O_7 \cdot 10H_2O$），无色半透明晶体或白色结晶粉末。60 ℃ 时失去 8 个结晶水，320 ℃ 时失去全部结晶水。无水物熔点 741 ℃。稍溶于冷水，较易溶于热水，微溶于乙醇。熔融时呈无色玻璃状物。

含量（$Na_2B_4O_7 \cdot 10H_2O$）	≥99.50%
水不溶物	≤0.04%
碳酸钠	≤0.20%

（5）凡士林

凡士林分为普通白凡士林、普通黄凡士林、医用白凡士林、医用黄凡士林，用于冷霜中一般使用白凡士林。白凡士林为白色均匀无块膏状物，具有良好的化学稳定性、润滑性和黏附性。不含皂分、不乳化、不溶于水。

	普通白凡士林	医用白凡士林
滴点/℃	40～58	45～55
颜色	浅于比色液 A	浅于比色液 A
酸值/（mgKOH/g）	≤0.1	≤0.08
硫酸盐灰分	—	≤0.05%
水溶性酸或碱	无	无

（6）失水山梨醇单硬脂酸酯

淡黄色或黄色片状、块状或粉状固体，无异味，熔点 43～53 ℃。难溶于水，易溶于甲醇、二氯乙烷、四氯化碳、苯、正丁醇等有机溶剂。属于油包水型非离子表面活性剂，HLB=4.7。

	FCC	B13481
多元醇	29.5%～33.5%	29.5%～33.5%
脂肪酸	71%～75%	71%～75%

酸值/（mgKOH/g）	5～10	≤10
羟值/（mgKOH/g）	235～260	235～260
皂化值/（mgKOH/g）	147～157	147～157

（7）激素

激素用在特殊的药物性雪花膏中，通常用植物油脂作为载体，使它缓慢地吸收，润肤霜用激素浓度：雌素酮为 350 IU/g 乳剂；孕甾酮为 0.18 mg/g 乳剂；己烯雌酚为 0.02～0.04 mg/g 乳剂，能促进表皮细胞的新陈代谢，延缓皮肤衰老。

（8）柠檬汁

柠檬汁含有维生素 C，制造乳剂产品时，在低于 50 ℃ 时加入调匀，避免柠檬汁加热后维生素 C 被破坏，维生素 C 有抑制皮肤生成黑色素的功效。合成维生素 C 遇空气逐渐变色、氧化。因此，加入合成维生素 C 的润肤霜，应在商标上注明有效期。

（9）动植物油脂

动植物油脂中柑橘籽油、貂油、海龟油、向日葵油等，有渗透皮肤作用，至少用量 5%，多用些效果较好。含有不饱和脂肪酸的液体动植物油脂，在真空条件下用过热水蒸气脱臭后才能配制 W/O 乳剂，加入抗氧剂能减缓酸败，但 O/W 乳剂中的水含量高，容易酸败。

（10）花粉

花粉除含有蛋白质、脂肪、糖类、淀粉、维生素、激素和酶外，还含有氨基酸和微量元素。蛋白质中有 17 种氨基酸，游离氨基酸占 1.11%～1.92%，这些成分对机体的营养和延缓衰老都有一定价值。

（11）维生素

维生素有水溶性及油溶性两种，水溶性维生素有维生素 B_6、维生素 C。用于润肤霜的维生素主要是油溶性维生素 A、维生素 D 和维生素 E，维生素 A 可以防止因缺乏维生素 A 而引起的皮肤表皮细胞的不正常角质化，维生素 A 遇热易分解，使用时应注意。维生素对治疗皮肤创伤有效，皮肤缺少维生素 E，会使皮肤枯干、粗糙，头发失去光泽、易于脱落，指甲变脆易折断。含有维生素 E 的润肤霜能促进皮肤的新陈代谢。一般润肤霜的维生素含量：维生素 A 棕榈酸酯为 35～200 IU/g 乳剂；维生素 D_3 20～35 IU/g 乳剂；维生素 E 乙酸酯 0.5 mg/100 g 乳剂；含泛醇 1%。

5. 生产原理

冷霜是希腊人盖伦，约在公元 100—200 年创制的，在他的《冷却的蜡膏》中详尽地记载着将玫瑰水加入熔融的 1 份蜂蜡或 3～4 份的橄榄油中。盖伦制的霜剂敷在皮肤上，因为水分蒸发而制冷，所以叫作冷霜，其实所有霜类产品的水分，在皮肤上都会蒸发制冷，W/O 型乳剂比 O/W 型乳剂制冷的感觉要少一些。随后很有意义的改进是用蜂蜡和硼砂，利用蜂蜡的游离脂肪酸与硼砂中和成钠皂，此钠皂是很好的 W/O 型冷霜的乳化剂。

基于蜂蜡和硼砂为主体的配方，极大地增加了乳化稳定性。以后又继续改进，采用矿物油（白油）代替杏仁油，由于白油无色无味，而且不容易酸败，这可以说是冷霜的第二次改进。

现代原料的精制，添加物和配制技术的发展，使各种类型的冷霜质量又大有改进，然而基础原料往往仍是沿用蜂蜡-硼砂为主体，冷霜有 O/W 型乳剂和 W/O 乳剂两种类型。

（1）蜂蜡-硼砂为基础的冷霜

蜂蜡-硼砂制成的 W/O 型乳剂是典型的冷霜，适宜于瓶装。蜂蜡的游离脂肪酸和硼砂中和成钠皂，是很好的乳化剂，蜂蜡的酸值表示游离脂肪酸的含量，一般蜂蜡酸值为 17～24 mgKOH/g，国产的蜂蜡酸值较低，一般在 6～8 mgKOH/g，如果蜂蜡的酸值太低，会影响冷霜乳化稳定度，则可采用将蜂蜡皂化，水解制成蜂蜡脂肪酸和脂肪醇的混合物，这样可以提高蜂蜡的酸值。如果配方中用 4% 的蜂蜡，酸值是 7 mgKOH/g，另加入水解蜂蜡 1%（酸值是 70 mgKOH/g，水解蜂蜡酸值可高达 70～99 mgKOH/g），则此蜂蜡的酸值可提高至 24.5 mgKOH/g。天然蜂蜡大部分是脂肪酸和脂肪醇化合的酯类。

蜂蜡的组成很复杂，包括棕榈酸蜂花酯和蜡酸等。蜂蜡的水解方法：将蜂蜡和氢氧化钠按二者基本相同的摩尔数投料皂化，氢氧化钠略为过量，1 kg 蜂蜡加 10% 的氢氧化钠溶液 10 kg，在夹套蒸汽锅中加热，逐渐形成为黏稠状，2～3 h 后皂化就完成，加水稀释成稀薄皂液，再加 6 mol/L 硫酸或 6 mol/L 盐酸至水解蜂蜡上浮为止，插入玻璃棒，缓慢加热至沸腾，保持波面缓和，切忌液面静止。防止过热引起激烈沸腾而外溅，约经半小时，至水解蜂蜡透明为止，然后冷却，取出后再加清水煮沸水洗，至水洗液呈中性，分析水解蜂蜡的酸值应在 70～90 mgKOH/g。

蜂蜡-硼砂制成的冷霜稠度、光泽和润滑性，主要依靠配方中的其他成分，使用后要求在皮肤上留下一层油性薄膜。W/O 型冷霜的水分含量，一般维持在 30%～70%。因此含油、脂、蜡的变化幅度也很大。

蜂蜡游离脂肪酸的成分，主要是蜡酸 $C_{25}H_{51}COOH$，又名二十六烷酸，蜂蜡含有约 13% 的蜡酸。游离脂肪酸与硼砂中和成钠皂、硼酸和水。硼砂用量可由下式求得：

$$m(Na_2B_4O_7 \cdot 10H_2O)/g = \frac{190.7 \times HLB（蜂蜡）\times m（蜂蜡）}{56 \times 100}$$

如果硼砂不足以中和蜂蜡中游离脂肪酸，冷霜将是没有光泽，外观粗糙，乳化稳定度也差的产品；如果硼砂过量，将有硼酸或硼砂结晶析出。

（2）盒装冷霜

盒装冷霜能随身携带，使用方便，所以很受欢迎，其要求主要是质地柔软，受冷不变硬，不渗水，耐温要求 40 ℃ 不渗油，所以耐温要求比瓶装冷霜要求高，盒装冷霜的稠度和熔点都较高，选用原料、配方、设备和操作方法都有区别，凡是铁盒装冷霜都是属于 W/O 型乳剂，装入铁盒或铝盒不会生锈或干缩。

W/O 型盒装冷霜的乳化稳定度与选用原料品种、用量有密切关系。例如，熔点为 75 ℃ 天然地蜡，吸收白油的性能较好，V（天然地蜡）：V（白油）＝1:6，此地蜡和白油混合物在 40 ℃ 耐温 24 h 而不至于渗油，如果地蜡用量较高，很容易引起盒装冷霜渗水。

选择的乳化剂必须具有下列性质：乳化剂能完全溶于油相；在二相之间能降低界面张力；能形成坚固的界面膜；能很快地吸附 W/O 界面。

6. 工艺流程

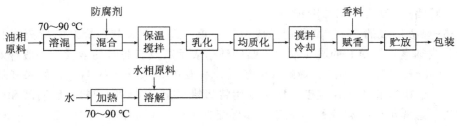

图 2-2

7. 生产设备

这里介绍的一些常用于制作冷霜的生产设备。

（1）搅拌器

制作冷霜等乳膏状化妆品，最简单的设备是带有搅拌浆及刮刀的容器，混合叶片、定子、转子、保温套等。这种设备易于制作，但其乳化效率低，仅能生产平均粒径为 5 μm 左右的乳胶体，一般常用于制作粒度要求不太高的乳胶体，如低档药物性雪花膏、低档洗发膏等。对于产品标准较高的产品，可用它先制成粗制品，然后再经其他设备（如胶体磨、均质器等）精制。搅拌浆的要求，一般可根据产品结构的不同而异。对于稠度较低的化妆品，可采用螺旋浆式（或推进式搅拌器）；对于稠度较大的膏状化妆品常采用锚式搅拌器。用此设备制作化妆品时，在搅拌乳化阶段，要特别注意不要引入大量的气体，以致成品体系中形成第三相，因为气体的混入会影响化妆品乳胶体的稳定性，严重时能导致化妆品乳胶体分离、变质等。

（2）胶体磨

胶体磨是由转子和定子两部分组合而成。转子和定子表面可分为平滑的和波纹的两种形式。当冷霜的粗制品或混合液认定子和转子之间的狭窄的缝隙中通过时，靠强剪切作用，而使之乳化，一般转速为 1000～2000 r/min，转子和定子表面的间隙可根据生产的需要进行调整。常用胶体磨的形状有立或卧式两种。

（3）三滚研磨机

三滚研磨机多采用不锈钢材质制成。使用三滚研磨机可对冷霜的粗制品，进行再加工，精制，以达到所要求的质量。对于不同类型的产品，其膏体粗细的程度要求各异，可根据生产的实际调节三滚机滚筒与滚筒之间的间隙，达到所要求的质量。

（4）均质搅拌器

均质搅拌器又称为均质乳化器，是一种高剪切分散机，其特点：搅拌翼高速旋转，对搅拌翼周围的空穴（也称死角等）装配了起挡板作用的定子，产生循环流的作用，以防搅拌过程中造成的空穴。当冷霜混合液通过定子和转子之间微小的间隙时，产生很强的剪切效应和冲击力，达到强分散效果，起到良好的乳化作用。

（6）灌装机

用于冷霜灌装的机器，一般采用不锈钢活塞式，分为电动或脚踏两种形式。

8. 生产工艺

（1）盒装冷霜生产工艺

盒装冷霜是用铝盒包装，密封程度不好，如果外相是水，就很容易干缩，所以，凡是盒装冷霜都是属于 W/O 型冷霜。

这里以硬脂酸钙皂和硬脂酸铝皂体系的冷霜为例，二价以上脂肪酸金属皂能制成 W/O 型乳剂。原料加热前，先将粉末状的硬脂酸铝投入未加热的白油中，用轻便涡轮搅拌机搅拌均匀，然后再用夹套锅水蒸气加热，免得硬脂酸结成块状熔化困难，而且硬脂酸铝的熔点较高，又含有少量水分，所以加热温度高于 100 ℃，即产生泡沫。如果加入单硬脂酸甘油酯共同加热，产生的泡沫就更多，所以操作时一般先将硬脂酸铝和白油等原料加热至 110 ℃，待硬脂酸铝完全溶解后，再加入单硬脂酸甘油酯，可避免泡沫上溢。油脂经过滤器后流入乳化搅拌锅内，维持油温 80～90 ℃，氢氧化钙加入 80 ℃热水中搅拌待用，待 80～90 ℃ 的水相流入油相中开始乳化搅拌时，浆状氢氧化钙与水相同时加入乳化搅拌锅中，即杯中浆状的氢氧化钙直接加入乳化搅拌锅中。如果盛水加热锅的放料管道有弯头，氢氧化钙在水中溶解度小，很有可能沉积于管道或弯头处。

将水相缓慢均匀地加入到油相中，搅拌速度不要求剧烈，500 L 乳化搅拌锅，采用刮板搅拌机的转速控制在 50～60 r/min，部分未溶解的氢氧化钙因水中钙离子与脂肪酸中和成皂而逐渐溶解，在搅拌状态下约需 10 min，氢氧化钙和脂肪酸才能完全中和成皂。所以开始搅拌 15 min 后才能进行夹套冷水回流冷却，热天生产需要冷冻机，使冷却回流水温度维持在低于 20 ℃，冷霜降温到 40 ℃ 开始加香精。继续冷却，停止搅拌时的温度 25～28 ℃，静置过夜，次日再经过三滚机研磨。经过研磨剪切后的冷霜，混入了小空气泡，需要经过真空搅拌脱气，使冷霜表面有较好的光泽。

均质刮板搅拌机也适应于制造 W/O 型冷霜。刮板搅拌机使冷霜的热交换有利，待冷却至 26～30 ℃ 时，同时开启均质搅拌机，使内相剪切成更小颗粒，稠度略有增加，其稠度可根据需要加以控制；而且均质搅拌是在真空条件下操作，这样可以省去一般工艺的三滚机研磨和真空脱气过程。

虽然冷霜的外相是油，没有腐蚀性，但制造设备与冷霜接触的部件，仍要采用不锈钢。因铁或铜离子容易使冷霜中不饱和脂肪酸发生酸败，且使冷霜变色、变味。

（2）瓶装冷霜生产工艺

W/O 型冷霜包装容器的形式不同，配方和操作也有很大的不同，大致可分为瓶装和盒装冷霜两种包装形式。瓶装冷霜要求在 38 ℃ 不致有水油分离现象，乳剂的稠度较薄，油润性较好。蜂蜡-硼砂体系的乳剂，在近代配方中已逐渐为新的乳化剂所代替，但为了达到更好的效果，新的乳化剂应用时又往往和蜂蜡-硼砂体系相结合。一般冷霜制作工艺如下。

这里以蜂蜡-硼砂体系的冷霜为例，较理想的制法是使水相和油相在开始乳化搅拌时，保持在 70～75 ℃，越接近 70 ℃，结果越好。如果开始乳化搅拌时温度大于 90 ℃，可能制成 O/W 型乳剂，或同时有 O/W 型乳剂存在。将上述油、脂、蜡类原料加热至略高于蜡的熔点，约 75 ℃，使熔化成透明的液体，将硼砂溶解在水里，水溶液的温度基本上与油相的温度相近。

将水溶液缓慢均匀地加入到油相中，搅拌速度并不要求剧烈，500 L 乳化搅拌锅，采用刮板搅拌机时，转速控制在 $50\sim60$ r/min，这样制成的冷霜倾向于 W/O 型，乳化稳定而富有光泽。套冷水回流冷却，热天生产需用冷冻机使冷却水维持在低于 20 ℃，冷霜降温冷却到 45 ℃ 时加入香精，继续冷却，停止搅拌时的温度 $25\sim28$ ℃。半流体状的冷霜，进行热装瓶，使其在瓶中形成半固状，维持冷霜表面很好的光泽。也可乳化搅拌结束后，静置过夜，次日再经过三滚机研磨，真空脱气后装瓶。

9. 质量控制

瓶装冷霜经过热天，冷霜表面渗出油分。原因可能是由于冷霜乳化不稳定或白油用量过多。选择适宜的"乳化剂对"，调整配方，或加入部分天然矿产地蜡。地蜡和白油的融混性能很好。

盒装冷霜在三滚机研磨时出水。出水的原因：地蜡用量较高，在三滚机研磨剪切时容易挤出水分，现象是有部分冷霜不能黏在三滚筒上，渗出现象越是严重，越是不能黏附在三滚筒上（控制方法：适当减少地蜡用量）；停止搅拌时温度偏高，大于 30 ℃，可能在 $30\sim35$ ℃，静止状态的冷霜冷却至室温 $15\sim20$ ℃，容易出水，（控制方法：严格控制在 $26\sim28$ ℃ 停止搅拌，热天用冷冻水强制回流）。

冷霜发粗的原因是制造时回流冷却水冷却不够，使得停止搅拌时温度偏高，或三滚机研磨时滚筒间隙过大，或冷霜内有空气泡。严格控制在 $36\sim28$ ℃ 停止搅拌，调节三滚机接筒间隙，使经过研磨的冷霜应有光泽为度，冷霜内有空气泡是因为三滚机研磨时混入空气泡，在真空搅拌锅里可以脱去空气泡，真空度应维持在 $(720\sim740)\times 133.322$ Pa。

冷霜油分渗至铁盒外面。原因是冷霜乳化不稳定，或地蜡用量不够。可选择适宜的"乳化剂对"，调整配方，适当地增加地蜡，只要研磨时不渗水或在 10 ℃ 时不过分稠厚。

冷霜颜色泛黄的原因之一，选用原料如地蜡的色泽较黄或香精色泽较黄等。控制方法：地蜡色泽深浅不一，应选择色泽较浅的地蜡，所用香精色泽也不能过深。

原因之二，内相水分在 30% 以下，因为分散相水分较少，减少了乳白色程度，所以加深了冷霜的色泽。控制方法：适当增加内相水分含量，以增加分散相，提高乳白色程度。耐热的乳化稳定度也相应提高。在增加内相水分的同时，适当增加亲油性乳化剂用量，不使冷霜的油润性减少。

原因之三，香精中不稳定的醛类或酚类变色引起冷霜颜色泛黄。控制方法：将单体香料分别用同样分量加入试样冷霜中，做耐温试验：40 ℃ 恒温箱中放置 $15\sim30$ 天，观察冷霜的变色程度，同样做一对照样品，以便比较。耐强光照射实验：分别加入同样用量的单体香料试验，在阳光充足处曝晒 $3\sim6$ 天，冬季适当延长照射时间，检出变色严重的单体香料，应不加或少加。

影响 W/O 型冷霜稳定性的因素如下。

①乳化剂分子的亲水部分溶于分散相水珠中，分子不带电荷的疏水部分伸入油相，乳剂不导电。这种体系的分散相颗粒的乳化稳定性，主要依靠连续相碳氢链定向排列所产生的黏度和二相间坚固的界面膜。

②如果采用胆固醇和棕榈酸胆固醇酯的"乳化剂对"，水珠不带电荷，即使加入较多白油，仍能保持其乳化稳定度。

③如果水珠带有电荷而连续相油脂是非电离状态，界面间没有建立离子层，因此W/O 乳剂往往不稳定。

④羊毛醇在 W/O 乳剂中作为乳化剂是有效的。原因是羊毛醇中部分胆固醇和胆固醇酯的混合物有较好的吸水性能，因为氢键和表面活性剂碳氢键的黏附性，使得界面膜坚固。

⑤选择适宜的"乳化剂对"。在 W/O 型冷霜中采用三聚甘油异硬脂酸和蜂蜡–硼砂配伍的"乳化剂对"，在冰冻–熔化的恒温箱中检验和在 49 ℃ 恒温箱中 9 天，乳化剂是稳定的。

10. 产品质量

乳剂类型	铁盒装	瓶装
	油包水型	水包油型
外观	白色或有色细腻膏体	
耐热性	42 ℃、24 h 渗油量≤3%	40 ℃、24 h 渗油量≤3%
耐寒性（−15 ℃/24 h）	无油水分离现象	
pH	微酸性≥5.0	微碱性≤8.0
导电性	不导电	导电
香气	无异味，符合配方规定之香型	
色泽	白色或有色，冷霜应符合规定色泽标准	

11. 质量检验

（1）耐热

检验仪器：恒温培养箱，温度误差±0.5 ℃；玻璃培养皿，直径 90 mm；感量 1/1000 g 受皿天平；木制或金属制倾斜30°角架。检验方法：预先将恒温培养箱调节至规定温度，待温度不变时（±1 ℃），精密称取冷霜约 10 g，放置在已称量的培养皿中刮平，约占培养皿面积 1/4，斜放在烘箱内 30° 角架上，24 h 后取出，如果有油渗出，则将冷霜部分揩去，留下渗出的油分，然后将培养皿连同剩余的渗油部分进行称量，计算样品的渗油百分率：

$$w(渗油) = \frac{C-A}{B} \times 100\%$$

式中，A 为培养皿重量；B 为样品重量；C 为揩去冷霜后，培养皿和剩余的渗油重量。

（2）耐寒

检验仪器：冰箱，最高、最低温度计（温度范围−50～50 ℃）。检验方法，预先将冰箱调节到规定的温度，得温度不变时（±1 ℃），将试样放入，一般以 2 号铁盒为准，盒装或非盒装产品，事先装入 2 号铁盒内，再放入冰箱，24 h 后取出，恢复室温后凭感觉检定，无油水分离现象。

（3）冷霜结构

用感官观察冷霜是否细腻，有无粗粒现象，同时用显微镜观察。

（4）pH（两种方法均可）

检验仪器：酸度计、感量 1/10 g 受皿天平、50 mL 烧杯、0～100 ℃ 温度计。检验方法：①置烧杯于受皿天平上，称取试样 2 g，蒸馏水 20 mL，在水浴上加热至 40 ℃ 取下，放冷至室温，用酸度计测定。②取样品少许，放在 (42±1)℃ 的恒温箱内烘半小时后取出，立即滴入百里酚蓝试剂液 1~2 滴，应不显蓝色。

（5）色泽

用感官观察冷霜是否符合标准色泽（用 2 号铁盒包装对比）。

（6）香气

取试样和标样分别搽于两手背，用嗅觉鉴定，香气是否符合规定香型，或是否有异味。

12. 产品用途

面部润肤化妆品。适用于干性皮肤搽用，有滋润、柔软和保护皮肤作用。可防止干燥皲裂，也可用作清洁霜和按摩膏。

13. 参考文献

[1] 兰福明，赵沙丽. 冷霜基质制备 [J]. 实用医技杂志，1996 (6)：426.

2.3 皮肤营养剂

皮肤营养剂一般含有维生素、肌肽、磷脂、不饱和脂肪酸等具有润肤防皱、保湿、营养、增白、消炎作用，可改善皮肤老化皱纹、黄褐斑、老年斑。

1. 技术配方（质量，份）

（1）配方一

磷脂	90.00
胆甾醇	10.00
血浆水解物	10.00
谷胱甘肽	0.15
肌肽	1.00
尼泊金甲酯	0.20
水	88.00
香精	适量

这种皮肤营养剂是含氨基酸、肌肽和蛋白质的护肤脂物质。引自法国专利申请书 2627385。

（2）配方二

脑苷脂	0.02
蜂蜡	0.20
硬脂醇	0.50
十八脂肪酸	0.50
还原羊毛脂	0.20
可溶性蛋壳膜	0.05
角鲨烷	2.00

司本-60	0.30
1，3-丁二醇	0.50
吐温-60	0.30
香精	0.050
尼泊金酯	0.01
水	54.20

这种皮肤营养剂含有脑苷脂和可溶性蛋角膜，具有很好的皮肤护理和调理功能，是一种高级护肤化妆品。引自日本公开专利 91-258710

（3）配方三

亚硒酸钠	0.0001
δ一生育酚	0.010
角鲨烷	5.000
橄榄油	3.000
凡士林	3.000
肉豆蔻酸异丙酯	2.000
鲸蜡醇	2.000
硬脂酸	1.000
吐温-60	2.000
司本-80	2.000
尼泊金酯（甲酯）	0.400
丙二醇	10.000
汉生胶	0.200
香精	适量
水	68.389

硒是新近发现的对人类健康具有重要作用的活性元素。该皮肤营养蜜含有硒化合物，通过表皮渗透吸收，达到保护皮肤、延缓皮肤衰老的目的。引自日本公开专利93-9108。

（4）配方四

硬脂酸	20
金丝桃、蓝蓟、山楂的萃取液	30
丙二醇	50
维生素 A	0.30
绿色素	0.01
维生素 F	0.50
苯甲酸钠	3
对羟基苯酸甲酯	2
香精	3
水	891

这种营养护面化妆品，含有多种天然植物的萃取液、维生素 A、维生素 F。产品呈膏状，其中，挥发性物质≤77%，油脂≥13%，pH6.5～7.5，可补充皮肤的营养，且无刺激性。引自罗马尼亚专利93176。

2. 生产工艺

（1）配方一的生产工艺

将各物料按配比分散均匀即得成品。

（2）配方二的生产工艺

将水相和油相分别加热混匀，然后将油相加至水相混合乳化，48 ℃加香料，搅至冷凝得皮肤营养霜。

（3）配方三的生产工艺

油相热至 75～80 ℃，与 70～80 ℃ 的水相混合乳化。

（4）配方四的生产工艺

熔化的脂肪基物料与其他组分的水溶液均质化，冷却至 40 ℃，加维生素、香料、植物萃取物，均质化，得绿而亮的膏状护面剂。

3. 参考文献

[1] 田成旺. 余甘子粗提物用作皮肤营养剂和药物抑制黑斑形成 [J]. 国外医药（植物药分册），2006（5）：224.

[2] 管如诗，王凤山. 脾提取物：全天然皮肤营养剂 [J]. 香料香精化妆品，1994（4）：14-16.

2.4 药物性雪花膏

药物性雪花膏是具有营养与疗效型的雪花膏，除了具有雪花膏特性外，还具有营养、调理或药理功用。

1. 产品性能

药物性雪花膏膏体稳定性，具有一定的药理活性，安全性好，对皮肤无刺激，不致敏、不致毒等。

2. 技术配方（质量，份）

（1）配方一

硬脂酸	6.0
甘油单硬脂酸	22.0
液状石蜡（白油）	18.0
凡士林	20.0
羊毛脂	44.0
漂白蜂蜡	9.0
三乙醇胺	0.6
升麻、槐花、桔梗提取物	9.0
精制水	70.5
香精	0.6
尼泊金酯	0.3

其中升麻、槐花、桔梗提取物制法：将 3 种药物粉末用 80% 的乙醇浸泡 12 h 后，于 110～120 ℃ 油浴上加热回流 6 h，冷却过滤，回收乙醇，得淡褐色提取物。该提取物加入雪花膏基质中，具有润泽皮肤、保持皮肤光滑细腻、消除皮肤粗糙的功用，且具有治疗过敏性皮炎和消炎作用。

（2）配方二

	（一）	（二）
硬脂酸	40.0	18.0
甘油	—	5.0
丙二醇	50.0	—
1，3-丁二醇	70.0	—
液状石蜡	190.0	—
三乙醇胺	10.0	1.0
胎盘提取液	125.0	1.0
羊毛脂	—	2.0
肉豆蔻酸异丙酯	30.0	—
橄榄油	30.0	—
鲸蜡	50.0	1.0
甘油单硬脂酸酯	30.0	2.0
脂肪醇聚氧乙烯醚	10.0	—
蛋白酰胺	20.0	—
尼泊金酯	适量	适量
香精	5.0	0.3
精制水	340.0	69.7

该配方中使用的胎盘提取物，具有促进细胞新陈代谢、防止皮肤老化功能，是安全有效的营养型添加剂。配方（一）引自日本公开特许公报 91-123633。

（3）配方三

油相组分

	（一）	（二）
精制羊毛脂	3.00	—
蜂蜡	6.00	1.20
角鲨烷	—	6.00
硬脂酸	—	6.00
鲸蜡醇	3.00	4.00
山梨醇	3.00	1.50
肉豆蔻酸异丙酯	—	2.50
聚氧乙烯硬化蓖麻油	3.80	—
山梨糖醇酐硬脂酸酯	1.70	—
白油	15.00	—
三十碳烷	9.00	—
苹果油	—	0.30

水相组分

硫酸软骨素 C	3.00	—

可溶性骨胶原	3.00	—
丙二醇	8.00	—
尼泊金酯	0.30	0.30
精制水	41.45	76.8
香精	0.25	0.40

配方（一）中的硫酸软骨素 C 属于黏多糖（氨基多糖），可显著增加化妆品对皮肤的保湿性，具有柔软肌肤、增加皮肤弹性、保护皮肤等功用。配方（二）中的苹果油可改善皮肤营养、减少皮肤皱纹、促进毛细血管扩张等功能。

（4）配方四

硬脂酸	20.0
白油	10.0
丙二醇	6.0
胆甾醇	0.2
鲸蜡醇	2.0
脂肪醇聚氧乙烯醚	3.0
月桂硫酸钠	2.6
紫草根浸出液	2.0
尼泊金酯	0.2
香精	0.3
精制水	76.6

紫草又称花紫、根紫。将 10 份紫草根粉末加入 100 份肉豆蔻酸异丙酯中，于 25 ℃下搅拌浸渍 24 h，过滤，滤液即得紫草根浸出液。含有紫草根有效成分的雪花膏，对于提高皮肤张力和皮肤防皱有显著效果，同时对粉刺、毛囊炎及改变皮肤粗糙性有一定疗效。

3. 主要生产原料

（1）白油

白油又称液状石蜡、石蜡油，无色、无味、无臭的黏性液体。其成分是 $C_{16\sim38}$ 的脂肪烃混合物。相对密度（d_4^{15}）0.831～0.883，闪点（开杯）164～223 ℃，流动点 −22.5～−15.0 ℃。对酸、光、热很稳定，难溶于乙醇，与许多油脂和蜡可以混合，用作化妆品的油性原料。

	24#	18#	11#
运动黏度（50 ℃，m^2/s）	22～26	17～19	9.2～12.8
凝固点/℃	≤−1	≤−1	≤−1
闪点（开杯）/℃	≥165	≥165	≥165
酸值/（mgKOH/g）	≤0.05	≤0.05	≤0.05

（2）羊毛脂

羊毛脂又称无水羊毛脂，黄色黏性半固体油脂，熔点 38～42 ℃，相对密度 0.9242。不溶于水，但可与 2 倍质量的水混合而不分开，难溶于冷乙醇，易溶于苯、乙醚、氯仿、丙酮和石油醚。羊毛脂具有柔软皮肤、防止脱脂及保湿、防止皮肤皲裂的功能，易被皮肤吸收，对皮肤无刺激性。

	1#	Croda 公司（日）
熔点/℃	36～42 ℃	37～43
酸值/（mgKOH/g）	≤8	≤1
碘值/（gI₂/100 g）	10～36	20～36
皂化值/（mgKOH/g）	90～11	—
干燥失重	≤0.5%	≤0.5%
灼烧残渣	≤0.3%	≤0.1%

（3）豆蔻酸异丙酯

分子式 $C_{13}H_{27}COOCH(CH_3)_2$，用豆蔻酸与异丙醇酯化制得。熔点为 6 ℃，折光率（n_D^{20}）1.434～1.436，相对密度（d_4^{20}）0.850～0.855，高于熔点时为无色或浅黄色稀薄油状液体，无味无臭，能溶于乙醇、乙醚、氯仿，有良好的润滑性，对皮肤有渗透性，豚鼠皮肤接触试验，呈轻度皮炎。从安全性出发，尽可能少用，虽然某些润肤乳剂产品介绍豆蔻酸异丙酯用量较高，但应慎重选择。

（4）卵磷脂

卵磷脂是磷脂的一种，分子式 $C_{40}H_{82}O_9NP$，分子量 752.08，由蛋黄中提取，熔点 60 ℃，在 100 ℃ 时开始分解，碘值为 45～75 gI₂/100 g，黄色固体，有吸湿性，暴露于空气中或加热色泽易变深，能溶于乙醚、氯仿、无水乙醇，不溶于水，用作乳剂类产品的皮肤调湿剂，有抗氧作用。

（5）胆固醇

分子式 $C_{27}H_{45}OH$，相对分子质量 386，由羊毛醇中提取。熔点 148.5 ℃，白色针叶状晶体，溶于乙醚、乙醇，极微溶于水。儿童皮肤含胆固醇较多，老年皮肤含胆固醇较少，用于润肤类乳剂产品。

（6）棕榈酸异丙酯

分子式 $C_{15}H_{31}COOCH(CH_3)_2$，以棕榈酸与异丙醇酯化制成，凝固点接近 11 ℃，相对密度 0.850，折光率（n_D^{20}）1.437。高于熔点时为无色或黄色稀薄的油状液体，无味无臭，能溶于乙醇、乙醚、氯仿，有良好的润滑性，对皮肤有渗透性，用作乳剂类产品的皮肤润滑剂。

（7）氢化羊毛脂

主要是高碳直链脂肪酸和胆固醇混合物，分子通式 ROH，R 代表 $C_{16～27}$ 高碳直链和环状的烃类基团。由羊毛脂高压加氢制得。熔点 47～54 ℃，酸值<1 mgKOH/g，皂化值<7 mgKOH/g，碘值 6～8 gI₂/100 g，不皂化物<95%，羊毛脂经加氢后制得白色至微黄色的羊毛醇为软性蜡状固体，无色、无臭或略带特殊的油脂气味，加氢前的羊毛脂碘值 18～32 gI₂/100 g，加氢后降至 3～4，氢化羊毛脂不黏腻，有调湿性能和使乳剂增加稠度，可用于 W/O 型乳剂，也可用于 O/W 型乳剂作为乳化稳定剂。用作乳剂类产品的增稠剂、乳化稳定剂、皮肤调湿剂、粉饼的黏合剂。

（8）乙醚化羊毛醇

由羊毛醇与乙酸酐加热进行乙酰化反应制得，酸值<1 mgKOH/g，皂化值 180～200 mgKOH/g，羟值<8 mgKOH/g，碘值 6～10 gI₂/100 g，相对密度（25 ℃）0.850～0.880，重金属<20 μg/g，砷<2 μg/g，包装时微生物计数（细菌总数）<10 只/g。微黄色油状液体，微有气味，溶于 95% 的乙醇，蓖麻油、脂肪酸异丙酯类和白油，是

皮肤润滑剂，可减少乳剂中蜡类对皮肤产生的黏腻的感觉。用作辅助溶剂、涂布展开剂，皮肤润滑剂，适用于乳剂和唇膏。

（9）羊毛酸异丙酯

羊毛酸异丙酯由羊毛酸与异丙醇酯化而得，酸值 12～18 mgKOH/g，皂化值 135～136 mgKOH/g，羟值为 50～65 mgKOH/g，水溶性酸碱度为中性，重金属 20 μg/g，砷 2 μg/g，包装微生物计算（细菌总数）<10 只/g。淡黄色油状身体，略有特殊气味，微溶于白油、脂肪酸异丙酯类和氯仿，在冷白油和蓖麻油中呈混浊，不溶于水，用作一般润滑剂、亲水性润肤剂、光亮剂，适用于乳剂和唇膏，有助于颜料在乳剂或油膏中的分散性，加粉霜和粉底霜、唇膏的颜料分散。

（10）乙酰化羊毛脂

乙酰化羊毛脂由精制羊毛脂和酸酐进行乙酰化反应而得，酸值<3 mgKOH/g，皂化值 95～125 mgKOH/g，羟值<10 mgKOH/g，水溶性酸碱度为中性，熔点 30～40 ℃，重金属<20 μg/g，砷<2 μg/g，包装时微生物计算（细菌总数）<10 只/g，黄色半固状油膏，有愉快的气味，溶于氯仿和异丙酯类，溶于白油（5%），不溶于水和乙醇，用作润肤剂，适用于干性皮肤的乳剂。

（11）角鲨烷

分子式 $C_{30}H_{62}$，相对分子质量 422.83，以深海角鲨鱼的肝脏中提取角鲨烯，将角鲨烯加氢精制制得角鲨烷。相对密度（d_{20}^{20}）为 0.807～0.810，折光率（n_D^{20}）1.451～1.457，酸值<1 mgKOH/g，皂化值<0.5 mgKOH/g，碘值<3.5 gI₂/100 g，涂敷于皮肤非常润滑，－55 ℃ 仍能保持流动状态，是无色透明，几乎是无气味的油状液体，用作乳剂类产品的皮肤润滑剂，价格较高，用于各种高级润肤乳剂产品中。

（12）维生素 E

维生素 E 分子式 $C_{29}H_{50}O_2$，相对分子质量 430.72，从植物种子或化学合成方法制得，各种植物油含维生素 E 0.10%～0.115%。一般产品含量>96%，相对密度（d_{20}^{20}）0.947～0.955，折光率（n_D^{20}）1.503～1.507，黄色透明稠状的油状液体，无气味，不溶于水，能溶于油脂、乙醇、丙酮，它的生理效果有改善皮肤细胞膜的安定、促进末梢循环、改善脂质代谢、减缓衰老过程的作用。用于润肤类乳剂、防晒霜、化妆水、维生素油膏等产品，用量 0.1%～0.8%，维生素 E 还用作抗氧剂。

（13）维生素 E 乙酸酯

维生素 E 乙酸酯由维生素 E 加醋酐酯化而得。一般产品含量>96%，相对密度（d_{20}^{20}）0.952～0.966，折光率（n_D^{20}）1.494～1.499，黄色透明低稠黏的油状液体，无气味，不溶于水，能溶于油脂、乙醇、丙酮，由于维生素 E 乙酸酯的黏度低，对皮肤的渗透作用较维生素 E 强，它的生理效果与维生意 E 相同，用于润肤类乳剂、防晒霜、化妆水、维生素油膏、唇膏等产品，用量为 0.1%～0.8%。

（14）鲸蜡醇乳酸酯

以十六醇和乳酸酯化而得，相对密度为（d_{25}^{25}）0.893～0.905，酸值<2 mgKOH/g，皂化值为 174～189 mgKOH/g，白色固体，有软性，几乎无气味，1 g 鲸蜡醇乳酸酯溶于 10 mL 无水乙醇应是透明溶液，用于各类乳剂，是一种润肤剂。

4. 工艺流程

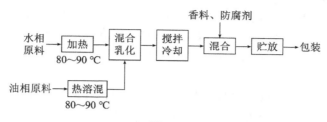

图 2-3

5. 生产工艺

药物提取物如果是乙醇提取物，则与水相物料混合；如果是油提物，则与油相物料混合。

按当天药物性雪花膏生产批量，根据配方比例向仓库定额领取定量的各种所需要的原料，也称为限额领料，或仓库限额送料。按当天生产锅数准确配料，配料结果应无多余或短缺，如果配料计量有错误，当即可以发现，以便采取应急措施。

应凭本厂化验合格证收货，并注意原料包装和标明生产厂是否与以往有异，用感官评定原料颜色、气味，一旦发现原料有异味时，应及时处理。

一人按配方记录单次序配料，事先检查和校正磅秤，准确配好一种原料后，另一人复查原料品种是否有误，及时在配方记录单上勾去已过磅的原料品种，将所有原料配好后，应恰好配完，原料数量与限额领料数量相等，不能有多余或短缺，每锅产品有一张配方记录单，编上批号，做好原始记录，并签操作者名。液体原料，如甘油、氢氧化钾溶液和去离子水，过磅计量配合体积计量。

原料应堆放在固定场地，原料名称有固定标牌，避免取错外形类似固体原料。

制造药物性雪花膏一般采用氢氧化钾。工业固体氢氧化钾是 200 kg 铁桶包装，将氢氧化钾投入地下槽，放入去离子水后加热至 50 ℃，氢氧化钾溶解是放热的，所以加热温度不能超过 50 ℃，在地下槽内侧有封闭式马达驱动的简单涡轮搅拌机，固体氢氧化钾在流动的温水中逐渐溶解，待溶解完毕，配制成约 30% 的浓碱，静置过夜，由泵输送至另一碱水桶中加去离子水稀释，有简单涡轮搅拌机搅拌均匀，稀释至 10% ～ 13%。氢氧化钾对皮肤有强腐蚀性、吸湿性，不能直接与皮肤接触，必要时戴上防护眼罩和橡皮手套，以保安全。

药物性雪花膏的稠度和结构与用碱量有密切关系，所以要用标准的 1 mol/L 盐酸滴定稀释的氢氧化钾溶液，分析氢氧化钾的含量，使之浓度符合需要。若配制 10% 的氢氧化钾溶液，其分析方法如下，用移液管吸取 10 mL 0.1 mol 氢氧化钾溶液，移入 150 mL 三角烧瓶中，缓慢加少量蒸馏水于三角烧瓶的瓶口，同时将略倾斜的三角烧瓶旋转，目的使黏附在瓶壁的氢氧化钾溶液都流到瓶底，加入酚酞指示剂 2～3 滴，显玫瑰红色，用 1.0 mol NH_4Cl 滴定至无色，记录所需 HCl 的毫升数。应是 15.4 mL HCl 中和 10 mL 0.1 mol/L KOH 溶液。

试转乳化搅拌锅运行是否正常，检查乳化搅拌锅里是否有异物或存料，所有阀门和考克是否处于关闭状态，尤其是加热锅底部考克，必须关正，否则投入溶液后台有滴漏，造成配料不正确。

将甘油、硬脂酸、单硬脂酸甘油酯投入带有蒸汽夹套的不锈钢加热锅里。总油脂类投入的体积，应占不锈钢加热锅有效容积的 70%～80%。例如，500 L 不锈钢加热锅，油脂类原料至少占有 350 L 体积，这样受热面积可充分利用，加热升温速度较快。如果油脂类原料仅占有 100～200 L，则受热面积没有充分利用，升温速度较慢，消耗能源较多。

油脂类原料溶解后硬脂酸相对密度小，浮在上面，甘油相对密度高，沉于锅底，和甘油互不溶解，油脂类原料加热至 90～95 ℃，维持 30 min 灭菌。如果加热温度超过110 ℃，油脂色泽将逐渐变黄。夹套加热锅蒸汽不能超过规定压力。

如果采用耐酸搪瓷锅加热，因热传导性差，不仅加热速度慢，而且热源消耗较多。

将去离子水和防腐剂尼泊尔金酯类在另一不锈钢夹套锅内加热至 90～95 ℃，加热锅装有简单涡轮搅拌机，将尼泊金酯类搅拌溶解，维持 30 min 灭菌，将氢氧化钾溶液加入水中搅拌均匀，立即开启锅底考克，稀释的碱水流入乳化搅拌锅内。水溶液中尼泊金酯类与稀释的碱水接触，在几分钟内不致被水解。

如果采用自来水，因含有 Ca^{2+}、Mg^{2+}，在氢氧化钾碱性条件下，生成钙、镁的氢氧化合物，是一种絮状的凝聚悬浮物，当放入乳化搅拌锅时，往往堵住管道过滤器的网布，致使稀释碱水不能畅流。

因为去离子水加热时和搅拌过程中的蒸发，总计损失 2%～3%，为做到雪花膏制品收率 100%，往往额外多加 2%～3% 的水分，以补充水的损失。

6. 工艺操作

乳化搅拌和搅拌冷却工艺操作如下。

（1）乳化搅拌锅的主要装置

乳化搅拌锅有夹套蒸汽加热和温水循环回流系统，500 L 乳化搅拌锅的搅拌桨转速约 60 r/min 较适宜。密闭的乳化搅拌锅使用无菌压缩空气，用于制造完毕时压出药物性雪花膏。预先开启夹套蒸汽，使乳化搅拌锅预热保温，目的使放入乳化搅拌锅的油脂类原料保持规定范围的温度。

（2）油脂加热锅操作

测量油脂加热锅油温，并做好记录，开启油脂加热锅底部的放料考克，使升温到规定温度的油脂经过滤器流入乳化搅拌锅，油脂放完后，随即关闭放油考克。

（3）搅拌乳化和水加热锅操作

启动搅拌机，开启水加热锅底部的放水考克，使水经过油脂同一过滤器流入乳化搅拌锅里，这样下一锅制造时，过滤不致被固体硬脂酸堵塞，稀淡的碱溶液放完后，随即关闭放水考克。

应十分注意的是：油脂和水加热锅的放料管道，都应装设单相止逆阀，当乳化搅拌锅用无菌压缩空气压空锅内药物性雪花膏后，可能操作失误，未将锅内残存有的 1～2 kg/cm² 的压缩空气排出，当下一锅开启油或水加热锅底部放料考克时，乳化搅拌锅的压缩空气将倒流至油或水加热锅，使高温的油或水向锅外飞溅，会造成人身事故。

（4）药物性雪花膏乳液的轴流方向

乳化搅拌叶桨与水平线成 45°方向安装在转轴上，叶桨的长度尽可能靠近锅壁，使之提高搅拌和热交换的效率。搅拌桨转动方向，应使乳液的轴流方向往上流动，目的是使下部的乳液随时向上冲散上浮的硬脂酸和硬脂酸钾皂，加强分散上浮油脂效果。不应使乳液轴流方向往下流动，否则埋入乳液的搅拌叶桨不能将部分上浮的硬脂酸、硬脂酸钾皂和水混在一起的半透明软性蜡状混合物往下流动分散，此半透明软性蜡状物质浮在液面，待结膏后再混入雪花膏中，必然分散不良，有粗颗粒出现。

（5）药物性雪花膏乳液与上部搅拌叶桨的位置关系

在搅拌药物性雪花膏乳液时，因乳液旋转产生离心力，使锅壁的液位略高于轴中心液位，中心液面下陷。一般要使上部搅拌叶桨大部分埋入乳液中，使转轴中心的上部搅拌叶桨有部分露出液面，允许中心叶桨露出长度不超过整个叶桨长度的 1/5，在此种搅拌情况下不会产生气泡。待结膏后，整个搅拌叶桨埋入液面，当 58～60 ℃ 加入香精时，能很好地将香精搅拌均匀。

如果上部搅拌叶桨装置过高，半露半埋于乳液表面，必然将空气搅入药物性雪花膏内，产生气泡。如果上部叶桨装置过低，搅拌叶桨埋入药物性雪花膏乳液表面超过 5 cm，待药物性雪花膏结膏加入香精，难以使香精均匀地分散在药物性雪花膏中，香精浮于雪花膏表面。

（6）乳化过程产生气泡

在搅拌过程中，因加水时冲击产生的气泡浮在液面，空气泡在搅拌过程中会逐渐消失，待基本消失后，乳液 70～80 ℃，才能进行温水循环回流冷却。

（7）温水循环回流冷却

乳液冷却至 70～80 ℃，液面空气泡基本消失，夹套中通入 60 ℃ 温水位乳液逐渐冷却，要控制回流水在 1.0～1.5 h、时内由 60 ℃ 逐渐下降至 40 ℃，则相应可控制药物性雪花膏停止搅拌的温度在 55～57 ℃，如果控制整个搅拌时间为 100～140 min，重要的因素是控制回流温水的温度，尤其是药物性雪花膏结膏后的冷却过程，应维持回流温水的温度低于药物性雪花膏的温度 10～15 ℃ 为准，则可控制在 24 h 内使药物性雪花膏达到需要停止搅拌的温度。如果是 1000 kg 投料量，则回流温水和药物性雪花膏的温度差可控制在 12～25 ℃。如果温差过大，骤然冷却，势必使药物性雪花膏变粗。温差过小，势必延长搅拌时间，所以强制温水回流，在每一阶段温度必须很好控制，一般可用时间继电器和二根触点温度计自动控制自来水阀门，每根触点温度计各控制 60 ℃ 和 40 ℃ 回流温水，或用电子程序控制装置，此触点温度计水银球浸入温水桶，开始搅拌半小时后，水泵将 60 ℃ 温水强制送入搅拌锅夹套回流，30 min 后，60 ℃ 触点温度计由时间继电器控制，自动断路。并跳至 40 ℃ 触点温度计，触点温度计线路与常开继电器接通，当药物性雪花膏的热量传导使温水的温度升高时，则触点温度计使继电器闭合，电磁阀自动打开自来水阀门，使水温下降至 40 ℃ 时，触点温度计断路，继电器常开，电磁阀自动关闭自来水阀门，使水温维持在 40 ℃，回流冷却水循环使雪花膏达到所需要的温度。触点温度计的温度可根据需要加以调节，维持 60 ℃ 或 40 ℃ 的继电器也可以加以调整，找到适宜温水的温度范围，和维持此温度时间的最佳条件，然后固定操作，采用这种操作方法使药物性雪花膏搅拌冷却的速度与时间恒定，这样每锅药物性雪花膏的稠度和韧度比较稳定。

（8）内相硬脂酸颗粒分散情况

乳化过程中，内相硬脂酸分散成小颗粒，硬脂酸钾皂和单硬脂酸甘油酯存在于硬脂酸颗粒界面膜，乳化搅拌后，硬脂酸许多小颗粒凝聚在一起，用显微镜观察，犹如一串串的葡萄，随着不断搅拌，凝聚的小颗粒逐渐解聚分散，搅拌冷却至 61～62 ℃ 冷却速度应缓慢些，使凝聚的内相小颗粒很好分散，制成的雪花膏的韧度和光泽度都较好。

如果雪花膏在 55～62 ℃ 冷却速度过快，凝聚的内相小颗粒还未很好解聚分散，已冷却成为稠厚的药物性雪花膏，就不容易将凝聚的内相小颗粒分散开，制成的药物性雪花膏细度和光泽度都较差，而且很可能出现粗颗粒，发现这种情况，可将药物性雪花膏再次加热至 80～90 ℃ 重新溶解加以补救，同时搅拌冷却至所需要温度，能改善细度与光泽度。

如果搅拌时间过长，停止搅拌温度偏低，50～52 ℃，雪花膏过度剪切，稠度降低，制得的药物性雪花膏细度和光泽度都很好，用显微镜观察硬脂酸分散颗粒也很均匀，硬脂酸和硬脂酸钾皂的接触面积增大，容易产生硬脂酸和硬脂酸钾皂结合成酸性皂的片状结晶，因而产生珠光，当加入少量鲸蜡醇或中性油脂，能阻止珠光产生。

（9）后处理

乳化搅拌锅停止搅拌之后，用无菌压缩空气（1～2）×10⁵ Pa，将锅内制成的药物性雪花膏由锅底压出。药物性雪花膏压完后，将锅内压力放空，药物性雪花膏盛料桶用沸水清洗灭菌，过磅后记录收率。取样检验耐寒性、pH 等主要质量指标。料桶表面用塑料纸盖好，避免表面水分蒸发，料桶上罩以清洁布套，防止灰尘落入，让药物性雪花膏静置冷却。

一般静置冷却到 30～40 ℃ 然后进行装瓶，装瓶时温度过高，冷却后药物性雪花膏体积略微缩小。装瓶时温度过低，已结晶的药物性雪花膏，经搅动剪切后，稠度会变薄。制品化验合格后，隔天在 30～40 ℃ 下包装较为理想，也有制成后的药物性雪花膏在 35～45 ℃ 时进行热装灌，药物性雪花膏装入瓶中刮平后覆盖塑料薄片，然后将盖子旋紧。

药物性雪花膏含水量 70% 左右，所以水分很容易挥发而发生干缩现象，因此，如何加强密封程度，是药物性雪花膏包装方面的关键问题，也是延长保质期的主要因素之一。防止药物性雪花膏干缩可采取以下措施。

①盖子内衬垫用厚 0.5～1.0 mm 有弹性的塑片，或塑料纸复合垫片。

②瓶口覆以聚乙烯衬盖。

③传统的方法是在刮平的药物性雪花膏表面浇一层石蜡。

④用紧盖机将盖子旋紧。

储存条件应注意下列几点。

①不宜放在高温处，如炉子、暖气散热片或阳光直射处，以防干缩。冬季不宜放在冰雪露天，以防药物性雪花膏冰冻后变粗。

②不可放在潮湿处，防止纸盒商标霉变。

③药物性雪花膏玻璃瓶经撞击容易破碎，搬运时要注意轻放。

7. 产品标准

成品为浅色均匀细腻膏体，擦在皮肤上滑润，无面条状。香气符合配方规定之香型，香气悦人，不刺激皮肤。具有相应的药理效用。膏体经 40 ℃、6 h 恢复常温后，无油水分离现象；其耐寒性根据技术要求不同，经 0 ℃、24 h，−5 ℃、24 h，

−10 ℃、24 h，−15 ℃、24 h 或-30 ℃、24 h 后恢复室温，膏体正常，无粗粒、出水现象。

8. 产品用途

主要用于面部润肤，并有一定的营养、调理功用，也可在搽粉前用作黏附香粉的打底。

9. 参考文献

[1] 钱文涛. 一种植物化妆品的开发研究 [D]. 北京：中央民族大学，2006.
[2] 冯琴喜，张会常，李光. 中药痤疮美容霜研究 [J]. 牡丹江医学院学报，2001（1）：51-52.

2.5　杏仁蜜

该类产品又称乳液、奶液，液体状乳剂，含固体油蜡较少。很容易在皮肤上均匀地涂展，油腻感小，用后感觉舒服。

1. 技术配方（质量，份）

油相组分

	（一）	（二）
羊毛脂	2.5	2.0
凡士林	2.5	2.0
石蜡	—	1.0
失水山梨糖醇倍半油酸酯	—	3.0
白油	10.0	25.0
橄榄油	—	30.0
十六烷基二甲基苄基胺氯化物	0.75	—

水相组分

	（一）	（二）
去离子水	84.25	34.3
甘油	—	2.5
硫酸镁	—	0.2
防腐剂	—	适量
抗氧剂	—	适量
香料	适量	适量

2. 生产工艺

将油相原料与抗氧化剂混合加热至 70～75 ℃，水相原料混合加热至 70～75 ℃。配方（一）为 O/W 型，在乳化时，将油相加到水相中；配方（二）为 W/O 型，乳化时将水相加到油相中。经乳化均质化搅拌后，冷却至 30～35 ℃ 加入香料。

3. 产品标准

在 $-10\ ^\circ\mathrm{C}$ 和 $24\ ^\circ\mathrm{C}$ 条件下放置 24 h，再恢复至室温后，不得发生油水分离或黏度有大的改变。在 3000 r/min 条件下离心 30 min 不得发生油水分离，乳化细腻、黏度适中，极易涂搽，剂型稳定，搽用后肤感舒适，对皮肤无刺激或不良反应。

4. 产品用途

用于温暖季节和日间护肤，同一般肤用化妆品。

5. 参考文献

[1] 陆全宏. 不可低估甜杏仁油在护肤品的作用 [J]. 香料香精化妆品，1996（2）：24-28.
[2] 陆欣，王建新，鲍倩. 透明护肤乳液的制备和研究 [J]. 香料香精化妆品，2007（5）：26-28.

2.6　药物性冷霜

1. 产品性能

药物性冷霜除了具有滋润、柔软等冷霜功用外，还具有某些药物赋予的营养和调理肌肤功能。

2. 技术配方（质量，份）

（1）配方一

硬脂酸单甘油酯（imwitor 960K）	20.0
辛基/癸基三甘油酯（中性油）	5.0
白油	10.0
非离子型表面活性剂	15.0
人参浸膏	0.5
甘油	3.0
精制水	46.4
香精	0.3
尼泊金酯	适量

该冷霜配方中含有人参浸膏，具有滋润肌肤、增加营养、养颜防皱作用。

（2）配方二

18# 液状石蜡	68.0
羊毛脂	6.0
角鲨烷	4.0
鲸蜡醇	1.0
蜂蜡	22.0

抗坏血酸十六烷酸酯	2.0
司本-60	8.4
吐温-60	2.6
当归提取物	20.0
硼砂	2.0
精制水	62.9
香精	0.6
尼泊金酯	0.5

将硼砂溶于水并加热至 85 ℃ 得水相，其余物料（除香精和尼泊金酯外）混合热溶得油相。在搅拌下将水相（85 ℃）加入油相（85 ℃）混合乳化，搅拌冷却至 40 ℃ 加入香精、尼泊金酯。该配方中含有补血、活血的中药当归提取物，具有促进血液循环、保持皮肤柔软、光滑、白嫩、延缓皮肤衰老之功用。

（3）配方三

鲸蜡	8.0
液状石蜡（18#）	70.0
杏仁油	16.0
蜂蜡	20.0
棕榈酸异丙酯	10.0
硼砂	1.4
精制水	73.8
香精	0.8
抗氧剂、防腐剂	适量

该配方中含有杏仁油，对肌肤具有美容滋补作用。

3. 主要生产原料

（1）杏仁油

杏仁油又称扁桃仁油、巴旦杏仁油。主要成分为油酸酯。浅黄色或无色透明油状物。不溶于水，微溶于乙醇，与氯仿、乙醚、苯等混溶。有润滑、营养作用。

相对密度	0.915～0.920
折光率（n_D^{40}）	1.4624～1.4650
碘值/（gI_2/100 g）	95～100
皂化值/（mgKOH/g）	188～196
酸值/（mgKOH/g）	≤40

（2）角鲨烷

角鲨烷又称异三十烷、鲨烷。无色透明油状黏稠液体。黏度约 0.03 Pa·s，闪点 218 ℃，折光率（n_D^{15}）1.4530，凝固点 −38 ℃，沸点 350 ℃。能与石油醚、苯、氯仿和四氯化碳混合。化学稳定性好，用作冷霜化妆品的基础油性原料，与皮肤亲和性好，无刺激。

相对密度	0.807～0.815
酸值/（mgKOH/g）	≤0.5
皂化值/（mgKOH/g）	≤0.5

（3）失水山梨醇单硬脂酸酯

失水山梨醇单硬脂酸酯，淡黄色或黄色片状、块状或粉状固体，无异味，熔点43～53 ℃，难溶于水，易溶于甲醇、二氯乙烷、四氯化碳、苯、正丁醇等有机溶剂。属于油包水型非离子表面活性剂，HLB＝4.7。

	FCC	B13481
多元醇	29.5％～33.5％	29.5％～33.5％
脂肪酸	71％～75％	71％～75％
酸值/（mgKOH/g）	5～10	≤10
羟值/（mgKOH/g）	235～260	235～260
皂化值/（mgKOH/g）	147～157	147～157

4. 生产工艺

水相原料和油相原料分别加热至85 ℃，然后将水相原料于搅拌下加入油相原料中混合乳化，搅拌冷却，于40 ℃加入香料、防腐剂。

5. 产品标准

参见冷霜的产品标准，并具有相应的药物的药理作用。

6. 产品用途

用作面部滋润化妆品，适用于干性皮肤搽用，有柔软、滋养和调理肌肤作用。

7. 参考文献

[1] 刘宏群，曲正义. 人参化妆品研究进展 [J]. 人参研究，2017，29（3）：45-47.
[2] 兰福明，赵沙丽. 冷霜基质制备 [J]. 实用医技杂志，1996（6）：426.
[3] 吕海珍. 中药美白护肤霜的研制 [J]. 中国中医药现代远程教育，2012，10（19）：159-161.

2.7　婴儿蜜

婴儿蜜用于婴幼儿保护和滋润皮肤，通过在皮肤上适当的揉擦或涂抹润肤化妆品，可在皮肤表面形成类似皮脂膜的薄膜，继而持续地对皮肤进行渗透，不断给皮肤补充水分、保湿剂和脂质，使皮肤保持润湿、柔软、富有弹性和光泽。本蜜肤感油润，卫生、安全性高，对皮肤无刺激和过敏现象。

1. 技术配方（质量，份）

（1）配方一

A组分

轻矿物油	26.00
蜂蜡	3.00
山梨醇和失水山梨醇单硬脂酸酯聚氧乙烯（20）醚混合物	4.00

白凡士林	12.00
失水山梨醇单硬脂酸酯	3.00
对羟基苯甲酸丙酯	0.15

B 组分

水	43.6
甘油	8.00
对羟基苯甲酸甲酯	0.15
悬乳剂	0.10

（2）配方二

油相	
甲基葡萄甙倍半硬脂酸酯	0.5
聚氧乙烯（20）甲基葡糖甙倍半硬脂酸酯	1.5
（3%水溶液料浆）	10.0
三乙醇胺（10%水溶液）	3.0
矿物油	5.9
鲸蜡醇	0.5
水相	
丙烯酸交联多官能聚合物	4.2
水	78.6
香料和防腐剂	适量

该配方是由爱麦乔尔公司开发的肤用温和非离子护肤蜜的配方，是一种适用婴儿的产品。配方中的甲基葡糖甙倍半硬脂酸酯，和聚氧乙烯（20）甲基葡糖甙倍半硬脂酸酯的乳化能力，能稳定在很低的制冷温度。

2. 生产工艺

（1）配方一的生产工艺

将悬浮剂在 70 ℃下分散在水中，然后加 B 组分中其余物料。混合 A 组分中的物料，并加热到 75 ℃。将 A 组分加到 B 组分中，连续搅拌冷却至 45 ℃加适量香料。

（2）配方二的生产工艺

分别加热油和水相到 75 ℃，在搅拌下将水相加到油相中，乳化后加三乙醇胺，搅拌冷却到室温，低于 40 ℃时加香料。

3. 产品用途

用于婴幼儿保护和滋润皮肤，防止皮肤干燥和外界刺激。

4. 参考文献

[1] 张莉华. 康妮儿童奶液的研制 [J]. 甘肃轻纺科技，1997（4）：16-18.
[2] 苗露. 婴幼儿护肤化妆品 [J]. 中国化妆品，1996（3）：23-25.

2.8 儿童护肤霜

1. 产品性能

产品为乳剂型霜膏，膏体细腻均匀。香气清淡，肤感油润。制品为中性或微酸性，卫生安全性高，对皮肤无刺激、过敏现象。

2. 技术配方（质量，份）

（1）配方一

肉豆蔻酸异丙酯	0～4
高碳脂肪酸酯	6～12
植物油	0～14
矿物油	4～15
蜂蜡	0～0.5
甘油	3～6
氯化己烷二葡萄糖酸酯	0～9.3
α-维生素 E 醋酸酯	0～0.5
泛醇	0～0.5
结晶硫酸镁	0.1～1.0
骨胶原	0～4.0
硼砂	0～0.1
氧化锌	0～12
菊酚	0～1.5
尼泊金甲酯	0.1～0.4
尼泊金丙酯	0～0.3
香精	0.3
精制水	48.0～62.0

该儿童护肤霜引自波兰专利148827。

（2）配方二

	（一）	（二）
矿物油	20.0	26.0
凡士林	—	12.0
蜂蜡	—	3.0
羊毛脂	1.0	—
鲸蜡醇	5.0	—
硅酮油	5.0	—
司本-60	2.5	3.0
吐温-60	7.5	4.0
尼泊金丙酯	0.20	0.15
尼泊金甲酯	0.10	0.15
甘油	—	8.0

增稠剂	—	0.1
香精	0.3	0.3
精制水	58.4	43.3

配方（一）为典型的矿物油基质的婴儿护肤霜配方。配方（二）为带有柔润感的不透明霜膏配方，能使皮肤光滑舒适，并能产生一层保护膜。

（3）配方三

矿物油	10.0
蜂蜡	1.0
地蜡	1.0
山梨醇（70%）	27.0
甘油单/双油酸酯	3.0
维生素 A、维生素 D	适量
氧化锌	20.0
秘鲁香料	适量
防腐剂	0.2
精制水	37.8

（4）配方四

	（一）	（二）
矿物油	16.00	10.00
凡士林	10.00	10.00
甘油单异硬脂酸酯	—	10.00
失水山梨醇单硬脂酸酯（司本-60）	3.00	—
吐温-60	4.00	—
羊毛脂	17.60	25.00
蜂蜡	5.00	5.00
尼泊金丙酯	0.15	0.15
精制水	39.00	39.70
尼泊金甲酯	0.15	0.15
山梨醇（70%）	5.00	—
柠檬酸	0.10	
香精	适量	适量

该婴儿护肤霜能使皮肤光滑，并产生一层保护膜。

（5）配方五

羊毛脂醇	12.50
矿物油	18.00
羊毛脂精油	2.50
尼泊金丙酯	0.10
精制水	58.50
聚丙烯酸	0.10
尿囊素	0.20
甘油	5.00

尼泊金甲酯	0.10
三乙醇胺	0.10

将羊毛脂醇、矿物油、羊毛脂精油与尼泊金丙酯加热至 80 ℃ 混溶，其余物料混合得水相，并加热至 80 ℃。于搅拌下将油相加至水相中混合乳化，继续搅拌冷凝，于 40 ℃ 加入香料，于 30 ℃ 包装得到婴儿护肤霜。

（6）配方六

	（一）	（二）
矿物油	35.00	4.00
矿脂	5.00	—
羊毛脂醇	—	1.00
羊毛脂	1.50	—
脱臭羊毛脂	5.00	5.00
鲸蜡醇/十八醇	1.00	—
硬脂酸蔗糖酯	3.00	—
甘油	1.00	—
丙二醇	—	5.00
三乙醇胺	—	0.10
尼泊金丙酯	0.10	0.10
尼泊金甲酯	0.10	0.10
丁基苯茴香醚（BHA）	0.10	0.10
聚氧乙烯羊毛脂醇醚	—	5.30
山梨醇（70%）	—	—
丙烯酸聚合物	—	0.10
香料	适量	适量
精制水	48.50	79.10

（7）配方七

甘油单硬脂酸酯	17.0
辛基/癸基三甘油酯（中性油）	5.0
18# 白油	4.0
羟基硬脂酸甘油酯	3.0
鳄梨油	3.0
甘油	4.0
蒸馏水	63.7
香精	0.3
抗氧剂、防腐剂	适量

（8）配方八

橄榄油	10.0
单硬脂酸甘油酯	12.0
无水羊毛脂	2.0
硬脂酸	4.0
肉豆蔻酸异丙酯	1.0

丁基苯茴香醚	0.2
精制水	64.7
山梨醇（70％）	5.0
三乙醇胺	1.0
尼泊金甲酯	适量
香精	0.1

3. 主要生产原料

（1）矿物油

矿物油又称石蜡油，无色半透明油状液体，不溶于水和乙醇，溶于挥发性油，混溶于大多数非挥发性油（不包括蓖麻油）。来自石油的液体环烷烃和链烷烃。常用作护肤霜等化妆品的基础油料。

（2）甘油

甘油又称丙三醇、甘醇，无色透明的黏稠液体，无臭，稍有甜味。相对密度（d_4^{20}）1.2613。凝固点 17.9 ℃。吸水性强，可以任意比例与水、乙醇混合，不溶于油脂及苯、氯仿等有机溶剂。

	药用	工业（甲种）
相对密度	≤1.2569	≤1.2491
纯度	≥98％	≥95％
灰分	≤0.01％	≤0.05％
透明度	透明	透明

（3）吐温-60

吐温-60 又称聚氧乙烯失水山梨醇单硬脂酸酯，琥珀色油状液体，不溶于矿物油和植物油，能溶于稀酸、稀碱及多数有机溶剂。HLB＝14.9，具有乳化、增溶、扩散、润滑作用。

相对密度	1.05～1.10
酸值/（mgKOH/g）	≤2
皂化值/（mgKOH/g）	45～60
羟值/（mgKOH/g）	80～100
水分	≤3％

4. 工艺流程

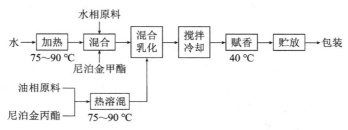

图 2-4

5. 生产工艺

油相原料（含油溶性防腐剂）混合加热至 90 ℃，保温杀菌 30 min，然后保温在 75～80 ℃ 得油相。水加热后，加入水溶性原料，于 90 ℃ 保温杀菌 30 min，然后保温在 75～80 ℃。于搅拌下，将油相物料缓慢加入水相中混合乳化，均质后搅拌冷却，于 40 ℃ 加入香料，贮放后包装得儿童护肤霜。

润肤霜所采用的原料品种繁多，有各种阴离子型、非离子型乳化剂和以油、脂、保湿剂、润肤剂、调湿剂等为主的原料。制成乳剂的性能各不相同，但制造操作的准备工作，原料加热、制造设备和环境的清洁卫生要求与雪花膏制造操作基本类似。

润肤霜配方中的原料种类较多，充分做好准备工作，可避免领错原料，或配错原料，防止制品发生质量问题。

各种原料除物理和化学规格符合指标外，应在配料前感官检定原料质量，包括色泽、气味、形状、包装和标名的生产厂，力求每次限额领取的原料质量稳定，否则将使产品质量波动，甚至不符产品标准。保湿剂、润肤剂、调湿剂等原料应妥善保管，不应有吸潮等变质现象。

O/W 型润肤霜采用阴离子乳化剂或非离子乳化剂，或两种类型混合乳化剂，配有的保湿剂，润肤剂、调湿剂是由具有营养性的物料制成。O/W 型润肤霜的外相是水，pH 5～7，香精用量 0.05％～0.40％，具有抑菌能力的香精用量少，虽然加有防腐剂，但微生物沾污相当数量时，在温度适宜下微生物很可能繁殖，所以应控制乳剂中的杂菌数＜1000 只/g 乳剂，先进国家化妆品厂杂菌数指标＜100 只/g 乳剂。如能严格执行制造、包装清洁卫生制度，注意环境清洁卫生，可以达到杂菌数指标＜100 只/g 乳剂，其主要措施是控制：制造乳剂的原料灭菌；制造设备、管道、接触乳剂的包装设备、容器、工具定期用水蒸气冲洗消毒；乳化搅拌锅的乳剂输送至包装设备用的压缩空气，要经过活性炭和纤维除菌，包装过程暴露于空气中部位的润肤霜和部分包装设备应采用有机玻璃密封，便于目测包装机械运转是否正常，也便于检修保养。具备包装机械化程度高的条件，可采用空气净化室包装；包装用玻璃瓶，塑料瓶从密封箱内取出时应是无菌。将瓶倒置，用无菌空气吹洗，去除可能存在的尘埃。

将油脂投入不锈钢夹套水蒸气加热锅，按配方和质量需要加热至规定温度。加热油脂的温度有两种不同要求：

①乳化前油脂维持 70～80 ℃，先将所有油脂类原料加热至 90 ℃，维持 20 min 灭菌，但尚不能杀灭微生物孢子。加热锅装有简单涡轮搅拌机，目的是将各种油脂原料搅拌均匀，同时加速传热速度。油脂加热锅在高位，油脂靠重力经过滤器流入经保温的乳化搅拌锅；使油脂维持 70～80 ℃，惯用方法主张规定油脂温度 72～75 ℃。

②乳化前油脂温度维持 85～95 ℃。先将所有油脂类原料加热至 90～95 ℃，维持 20 min 灭菌，加热锅装有简单涡轮搅拌机，油脂加热锅在高位，借重力作用油脂经过滤器流入经保温的均质乳化搅拌锅，使油脂维持 85～90 ℃，乳化时提高温度，有利于降低两相间的界面张力，减少内相分散所需剪切和分散的能量，因此，制造乳剂时规定所需最佳温度很重要。在乳剂冷却前决定均质搅拌时间也很重要。

将防腐剂加入去离子水中，水在另一不锈钢夹套水蒸气加热锅内加热至 90～95 ℃，维持 20 min 灭菌，加热锅装有简单涡轮搅拌机，使防腐剂加速溶解，加速传热。如果油脂温度维持在 72~75 ℃，则加热至 90 ℃ 的水相也应冷却至 72~75 ℃，然后流入油相进行乳化，同时均质搅拌。如果油脂温度维持在 85~95 ℃，水相也应加热至接近油脂规定的温度，然后流入油相进行乳化，同时均质搅拌。

含有酶的原料，如木瓜蛋白酶（含有维生素的新鲜水果汁、酶的中药浸出液），不能加热至 90 ℃，因为加热温度超过 50~60 ℃，酶就会失去活性，以上原料应待乳剂低于 50 ℃ 时加入为宜。

各种乳剂虽然采用同样配方，由于操作时加料方法和乳化搅拌机械设备不同，其乳剂的稳定性及其他物理现象则各异，有时相差悬殊。制造乳剂时的加料方法归纳为以下 4 种。

①脂肪酸溶于油脂中，碱溶于水中，分别加热水和油脂，然后搅拌乳化，脂肪酸和碱类中和成皂即是乳化剂，这种制造的方法，能得到稳定的乳剂，如硬脂酸和三乙醇胺制成的各种润肤霜、蜜类都是采用这一方法。

②水溶性乳化剂溶入水中，油溶性乳化剂溶入油中。

③将阴离子乳化剂，如十六烷基硫酸钠溶于水中，单硬脂酸甘油酯和乳化稳定剂鲸蜡醇溶于油中分别制造乳剂，将水相加入油脂混合物中进行乳化，开始时形成 W/O 型乳剂，当加入多量的水，变型成 O/W 型乳剂。这种制造方法所得内相油脂的颗较小，常被采用。该法适宜于采用非离子型乳化剂，如非离子乳化剂司本-80 和吐温-80 都溶于油中制造乳剂，然后将水加入含有乳化剂的油脂混合物中进行乳化，开始时形成 W/O 乳剂，当加入多量的水，黏度突然下降，这种制造方法所得内相油脂颗粒也很小，常被采用。

④在空的容器里先加入乳化剂，用交替的方法加入水和油，即边搅拌边逐渐加入油-水-油-水的方法，这种方法以乳化植物油脂为宜，在化妆品领域很少采用。

此外，不同的加料速度对于乳剂的物理现象也各异，制造 O/W 型乳剂大致有 4 种方法：均质刮板搅拌机制造方法、管型刮板搅拌机半连续制造法、锅组连续制造法、低能乳化制造法。大多采用均质刮板搅拌机制造法，适用于少批量生产；管型刮板搅拌机半连续制造法，适用于大批量生产，大型化妆品厂采用。

均质搅拌机。由涡轮及涡轮外套固定的扩散环所组成。涡轮转速 1000~3000r/min，可无级调速。均质搅拌机使乳剂有湍流、撞击分散、剪切等作用。乳剂经过均质搅拌机，涡轮使乳剂有径向和轴向流动，高速径相流动和离心力使乳剂向扩散环撞击，将乳剂内相颗粒分散；扩散环有小孔或槽孔，乳剂高速穿过小孔时产生剪切作用，涡轮高速旋转时，与扩散环间隙之间的乳剂产生剪切作用。

刮板搅拌机。由另一只马达驱动的刮板搅拌机，转速 0~150 r/min，可无级调速。靠锅壁的搅拌机框架上装有数块刮板叶片，此叶片与搅拌机框架用铰链固定，刮板叶片有横向移动余地，刮板叶片向乳剂流动方向铲去，乳剂的流动速度落后于刮板叶片，流体的阻力压紧刮板叶片，使叶片顶端紧密接触，随时移去锅壁的乳剂，降低了锅壁的热传导阻力，夹套冷却水能较快的使乳剂冷却。均质刮板搅拌机适宜制造 O/W 型润肤霜、清洁霜、粉霜和蜜类产品。

将水溶性及油溶性乳化剂都溶于油中，这大多是指非离子型乳化剂，如果采用阴离子型和非离子型合用的乳化剂，则要将阴离子乳化剂溶于水中，非离子乳化剂溶于油中，将水和油分别加热至指定温度后，油脂先放入乳化搅拌锅内，然后去离子水流入油脂中，同时启动均质搅拌机，开始是形成 W/O 乳剂，黏度逐步略有增高，当加入多量的水，黏度突然下降，变型成 O/W 型乳剂。用此方法所得的内相颗粒较细。当水加完后，再维持均质机搅拌数分钟，整个均质搅拌时间为 3～15 min。当水加完后，即使延长均质搅拌机时间，也对内相颗粒分散的作用很小。停止均质搅拌机后，是冷却过程，启动刮板搅拌机，此时乳剂温度 70～80 ℃，搅拌锅内蒸气压不能使真空度升高，维持真空 26.66～53.33 kPa，夹套冷却水视需要加以调节。待温度降至 40～50 ℃，搅拌锅内蒸气压降低，真空度升至 66.660 k～93.324 kPa，应略降低转速。对于 500～2000 L 搅拌锅，维持 30 r/min 已足够了。低速搅拌减少了对乳剂的剪切作用，不致使乳剂稠度显著降低。在搅拌过程中，乳剂在慢速搅拌无空气气泡存在的情况下，不必采用真空方法。

若是水和油采用涡轮搅拌机进行乳化，一般采用均质搅拌机进行预乳化。预乳化锅的有效容量 1000～5000 L，产量较高，定量泵将乳剂输送至管型刮板搅拌机进行连续冷却。

管型刮板搅拌机是长管型封闭式热交换器，中心转轴有刮板。在搅拌过程中，将热交换器管壁表面的乳剂薄膜连续地移去，管外夹套用冷却水循环，所以热交换效率高，而且设备体积小，保持恒定的加热温度和时间，然后冷却包装。

预乳化的乳剂由定量泵输送至管型刮板搅拌机，香精由定量泵输送至串联的管道里，由管型刮板搅拌机将香精搅拌均匀，同时继续冷却，外套有 10 ℃ 的冷却水进行循环，乳剂进料及出料温度均为恒定。管型刮板搅拌机中心轴的转速 60～100 r/min，按不同产品需要而定。凡接触乳剂部分的设备材料均由不锈钢制成。

均质刮板搅拌机是间歇单锅操作。其缺点是盛料桶本身或空气中尘埃或在运输过程及加入料斗时都有机会沾污杂菌，即使严格操作，也难免杂菌侵入，而且操作费时费人力。理想的工艺过程是两台 500～2000 L 均质刮壁搅拌机为一组，即可进行连续制造热装罐包装生产，A 锅冷却至 40 ℃ 时，取出乳剂样品在恒定温度经 10～20 min 的离心机分析乳化稳定性。离心机转速 3000 r/min，测定结果认定产品乳化稳定性合格后，搅拌冷却至 35～40 ℃ 的乳剂即可按送至包装工段，待 A 锅乳剂包装完毕，B 锅乳剂已创造完毕待包装，A 与 B 两锅交替制造，可以连续热装罐作业。在搅拌锅内通入（1～2）×10⁵ Pa 无菌压缩空气。乳剂出料输送管道 φ75 mm，长 10～15 m，即使乳剂冷却至 20 ℃，输送时也能保持畅通，但要注意输送管道短、粗、直为原则，尽可能减少管道的弯头和不必要的阻力。

另一种锅组连续制造法：乳剂在 A 锅内均质搅拌预乳化完成后，用真空吸入 B 或 C 刮板搅拌锅，用刮板搅拌机进行冷却，这样 B 与 C 两锅交错制造或包装，也能做到连续热装罐生产。如果产量较高，增添至 3 口刮板搅拌锅也可以，这样均质搅拌锅与冷却的刮板搅拌锅，各司其职。

A 锅是专用于预乳化，在连续制造时，A 锅在无乳剂情况下，有余热能保持在80 ℃，不必再将空锅预热，以节约能源。锅组连续制造和包装的优点：乳剂用管道输送，不需要盛料桶和运输，这样减少被杂菌污染机会；水蒸气冲洗搅拌锅及管道，消毒方便；操作简便，加速生产周期，节省人力；不需要盛料桶，节约厂房占地，有助于环境卫生；热装罐工艺使乳剂不会因间隔时间稍长和包装时的再搅动的剪切作用，而使乳剂调度降低。

6. 产品标准

膏体细腻均一，无油水分离现象，符合耐热、耐寒要求。肤感比较油润，香气清淡。pH 5～7。卫生安全性高，对儿童皮肤无刺激、过敏现象。能有效滋润皮肤，防止皮肤干燥和免受外界刺激。

7. 主要质量控制

（1）儿童护肤霜耐热 48 ℃、24 h 或数天后油水分离

原因之一是试制时某种主要原料与生产用原料规格不同，制成乳剂后的耐热性能也各异。取生产用的各种原料试制乳剂，耐热 48 ℃ 符合要求后投入生产。

原因之二是试制样品时耐热 48 ℃ 符合要求，但生产时因为设备和操作条件不同，影响耐热稳定性。

解决方法：如果生产批量是每锅 500～2000 kg，则要备有 20～100 L 中型乳化搅拌锅，尽可能特设备和操作条件与生产投料量 500～2000 kg 润肤霜的条件相同。在操作中型乳化搅拌锅时，应调试至最佳操作条件，如加料方法、乳化温度、均质搅拌时间、冷却速度、整个搅拌时间、停止搅拌时的温度。

（2）儿童护肤霜搅拌冷却速度因产品而宜

儿童护肤霜搅拌冷却速度，因为各种产品要求不同，主要有 3 种：①要求逐步降温；要求冷却至一定温度维持一段时间再降温；要求自动调节 10 ℃ 冷却水强制回流。没有严格遵守操作规程也是造成 O/W 分离的原因之一。

（3）儿童护肤霜变色

儿童护肤霜储存若干时间后，乳剂色泽泛黄。由于润肤霜中含有各种润肤剂和营养性原料，若选用了容易变色的原料，如维生素 C、蜂蜜或蜂王浆等，从而使之储存后泛黄。因此，如选用容易变色的原料时，其用量应减少至润肤霜仅出现轻微变色为度，否则将影响外观。

香精中某些单体香料变色是另一个原因。将容易变色的单体香料分别加入润肤霜中，置于密封的广口瓶中，放在阳光直射暴晒，热天暴晒 3～6 天，冬天适当延长，同时做一只空白对照试验。尽可能少用变色严重的单体香料。

油脂加热温度过高（超过 110 ℃），易造成油脂颜色泛黄，应控制不使油脂加热温度过高，缩短加热时间。

（4）儿童护肤霜乳剂内混有细小气泡

乳剂在剧烈的均质搅拌时，会产生气泡，在冷却乳剂搅拌桨旋转速度过快也容易产生气泡。通过调节刮板搅拌桨的速度，不使产生气泡为度。

刮板搅拌桨的上部叶桨半露半埋于乳剂波面，在搅拌时容易混入空气。为了防止搅拌混入空气，应控制乳剂的制造数量，使副板搅拌叶桨恰好埋入乳剂液面内，同时调节搅拌桨适宜的转速。

在停止均质搅拌后，气泡尚未消失，就用回流水冷却，乳剂很快结膏，易将尚未消失的液面气泡搅入乳剂中。因此，停止均质搅拌后，应调节刮板搅拌机的转速，适当放慢转速，使乳剂液面的气泡基本消失后，再引入回流冷却水。

（5）儿童护肤霜霉变和发胀

润肤霜中含有各种润肤剂和营养性原料，尤其是采用非离子型乳化剂，往往减弱了防腐性能，所以易繁殖微生物。

防止空玻璃瓶保管不善而造成沾污，空玻璃瓶退火后立即装入密封的纸板箱内内热

吸塑包装，灌装前不必洗瓶。

妥善保管原料，避免沾污灰尘和水分；制造时油温保持 90 ℃ 30 min 灭菌；使用去离子水、紫外灯灭菌。注意环境卫生和周围卫生；接触润肤霜的容器和工具清洗后用水蒸气冲洗或沸水灭菌 20 min。

8. 产品用途

用于儿童肌肤的保湿、滋润和保护。

9. 参考文献

[1] 张卫明，赵伯涛，马世宏，等. 蒲公英儿童洁肤护肤品的配方设计 [J]. 中国野生植物资源，2001（3）：28-29.

[2] 苗露. 婴幼儿护肤化妆品 [J]. 中国化妆品，1996（3）：23-25.

2.9　护肤霜

护肤霜（skin cream）指用于面部或者身体的起到护肤作用的霜状化妆品。涂在面部的护肤霜会在皮肤上形成一层薄膜，防止皮肤水分流失。正常情况下，健康的皮肤会自行产生保护物质——天然保湿因子（NMF）。天然保湿因子产生于表皮最外层的角质层，含有透明质酸、氨基酸等成分，它们为皮肤保湿，维持肌肤弹性。高温、风、空调及其他环境因素会破坏天然保湿因子的产生，因此皮肤会变得缺水干燥，这时护肤霜就会起到防止皮肤水分流失功效，但其弊端就是会影响皮肤中天然保湿因子的自然产生。

1. 产品性能

乳剂型霜膏，油分和水分含量近于各半。pH 一般为 5～7。膏体细腻，香气宜人，油润感适中，可保持面部肌肤滋润、柔软和富有弹性的健美状态。

2. 技术配方（质量，份）

（1）配方一

2-硬脂酰-3-甘油磷酰基肌醇	0.5
液状石蜡	25.0
凡士林	10.0
牛脑神经酰胺	1.0
鲸蜡醇	10.0
丙二醇	3.0
尼泊金甲酯	0.2
香精	0.2
精制水	53.1

该护肤霜可有效调理、滋润皮肤，保护肌肤免受外界干、冷环境的刺激。引自日本公开特许 91-66604。

（2）配方二

9，12-十八碳二烯酸酯	0.5
液状石蜡	25.0
凡士林	10.0
鲸蜡醇	10.0
尼泊金甲酯	0.2
丙二醇	3.0
香精	0.2
精制水	51.1

该配方引自日本公开特许 90-300107。

（3）配方三

	日霜	夜霜
硬脂醇	3.5	4.0
凡士林/羊毛脂	5.0	4.0
硬脂酸	2.5	3.0
硬脂酸单甘油酯	5.0	5.0
霍霍巴油	2.50～4.50	4.0
透明质酸	0.04～0.06	0.05
核糖核酸	0.4	0.5
胶原	0.5～1.5	0.5
羊毛脂/2-吡咯烷酮-5-羧酸钠	1.5～3.5	3.0
甲基葡萄糖乙氧基化物	4.00	3.00
十六/十八醇聚氧乙烯醚	1.00	1.00
庚酸十八醇酯	3.00	2.00
聚二甲基硅氧烷	2.10	0.50
2-羟基-4-甲氧基二苯酮	0.10～0.30	0.20
咪唑烷基脲	0.40	0.30
2，4，4'-三氯-2'-羟基二苯醚	0.15	0.15
3-氯丙烯基氯化六亚甲基四胺	—	0.02
丁羟基苯甲醚	0.02	0.03
尼泊金甲酯	0.20	0.15
尼泊金丙酯	0.15	0.15
三乙醇胺	0.3	0.20
香精	0.30	0.20
精制水	加至 100.00	加至 100.00

该护肤霜引自欧洲专利申请 283893，又称日夜霜，即日霜和夜霜，早上用日霜，晚上用夜霜，可在皮肤表面形成亲脂膜，从而保持皮肤滋润。

（4）配方四

	（一）	（二）
矿物油	20.0	20.0
鲸蜡醇	4.0	4.0
羊毛脂	2.0	2.0

甘油	5.0	6.0
甘油单硬脂酸酯（arlacel 165）	11.0	10.0
失水山梨醇聚氧乙烯醚脂肪酸酯	6.0	6.0
尼泊金甲酯	0.15	0.18
尼泊金丙酯	0.05	0.02
香料	0.1	0.1
精制水	51.7	51.7

该护肤霜具有良好的滋润性，且稳定性、分散性好。

（5）配方五

	（一）	（二）
羊毛脂	2.00	—
三压硬脂酸	10.00	20.00
凡士林	4.00	—
矿物油	6.00	2.00
鲸蜡醇	1.00	—
司本-60	1.50	2.00
吐温-60	3.50	1.00
山梨醇（70%）	5.00	20.00
三乙醇胺	0.60	—
防腐剂、抗氧剂	适量	适量
香精	0.15	0.15
精制水	68.25	52.85

（6）配方六

	（一）	（二）
氢化植物油	25.0	—
矿物油	20.0	50.0
蜂蜡	10.0	15.0
吐温-40	2.0	5.0
司本-40	5.0	5.0
硼砂	0.7	—
香精	0.1	0.1
防腐剂	0.2	0.2
精制水	34.0	24.7

（7）配方七

	（一）	（二）
鲸蜡醇	4.0	2.0
矿物油	16.0	25.0
羊毛脂	2.0	2.0
甘油单硬脂酸酯（arlacet 165）乳化剂	10.0	10.0
吐温-60	1.0	1.0
甘油	5.0	6.0
防腐剂	0.2	0.2

香料	0.2	0.2
精制水	61.6	53.6

本配方制得的护肤霜柔软而具有优美的光泽，擦用性、保湿性、滋润性优良。

（8）配方八

植物油	62.5
羊毛脂	80.0
胆甾醇	10.0
羊毛酸异丙酯	10.0
蜂蜡	27.0
甘油	75.0
矿物油/甘油单油酸酯/羊毛脂醇	150.0
失水山梨醇倍半油酸酯	7.5
山梨醇和葡萄叶萃取物	505.0
尼泊金丙酯	10.0
香精	3.0

该护肤霜配方引自美国专利4784847。

（9）配方九

甘油棕榈酸酯	1.5
棕榈酸异丙酯	1.0
矿物油	2.0
苯甲酸月桂醇酯	2.7
甘油	4.0
环状聚二甲基硅氧烷	0.5
凡士林	1.0
硬脂醇	0.5
异十八醇	0.5
十六/十八醇聚氧乙烯醚	2.0
尿囊素	0.2
二氢化牛油烷基二甲基氯化铵	1.0
羟乙基纤维素/三甲基烷氧基季铵盐	0.2
聚二甲基硅氧烷/三甲基硅氧烷硅酸酯	3.0
二亚油酸双异十八烷酯	1.0
辛烯基琥珀酸淀粉铝	1.5
香料	0.5
尼泊金酯	1.0
染料	适量
精制水	77.4

该配方引自美国专利5013763，对肌肤具有良好的保湿、滋润作用。

（10）配方十

鳄梨油	15.0
卵磷脂	6.0
硬脂酸钾	1.2

维生素 E 乙酸酯	0.02
乙醇	14.0
泛醇	1.0
富马酸单钾	0.2
脲	1.0
香料、防腐剂	适量
精制水	61.4

该护肤霜为水包油型乳膏，可滋养、润湿肌肤，引自德国专利 4021082。

（11）配方十一

丝肽（$\overline{M}$=500）	5.0
丝氨酯 90（低肽混合物）	3.0
乙酰羊毛脂	5.0
硬脂醇乳酸酯	2.0
丝粉（400 目）	2.0
甘油	5.0
乳酸钠	2.0
硬脂酸钠	2.0
胆固醇乳化剂	2.0
棕榈酸异丙酯	2.0
尼泊金酯	0.3
香精	0.4
精制水	69.3

该护肤霜中含有丝肽、丝粉、丝氨酸，是优质高效的护肤化妆品，可滋养、柔软和调理肌肤。

（12）配方十二

	（一）	（二）
角鲨烷	10.0	5.0
蜂蜡	3.0	—
硬脂醇	5.0	7.0
含水羊毛脂	—	2.0
甘油单硬脂酸酯	—	2.0
丙二醇单硬脂酸酯	3.0	—
丙二醇	10.0	5.0
三乙醇胺	1.0	—
鲸蜡醇聚氧乙烯（20）醚	3.0	—
鲸蜡醇聚氧乙烯（25）醚	—	3.0
香料	0.5	0.3
防腐剂、抗氧剂	适量	适量
精制水	54.5	67.7

（13）配方十三

棕榈酸糊精酯	0.5
失水山梨醇倍半油酸酯	3.0

鲸蜡醇	3.0
液状石蜡	15.0
硬脂酸	5.0
甘油	5.0
蜂蜡	2.0
对羟基苯甲酸甲酯	0.1
膨润土	1.0
吐温-80	1.0
香料、防腐剂	适量
精制水	64.4

该护肤霜配方引自日本公开特许公报 88-27412。

（14）配方十四

	（一）	（二）
白蜂蜡	12.0	10.0
鲸蜡	—	5.0
羊毛醇	—	5.0
18#白油	39.0	20.0
羊毛脂	10.0	—
地蜡	5.0	—
硼砂	0.8	0.5
精制水	33.2	50.5
香料、防腐剂	适量	适量

（15）配方十五

角鲨烷	10.0
橄榄油	10.0
固蜡	5.0
鲸蜡醇	4.0
可溶蛋壳膜	3.0
丝蛋白水解物	3.0
司本-60	2.0
吐温-60	2.0
甘油	5.0
对羟基苯甲酸甲酯	0.1
香料	0.2
精制水	55.7

该配方引自日本公开特许公报 93-163132。该护肤霜可加速皮肤代谢，对皮肤起调理作用。

（16）配方十六

白液蜡	9.52
棕榈酸异丙酯	3.92
乳酸肉豆蔻酯	0.80
鲸蜡醇	0.59

甘油硬脂酸酯自乳化体	1.42
交联聚丙烯酸	0.50
尿素	10.00
针叶酸钠	5.00
柠檬酸	5.00
氢氧化钠	1.68
十八醇聚氧乙烯（20）醚	2.16
N，N'-亚甲基双［N'-（1-羟甲基-2，5-二氧-4-咪唑烷基）脲］	0.50
香精	0.20
精制水	58.71

该护肤霜对干性皮肤具有良好的滋润和调理作用，引自澳大利亚专利629403。

（17）配方十七

软蜡	11.75
石蜡	25.00
液状石蜡	3.50
鲸蜡醇/十八醇	5.00
硬脂酸	1.80
三乙醇胺	1.70
香精、防腐剂	适量
精制水	51.25

（18）配方十八

	（一）	（二）
硬脂醇	2.50	—
鲸蜡醇	—	2.00
羊毛脂	11.00	2.00
鲸蜡	—	5.00
白油	12.00	8.00
杏仁油	—	8.00
乳化蜡	8.00	—
聚丙烯酸树脂	0.10	—
甘油单硬酸酯	—	14.00
甘油	—	5.00
丙二醇	5.00	—
丁基茴香醚	0.10	0.1
尼泊金丙酯	0.10	0.1
尼泊金甲酯	0.10	0.05
三乙醇胺	0.10	—
香精	0.30	0.30
精制水	59.76	55.45

（19）配方十九

烷基膦酸	5.0～6.0
甘油单/二/三脂肪酸酯	5.0～6.0
羊毛脂	6.0

甘油	5.0～6.0
己二酸-2-乙基己酯	4.0
硬脂酸丁酯	5.0
凡士林	7.0～8.0
苯甲酸	0.1
羧甲基纤维素	0.5
普鲁卡因	0～0.005
N，N'-亚甲基双（N'-羟甲基-2，5-二氨基-4-咪唑啉基）脲	0.30
三乙醇胺	0～0.05
丙二醇	0～5.00
尼泊金甲酯	0.20
香精	0.30
水	加至 100.00

该护肤霜为美容晚霜，引自罗马尼亚专利92019。

（20）配方二十

貂油	5.0
角鲨烷	5.0
甘油异辛酸酯	15.5
肉豆蔻酸辛基十二烷酯	5.0
山梨醇聚氧乙烯醚四油酸酯	2.0
香料	0.25
防腐剂、抗氧剂	适量
精制水	67.25

该配方引自日本公开特许公报 91-115208。

3. 生产原理

护肤霜等化妆品乳剂，首先要考虑它的实用价值，能保护皮肤或毛发，乳化剂的HLB越高，则对皮肤的脱脂作用越强，如十二醇硫酸钠的 HLB 为40，有强烈脱脂作用，采用鲸蜡醇硫酸钠脱脂作用较弱，过多采用 HLB 较高的乳化剂，可能使某些人的皮肤引起干燥或刺激，所以要尽可能减少亲水性强的乳化剂用量。

由离子型乳化剂制成的任何乳剂，在酸或碱的条件下，有着配伍禁忌关系，阴离子表面活性剂在中性或碱性条件下稳定，阳离子表面活性剂在中性或酸性条件下稳定，而非离子表面活性剂在酸碱条件下部稳定，见表2-1。

表 2-1　酸碱性对乳剂的稳定性影响

酸碱性	乳剂类型		
	阴离子型	非离子型	阳离子型
碱性	稳定	稳定（除酯类外）	不稳定
中性无盐	稳定	稳定	稳定
中性有多价盐	大多不稳定	稳定	不稳定
酸性	大多不稳定	稳定	稳定

护肤霜的目的在于使润肤物质补充皮肤中天然存在的游离脂肪酸、胆固醇、油脂的不足，也就是补充皮肤中的脂类物质，使皮肤中的水分保持平衡。经常涂用护肤霜能使皮肤保持水分和健康，逐渐恢复柔软和光滑，水分是皮肤最好的柔软剂，能保持皮肤水分和健康的物质是天然调湿因子（NMF）。如果要使水分从外界补充到皮肤中去是比较困难的，行之有效的方法是防止表皮角质层水分的过量损失，天然调湿因子有此功效。天然调湿因子存在于表皮角质层细胞壁及脂肪部分。表皮角质层含脂肪 11％和天然调湿因子 30％，表皮透明层含有磷脂，它是一种良好的天然调湿因子。

护肤霜应按制 pH 在 4.0～6.5，和皮肤的 pH 接近，如果 pH＞7，偏于微碱性，会使表皮的天然调湿因子和游离脂肪酸遭到破坏，虽然使用乳剂后过一些时间，皮肤 pH 又恢复平衡，但使用日久，必然会引起皮肤干燥，得到相反的结果。

4. 主要生产原料

（1）羊毛醇

羊毛醇又称羊毛脂醇，淡黄色或黄色蜡状物，对皮肤有很好的亲和性、湿润性。

酸值/（mgKOH/g）	≤2
羟值/（mgKOH/g）	120～160
熔点/℃	60～70
皂化值/（mgKOH/g）	≤5

（2）硬脂醇

硬脂醇又称十八醇，常温下为白色蜡状小叶晶体，有香味，溶于乙醇、乙醚等有机溶剂，不溶于水，与硫酸可发生磺化作用。相对密度（d_4^{59}）0.8124。

	通用品	化妆品级
熔点/℃	50～56	52～59
羟值/（mgKOH/g）	195～230	205～220
皂化值/（mgKOH/g）	≤3	≤2
酸值/（mgKOH/g）	≤1	≤0.5
灼烧残渣	—	＜0.1％
碘值/（gI₂/100 g）	—	≤1.5

（3）鲸蜡

鲸蜡又称鲸脑油，鲸蜡是从抹香鲸头部提取出来的油腻物经冷却和压榨而得到的固体蜡。精制品为白色、无臭、有光泽蜡状物。溶于乙醚和二硫化碳。鲸蜡在碱性水溶液中部分皂化形成乳状液。

熔点/℃	45～49
相对密度（d_4^{25}）	0.940～0.946
不皂化物	45％～50％
酯化值/（mgKOH/g）	116～125
皂化值/（mgKOH/g）	116～125
碘值/（gI₂/100 g）	3.0
酸值/（mgKOH/g）	0～0.5

（4）其余物料指标

参见雪花膏、冷霜等中主要生产原料。

5. 工艺流程

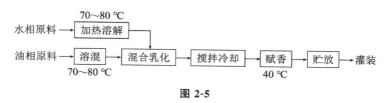

图 2-5

6. 生产工艺

将油相原料和水相原料分别混合，加热至 70～80 ℃，然后在搅拌下将油相加至水相混合乳化，均质化后，搅拌冷却至 40 ℃，加入香料，贮放后灌装。

7. 质量控制

（1）油水分离

护肤霜耐热 48 ℃、24 h 或数天后油水分离。原因之一是试制时某种主要原料与生产用原料规格不同，制成乳剂后的耐热性能也各异。取生产用的各种原料试制乳剂，耐热 48 ℃ 符合要求后投入生产。

原因之二是试制样品时耐热 48 ℃ 符合要求，但生产时因为设备和操作条件不同，影响耐热稳定性。解决方法：如果生产批量是每锅 500～2000 kg，则要备有 20～100 L 中型乳化搅拌锅，尽可能使设备和操作条件与生产投料量 500～2000 kg 护肤霜的条件相同。在操作中型乳化搅拌锅时，应调试至最佳操作条件，如加料方法、乳化温度、均质搅拌时间、冷却速度、整个搅拌时间、停止搅拌时的温度。

（2）冷却速度

护肤霜搅拌冷却速度，因为各种产品要求不同，主要有 3 种冷却方法：要求逐步降温；要求冷却至一定温度维持一段时间再降温；要求自动调节 10 ℃ 冷却水强制回流。没有严格遵守操作规程也是造成 O/W 分离的原因之一。

（3）色泽

护肤霜储存若干时间后，乳剂色泽泛黄。护肤霜中含有各种润肤剂和营养性原料，若选用了容易变色的原料，如维生素 C、蜂蜜或蜂王浆等，从而使之储存后泛黄。因此，如选用容易变色的原料时，其用量应减少至护肤霜仅出现轻微变色为度，否则将影响外观。

香精中某些单体香料变色是另一个原因。将容易变色的单体香料分别加入护肤霜中，置于密封的广口瓶中，放在阳光直射暴晒，热天暴晒 3～6 天，冬天适当延长，同时做一只空白对照试验。尽可能少用变色严重的单体香料。

油脂加热温度过高（超过 110 ℃），易造成油脂颜色泛黄，应控制不使油脂加热温度过高，缩短加热时间。

（4）护肤霜乳剂内混有细小气泡

乳剂在剧烈的均质搅拌时，会产生气泡，在冷却乳剂搅拌桨旋转速度过快也容易产生气泡。通过调节刮板搅拌桨的速度，不使产生气泡为度。

刮板搅拌桨的上部叶桨半露半埋于乳剂波面，在搅拌时容易混入空气。为了防止搅拌混入空气，应控制乳剂的制造数量，使副板搅拌叶桨恰好埋入乳剂液面内，同时调节搅拌桨适宜的转速。

在停止均质搅拌后，气泡尚未消失，就用回流水冷却，乳剂很快结膏，易将尚未消失的液面气泡搅入乳剂中。因此，停止均质搅拌后，应调节刮板搅拌机的转速，适当放慢转速，使乳剂液面的气泡基本消失后，再引入回流冷却水。

（5）霉变和发胀

护肤霜中含有各种润肤剂和营养性原料，尤其是采用非离子型乳化剂，往往减弱了防腐性能，所以易繁殖微生物，使护肤霜霉变和发胀。

应防止空玻璃瓶保管不善而造成沾污，空玻璃瓶退火后立即装入密封的纸板箱内内热吸塑包装，灌装前不必洗瓶。

要妥善保管原料，避免沾污灰尘和水分；制造时油温保持 90 ℃、30 min 灭菌；使用去离子水、紫外灯灭菌。

注意环境卫生和周围卫生；接触护肤霜的容器和工具清洗后用水蒸气冲洗或沸水灭菌 20 min。

8. 产品标准

膏体细腻均匀。于 -10 ℃和 40 ℃条件下贮放 24 h 后，恢复到室温，膏体正常，不变粗，无油水分离现象。pH 一般在 5～7。香气符合配方之香型，香气悦人。能有效滋润皮肤，保护皮肤免受外界环境的刺激。本品对皮肤无刺激或不良反应。

9. 产品用途

用于滋润和保护肌肤，使皮肤免受外界冷、干环境的刺激，补充皮肤适宜的水分和乳化油脂。

10. 参考文献

[1] 周莹，马萍，方婷欢，等. 国外高端品牌护肤霜的感官评价 [J]. 日用化学品科学，2018，41（7）：20-24.

[2] 李珊珊，王利卿，徐颖，等. 蜂王浆护肤霜的研制 [J]. 辽宁工业大学学报（自然科学版），2014，34（6）：397-398，403.

[3] 张颖，王利卿，姜雪，等. 芦荟护肤霜的研制 [J]. 辽宁化工，2014，43（7）：828-830.

2.10 夜用霜

夜用护肤霜为睡前专用化妆品，用于部和肌体润肤，具有滋润皮肤，保持肌肤富有弹性等功能。

1. 技术配方（质量，份）

A 组分

矿物油和羊毛醇脂（ritacho 2000）	8.00
硬脂醇	2.50

矿物油	12.00
羊毛脂	1.00
瑞塔德润肤剂	10.00
对羟基苯甲酸丙酯	0.10
丁基化羟基茴香醚	0.10
B 组分	
去离子水	60.50
聚丙烯酸交联树脂	0.10
三乙醇胺	0.10
2-溴-2-硝基-1，3-丙二醇	0.04
丙二醇	5.00
对羟基苯甲酸甲酯	0.10
香料	适量

2. 生产工艺

将 A 组分原料放入容器，并在搅拌下加热至 70 ℃，在另一容器内，放入去离子水并在剧烈搅拌下加聚丙烯酸交联树脂，搅拌至无块。在搅拌下加热，并加丙二醇和对羟基苯甲酸甲酯至 75 ℃，在剧烈搅拌下合并两容器的原料，然后加三乙醇胺。继续搅拌并冷却至 40～45 ℃，然后加 2-溴-2-硝基-1，3-二丙醇，冷却至 25～30 ℃并包装。

3. 产品用途

睡前（浴后）涂搽于面部或肌肤。

4. 参考文献

[1] 周莹，马萍，方婷欢，等. 国外高端品牌护肤霜的感官评价 [J]. 日用化学品科学，2018，41（7）：20-24.
[2] 蔡爱平，杨秀清. VE 护肤霜的制备与疗效观察 [J]. 中国美容医学，2004（6）：673-674.

2.11　药物性润肤霜

1. 产品性能

乳剂型霜膏，油分与水分含量近于平衡。膏体一般 pH 5～7，油润感适中，不同产品因添加有不同的药物而赋予各自独特的药用效果。

2. 技术配方（质量，份）

（1）配方一

	（一）	（二）
白油	10.0	15.0
硬脂醇	2.0	4.0

硬脂酸	2.0	2.0
羊毛脂	2.0	—
甘油单硬脂酸酯	—	2.0
月桂醇硫酸酯钠	—	0.8
凡士林	5.0	—
甘油	5.0	—
司本-60	2.5	—
吐温-60	1.0	—
脂肪醇聚氧乙烯醚	—	0.2
人参浸膏	0.5	0.5
花粉提取液	—	3.0
香精	0.2	0.2
防腐剂	0.3	0.3
精制水	69.5	72.5

配方（一）为人参营养霜配方，具有保湿、营养肌肤和延缓皮肤衰老的功用。配方（二）为花粉美容霜配方，花粉是滋补健身、延年益寿的佳品，长期使用花粉养容霜，具有养颜、美容之效果。

（2）配方二

鲸蜡醇	10.0
甘油单硬脂酸酯	2.0
壬二酸	20.0
水杨酸	2.0
橄榄油	2.0
吐温-80	5.0
抗坏血酸	1.0
苯甲酸	0.1
月桂硫酸钠	3.0
月桂醇硫酸三乙醇胺	1.0
香料	0.2
精制水	53.7

该润肤霜中含有抗坏血酸，可有效滋润肌肤并防止皮肤衰老，引自前联邦德国公开专利 3811081。

（3）配方三

羊毛酸镁	7.000
羊毛脂醇	3.000
葵子油	30.000
凡士林	10.000
肉豆蔻酸异丙酯	8.000
维生素 H	0.020
维生素 A	0.300
维生素 B_2	0.003
维生素 B_5	1.000

维生素 E	1.500
维生素 F	2.000
叶酸	0.008
尼泊金甲酯	0.200
尼泊金丙酯	0.100
香精	0.300
精制水	36.569

该配方为复合多维生素护肤霜，可滋润、营养、柔软和美化皮肤。引自欧洲专利申请 330583。

（4）配方四

精制地蜡	15.0
蜂蜡	15.0
羊毛脂	5.0
凡士林	18.0
橄榄油	10.0
吐温-20	4.0
香料	0.6
尼泊金酯	适量
大蒜有效物	0.5
精制水	31.9

该配方为大蒜营养美容霜。大蒜无臭有效物的提取方法：首先将大蒜直接用蒸汽进行短时间蒸煮，使大蒜中的蒜氨酶失活，再用甲醇进行提取。提取液中添加胶状氢氧化铁并振荡后放置 24 h，分离出胶状蛋白铁络盐沉淀物，以除去可溶性蛋白质。然后将滤液减压蒸馏，回收甲醇，得到大蒜无臭有效物。

（5）配方五

十六醇	10.0
蜂蜡	12.0
流动聚异戊二烯	30.0
角鲨烷	20.0
甘油单脂肪酸酯	8.0
枇杷叶提取液	20.0
非离子型乳化剂	8.0
α-红没药醇	1.0
丙二醇	6.0
香料、防腐剂	适量
精制水	83.0

该配方为枇杷美容霜。枇杷叶提取液制取：将新鲜或干燥的枇杷叶切碎，然后用水或乙醇、1，3-丙二醇浸渍，间断搅拌，3 周后过滤，滤液即为枇杷叶提取液。

（6）配方六

山芋醇	0.5000
曲酸衍生物	0.5000
角鲨烷	15.0000

乙炔基雌二醇	0.0005
甘油单硬脂酸酯	5.0000
异辛酸十六烷酯	5.0000
硬脂酸	5.0000
聚乙二醇硬脂酸酯	2.0000
尼泊金丁酯	0.1000
尼泊金甲酯	0.1000
香精	0.2000
1，3-丁二醇	5.0000
精制水	61.8000

该配方为曲酸润肤霜，其中含有曲酸衍生物和雌激素，是一种优良的皮肤增白、滋润和调理化妆品。引自日本公开特许 91-236321。

（7）配方七

	（一）	（二）
凡士林	4.0	8.0
硬脂醇	1.5	3.0
日本蜡	2.0	4.0
硬脂醇聚氧乙烯醚	—	0.1
甘油单乙二醚二乙酸酯	0.3	—
硬脂酸乙二醇酯	0.025	—
甘油单硬脂酸酯	0.025	—
$N，N'$-二甲基对氨基苯甲酸辛酯	—	0.6
柴胡皂苷元-B_2	0.5	1.0
香精	0.2	0.2
抗氧剂、防腐剂	适量	适量
精制水	1.65	3.3

该配方为柴胡苷护肤霜，可延缓皮肤衰老及促进伤口愈合。配方（一）为日本公开特许 93-17331，配方（二）为日本公开特许 93-17337。

（8）配方八

蛋壳膜粉	0.2
硫酸软骨素 A 钠	0.2
还原羊毛脂	8.0
蜂蜡	6.0
角鲨烷	37.5
鲸蜡醇	5.0
甘油脂肪酸酯	4.0
甘油单硬脂酸酯	2.0
丙二醇	5.0
尼泊金甲酯	0.2
香料	0.2
精制水	29.2

蛋壳膜粉制法：将干燥的蛋壳膜与 2 mol/L 氢氧化钠和无水乙醇于 40 ℃下搅拌

5 h，过滤、中和、脱盐、冷冻干燥，得到可溶性蛋壳膜粉。该配方具有良好的润肤养颜效果，引自日本公开特许 91-190808。

（9）配方九

维生素 A	1.0
维生素 E	0.3
维生素 F	10.0
天然植物萃取物（人参或灵芝）	40.0
羊毛脂	40.0
凡士林	20.0
鲸蜡醇	30.0
硬脂酸	40.0
硬脂酸丁酯	100.0
丙二醇	50.0
司本-60	15.0
苯甲酸钠	3.0
尼泊金甲酯	2.0
染料、香料	适量
精制水	614

该配方为多维美容营养霜，其中含有天然萃取物和维生素 A、维生素 E、维生素 F，对肌肤具有滋养保护功能。引自罗马尼亚专利 92576。

（10）配方十

硬脂酸	2.0
硬脂醇	2.0
羊毛脂	10.0
甘油单硬脂酸酯	3.0
肉豆蔻酸异丙酯	2.0
甘油	4.0
三乙醇胺	1.0
精制水	75.0
浓缩芦荟胶	1.0
香精、防腐剂	适量

将甘油、三乙醇胺与水混合，加热至 75 ℃。将油相物料混合加热至 75 ℃ 溶混。然后于搅拌下将油相加至水相混合乳化，均质后继续搅拌冷却至 45 ℃ 加入浓缩芦荟胶、香料、防腐剂，得芦荟润肤霜。

（11）配方十一

羊毛醇	3.0
硬脂酸单甘油酯	7.0
鲸蜡醇	3.0
18# 液状石蜡	10.0
硬脂酸	4.0
聚氧乙烯（30）羊毛醇醚	3.0
吐温-60	2.0

甘油	15.0
银耳提取物和珍珠粉	适量
精制水	52.7
香料	0.3
防腐剂	适量

油相物料加热至 90 ℃灭菌 30 min，然后保温于 80 ℃，水相物料混合加热至 90 ℃灭菌 30 min。于搅拌下，将油相（80 ℃）加入水相（80 ℃）中混合乳化，均质后搅拌冷却，于 75 ℃加入银耳提取物和珍珠粉，继续搅拌冷却，于 40 ℃加入香精，得银耳珍珠霜。

（12）配方十二

	（一）	（二）
18#白油	15.0	12.0
鲸蜡醇	6.0	8.0
甘油	—	10.0
甘油单硬脂酸酯	—	2.5
橄榄油	2.0	—
卵磷脂	1.0	—
N-月桂酰谷氨酸钠	1.0	—
茯苓粉	0.2	—
脂肪醇硫酸钠	—	0.8
脂肪醇聚氧乙烯醚	—	0.2
地龙提取液	—	2.0
香精	0.1	0.2
尼泊金甲酯	0.2	0.2
精制水	74.5	64.1

其中配方（一）为茯苓润肤霜，具有滋润皮肤、防止皮肤粗糙功用。配方（二）为地龙美容霜，地龙又名蚯蚓，是一种富有营养价值的中药，具有显著的滋养护肤、改善皮肤柔性等功能。

（13）配方十三

硬脂醇	5.00
硬脂酸	3.00
硬脂酸单甘酯	7.00
鲸蜡醇	3.00
11#液状石蜡	5.00
尼泊金丙酯	0.10
甘油	20.00
脂肪醇聚氧乙烯醚	0.50
苯甲酸钠	0.15
精制水	47.65
灵芝提取物	5.00
蜂蜜	3.00
鱼肝油	0.30～0.50
磷脂	适量
香精	0.30

该配方为复方灵芝营养霜，对皮肤具有滋润补养作用和舒展细小皱纹功用。

（14）配方十四

鲸蜡醇聚氧乙烯醚	15.0
凡士林	60.0
鲸蜡醇	20.0
鳄梨油	40.0
羊毛脂	40.0
胎盘提取物	5.0
香精	15.0
防腐剂	20.0
精制水	798.0

该护肤霜中含有胎盘提取物，可有效地滋养肌肤、防止皮肤衰老。胎盘提取物制备：用硫酸铵沉淀中性含盐胎盘提取物，将沉淀溶解于中性缓冲剂中，再用 $1.5 \sim 2.0$ mol/L 碱金属卤化物沉淀，将沉淀再次溶解于中性缓冲剂中，再用 $1.5 \sim 4.0$ mol/L 氯化钠沉淀、渗析、冷冻、干燥沉淀物，制得胎盘提取物。引自欧洲专利申请 275109。

（15）配方十五

异构白油	15.0
硬脂醇	2.0
鲸蜡醇	8.0
甘油单硬脂酸酯	3.0
甘油	10.0
吐温-60	2.0
月桂硫酸钠	1.0
柠檬酸	1.0
蜂王浆	适量
香精、防腐剂	适量
精制水	58.0

该护肤霜又称蜂王霜，其中含有蜂王浆，具有良好的润肤、养肤功能。

（16）配方十六

油相组分

鲸蜡醇	12.0
异三十烷（角鲨烷）	2.5
18#白油	12.0
硬脂酸	2.0
聚氧乙烯（10）油酸酯	2.0
丁基茴香醚	0.2

水相组分

黄檗提取液	6.0
1，3-丁二醇	5.0
氢氧化钠	1.0
精制水	56.8
香料	0.2

该配方为黄檗护肤霜。黄檗具有滋阴降火祛湿热的药理功能。

3. 主要生产原料

（1）橄榄油

橄榄油为无色或淡黄色的油状液体，不溶于水，溶于氯仿、乙醚和二硫化碳。其脂肪酸组成：棕榈酸 9.2%、油酸 83.1%、亚油酸 3.9%。

凝固点/℃	17～26
皂化值/（mgKOH/g）	188～196
碘值/（gI₂/100 g）	80～88

（2）卵磷脂

卵磷脂又称磷脂酰胆碱，黄色或棕褐色黏稠膏状物。具有吸湿性。在空气中色变深。能溶于乙醇、乙醚、苯、氯仿及轻石油，不溶于丙酮和水，但能水合而缓慢水解形成胶状液。

含磷量（P）	≥2.8%
胆固醇	≤1%
干燥失重	≤10%
灼烧残渣	≤12%

4. 工艺流程

图 2-6

5. 生产工艺

水相原料和油相原料分别加热至 75～85 ℃，然后于搅拌下混合乳化，均质后继续搅拌冷却，于 40 ℃ 加入香精。

6. 产品标准

参见护肤霜的产品标准，并具有相应的药理作用。

7. 产品用途

用于滋润、调理皮肤，保护肌肤免受外界的刺激。

8. 参考文献

[1] 吕海珍. 中药美白护肤霜的研制 [J]. 中国中医药现代远程教育，2012，10(19)：159-161.

[2] 王文涛，杨桦，吴子良. 硅酮中草药护肤霜的研制 [J]. 日用化学工业，1998(2)：49-51.

[3] 佘志刚，龚楚儒，胡应权，等. 黄芩甙护肤霜的研制和应用 [J]. 湖北师范学院学报（自然科学版），1996（6）：102-103.

2.12　粉刺霜

粉刺霜含有防粉刺药剂，用于防治粉刺和青春痘等，对皮肤不仅具有刺激感，而且有止痒和防腐作用，并赋予皮肤以清凉感。

1. 技术配方（质量，份）

（1）配方一

壬二酸单（丙酸乙酯基）酯	100.0
乙醇	445.0
氨基二异丙醇	4.5
丙二醇	221.0
聚丙烯酸	9.0
香科	少量
水	220.5

（2）配方二

水杨酸	5～20
椰油基甲基牛磺酸钠	7～2
葡糖酰胺基丙基二甲基-2-羟乙基氯化铵	0～6
乙醇	200～500
金缕梅馏出物	50～100
芦荟凝胶	5～50
柠檬酸水合物	35～45
尿囊素	1～50
无水碳酸钠	0.1～8.0
甲醇	0.5～20.0
香精油	0.005～0.010
水	加至1000

（3）配方三

十八脂肪酸聚乙二醇酯	20～50
甘油	20～70
十八醇	13～43
樟脑	1～5
甘油三硬脂酸酯	13～43
酪蛋白	10～30
冷杉香脂	3～15
蛋氨酸	0.5～3.0
三乙醇胺	3～43
苄醇	0～5
添加剂	5～20

尼泊金甲酯	15~50
尼泊金丙酯	0.5~3.0
乙醇	50~150
香精	5~15
水	加至1000

（4）配方四

甘油醚	15
氢化蓖麻油乙氧基化物	15
司本-60	10
染料木黄酮	1
角鲨烷	10
二丙二醇	50
香料	少量
水	809

（5）配方五

松香酸	2
甘油	80
二丙二醇	20
聚乙二醇（1000）	50
乙醇	30
聚氧乙烯失水山梨醇醚	20
十八醇聚氧乙烯醚	30
水	625

该粉刺霜含有松香酸、甘油及表面活性剂等，该霜能透过皮肤，抑制革兰氏阳性杆菌痤疮。引自日本公开专利91-130221。

（6）配方六

橄榄油	2~6
羊毛脂	1~3
貂油	4~6
乳化剂	7~9
甘油	10~20
硼砂	0.6~0.8
乙醇	4~6
百里酚	0.10~0.15
樟脑	0.05~0.15
三聚甲醛	0.02~0.04
香料	0.9
甘油单硬脂酸酯	13
尼泊金甲酯	0.2~0.4
尼泊金丙酯	0.05~0.15
叶蓍水貂油浸汁	0.5~1.5

| 菖蒲根茎水貂油浸汁 | 0.5～1.5 |
| 蒸馏水 | 加至100 |

这种面霜能有效预防粉刺。引自苏联专利171033配方，其中含有菖蒲根茎和千叶蓍的水貂油浸汁。

2. 生产工艺

（1）配方一的生产工艺

将壬二酸单（丙酸乙酯基）酯、聚丙烯酸溶于乙醇，然后与水混合，加入其余物料，得到粉刺霜。引自法国公开专利2616430。

（2）配方二的生产工艺

将各物料溶于水中，混合均匀，最后加入香精油得粉刺霜。引自欧洲专利申请299756。

（3）配方三的生产工艺

将各物料溶于醇水混合物中，然后灌装，得到澄清透明的去粉刺霜。引自苏联专利1308327。

（4）配方四的生产工艺

将有机物料混合热溶后加入热水中，40 ℃加香料，制得粉刺霜。引自日本公开专利90-193919。

（5）配方五的生产工艺

将松香酸粉碎过筛之后，分散于其余物料的混合物中，得到透皮粉刺霜。

（6）配方六的生产工艺

将油相和水相原料分别加热至75 ℃混合均匀，再将两相乳化，冷却后加香料即得。

3. 产品用途

（1）配方三所得产品用途

用于防治粉刺及青春痘，洗脸后取适量搽用。

（2）配方五所得产品用途

与一般粉刺霜相同，直接涂于面部或粉刺部位。

4. 参考文献

[1] 毛琳. 薏米粉刺霜的制备与使用方法 [J]. 河北化工，2007 (6)：47、49.
[2] 王玉婷，姜丽丽. 粉刺霜的制备及疗效观察 [J]. 中国药业，1998 (7)：28.
[3] 卢亚玉，蔡万裕. 特殊用途化妆品—粉刺霜的研制 [J]. 日用化学工业，1994 (5)：50-51.

2.13　粉刺露

粉刺露具有消炎解毒、改善粉刺的功效，用于防治粉刺和青春痘的化妆水。涂在皮肤上不仅有刺激感，以达到局部麻痹，而且有抗菌、止痒、溶解毛孔的角质层的作用，以及赋予皮肤清凉感。

1. 技术配方（质量，份）

（1）配方一

碱式氯化铝	3
酒精	25
水和香料	加至 100

（2）配方二

硼酸	0.8000
间苯二酚	0.4250
水杨酸	0.250
鞣酸	0.0250
结晶薄荷醇	0.0015
熏衣草油	0.9000
桉树油	0.0200
呋喃西林	0.0500
甘油	0.0300
氯仿	10.0000
乙醇	65.0000
蒸馏水	22.5000

（3）配方三

硫黄	6.0
樟脑	0.5
阿拉伯树胶	3.0
氢氧化钙	0.1
香料	适量
水	92

2. 生产工艺

先将阿拉伯树胶溶于 30 g 水中，边研磨边加硫黄、樟脑混合物，然后加氢氧化钙饱和水溶液（0.1 g 氢氧化钙溶于 50 g 水中，取澄清液），最后将香料和水加入上述混合物中，振荡均匀即可。

3. 参考文献

[1] 曾建玲，彭芳，夏良树. 防治粉刺露的研制及临床疗效 [J]. 中国校医，2003（4）：360-361.

[2] 张友兰，王利军，潘智才. 保湿粉刺露的研制 [J]. 日用化学工业，2000（5）：21-23.

2.14　抗皱美容霜

1. 产品性能

乳剂型霜膏。膏体一般呈中性，具有滋润、保护皮肤功能，同时添加有营养剂、抗衰老剂或抗皱剂，因此，具有抗皱美容效果。

2. 技术配方（质量，份）

（1）配方一

矿物油	10.06
芝麻油	2.60
羊毛脂	0.86
十八醇聚氧乙烯醚/单甘酯混合物	3.74
丙二醇	1.38
甘油	1.04
甘油单/双脂肪酸酯	3.29
酪氨酸	5.03
抗坏血酸	10.06
硫酸锌	2.08
尼泊金丙酯	0.17
尼泊金甲酯	0.34
青黄菊浸剂	加至 100.00

这种抗皱营养霜引自美国专利 4938969。

（2）配方二

硬脂醇	13.3
甘油	8.7
甘油单硬脂酸酯	4.2
吐温-80	2.5
羊毛脂	0.8
灵芝、黄芪萃取液	3.0
人参提取液	0.5
维生素 B_6	0.1
精制水	66.7
防腐剂、抗氧剂	适量
香精	0.2

该配方为人参养颜防皱霜的技术配方。

（3）配方三

精制马油	37.0
维生素 E	1.0
维生素 C	0.5

羟苯乙酯	0.1
月桂硫酸钠	1.5
香料	0.3
精制水	60.0

精制马油制法：将毛马油加入 0.11％的磷酸，于 80 ℃ 搅拌 0.5 h，静置 2 h，过滤去渣。再加入 0.85％氢氧化钠，于 80 ℃ 搅拌皂化 5 min，静置过夜，次日分离除去皂化物，加入油量 10％温水搅拌，静置 2～3 h，分层除去水，再水洗 2～3 次，洗至中性，加热 90～100 ℃、15 min 后，加入活性炭，搅拌 30 min，趁热过滤，得精制马油。

（4）配方四

乳清酸维生素 E 酯	3.0
棕榈酸异丙酯	3.0
乙酰化羊毛脂醇	1.0
羊毛醇聚氧乙烯醚	5.0
卡帕树脂 941	0.2
丝肽 ($\overline{M}=500$)	3.0
丝肽 ($\overline{M}=1000$)	3.0
甘油	5.0
硬脂酸	2.0
胆固醇乳化剂	3.0
甘油单硬脂酸酯	1.0
三乙醇胺	1.0
尼泊金酯	0.3
精制水	69.1
香精	0.4

丝肽和乳清酸维生素 E 酯，具有较好的抗皱、养颜活性，并可加速皮肤新陈代谢。

（5）配方五

鲸蜡醇	10.0
棕榈酰肉碱	7.0
小牛胸腺提取液	30.0
凡士林	80.0
甘油	10.0
司本-60	30.0
吐温-60	30.0
尼泊金甲酯	3.0
香精	3.0
精制水	797.0

这种润肤抗皱霜可改善皮肤对活性物的吸收，从而达到抗皱效果，引自法国公开专利 2654619。

（6）配方六

蔗糖酯	20.0
微晶蜡	20.0

角鲨烷	10.0
硬脂酸	18.0
聚乙烯醇	15.0
共聚物涂覆滑石粉胶乳	40.0
二氧化硅粉	110.0
汉生胶	1.0
1，3-丁二醇	57.0
三乙醇胺	6.0
香料	2.0
精制水	700.0

该去皱化妆品引自日本公开特许公报 91-5412。

（7）配方七

甘油单硬脂酸酯	16.944
聚二甲基硅氧烷	11.296
椰油酸酯基乙磺酸钠	71.156
聚乙二醇	42.36
羟基硬脂酸辛酯	5.648
氧化铝	38.020
硬脂酸	25.416
肉豆蔻酸	11.296
月桂酸	11.296
月桂酰二乙胺	16.944
氯二甲酚	1.13
皂土	48.4
甘油	16.944
氢氧化钠	19.203
丁羟基茴香醚	0.085
精制水	320.158

该去皱护肤霜引自美国专利 4957747。

3. 主要生产原料

（1）蔗糖酯

蔗糖酯又称蔗糖脂肪酯，白色或黄褐色的粉末或黏稠液体。易溶于乙醇、丙酮。单脂可溶于热水，但二酯、三酯难溶于水。对眼和皮肤无刺激，无毒。

游离糖（以蔗糖计）	≤10%
水分	≤4%
灰分	≤1.5%
酸值/（mgKOH/g）	≤5.0

（2）微晶蜡

微晶蜡又称提纯地蜡，极近似于石蜡，都是由饱和烃组成，但含油量和分子量高于石蜡。微晶蜡为乳白色，有韧性、可塑性。能与其他矿物蜡、大多数植物蜡及树脂以任何比例互溶。

熔点/℃	65.5～76.7
皂化值/（mgKOH/g）	<3
黏度（98.9 ℃）/（Pa·S）	60～125
针入度/mm	<17
灰分	<0.03%

（3）乙酰化羊毛脂醇

乙酰化羊毛脂醇又称乙酰羊毛醇，淡黄色或黄色略带油脂气味的流动性液体。不溶于水，而能以任何浓度溶于矿物油、植物油中。乙酰化羊毛脂醇是一种具有异常柔软感的亲油性润肤剂、油溶扩散剂、渗透剂及增塑剂。

皂化值/（mgKOH/g）	170～200
羟值/（mgKOH/g）	≤8.0
水分	≤0.5%
酸值/（mgKOH/g）	≤100
灼烧残渣	≤0.2%

4. 工艺流程

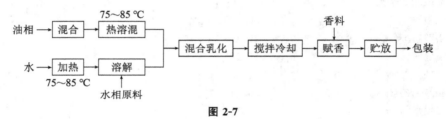

图 2-7

5. 生产工艺

将油相原料和水相原料分别混合，加热至 70～80 ℃，然后在搅拌下将油相加至水相混合乳化，均质化后，搅拌冷却至 40 ℃，加入香料，贮放后灌装。

6. 产品标准

膏体细腻均匀，在 -10 ℃ 和 40 ℃ 条件下贮放 24 h 后，恢复到室温，膏体正常，不变粗，无油、水分离现象。pH 一般在 5～7。香气符合配方之香型，香气悦人。具有良好的滋润护肤和抗皱效果。对皮肤无刺激或不良反应。

7. 产品用途

本产品为滋润、护肤、抗皱美容化妆品，尤其适用于中老年使用。

8. 参考文献

[1] 朱宇红，李兴华，郝武常. 养颜抗皱霜的研制 [J]. 陕西中医，1997(9)：422.

[2] 张晓亭. 复方祛斑抗皱霜的配制与临床应用 [J]. 西北药学杂志，1992(3)：26.

2.15 增白护肤剂

1. 产品性能

一般为乳剂型膏霜，膏体一般呈中性（pH 5～7），其中含有增白祛斑剂，具有护肤、增白效果。

2. 技术配方（质量，份）

（1）配方一

氢醌	20.0
叔丁基氢醌	1.0
十八酸聚乙二醇酯	20.0
白油	20.0
乳化蜡	10.0
汉生胶	2.0
甘油	50.0
亚硫酸氢钠	1.0
尼泊金甲酯	4.0
香料	2.0
色素	2.0
精制水	868.0

该配方中含有氢醌，可有效地祛斑增白。引自美国专利 4792443。

（2）配方二

曲酸	5.0
氢化蓖麻油乙氧基化物	10.0
四羟基二苯酮	5.0
柠檬酸	1.0
枸橼酸钠	3.0
1，3-丁二醇	40.0
乙醇	150.0
EDTA-2Na	0.1
羟苯乙酯	1.0
精制水	784.9

该配方中含有曲酸，具有良好的增白效果。引自日本公开特许 90-200622。

（3）配方三

9-十六碳烯醇	0.1
曲酸	0.5
蜂蜡	6.0
鲸蜡醇聚氧乙烯醚	2.0
聚氧乙烯硬脂基烯丙基醚	2.0

棕榈酸异丙酯	10.0
鲸蜡醇	6.0
液状石蜡	30.0
硬脂酸聚乙二醇酯	1.0
尼泊金甲酯	0.2
香精	0.3
精制水	41.9

这种美容增白霜含有曲酸、9-十六碳烯醇，可有效防止黑色素的形成。引自日本公开特许公报 91-14507。

（4）配方四

硬脂酸	100
鲸蜡醇	40
3-氧乙基-L-抗坏血酸	20
甘油单硬脂酸酯	20
甘油	40
丙二醇	100
白油	150
氢氧化钾	5
尼泊金甲酯	1
柠檬酸	4
香精	3
精制水	517

这种皮肤增白膏润肤增白效果好，膏体稳定，pH 5.0。引自日本公开特许 91-153609。

（5）配方五

曲酸	0.500
液状石蜡	6.000
聚二甲基硅氧烷	0.100
二甘油二异硬脂酸酯	1.000
乳酸	0.025
乳酸钠	0.250
聚氧乙烯氢化蓖麻油	1.000
鲸蜡醇	0.500
凡士林	2.000
1，3-丁二醇	15.000
酰基谷氨酸钠	0.200
尼泊金酯	0.100
聚丙烯酸乳液（1%）	15.000
氢氧化钠溶液（1%）	3.000
水	55.325
香精	适量

将由曲酸、乳酸、乳酸钠、水、二甘油二异硬脂酸酯、聚氧乙烯氢化蓖麻油、液状石蜡、十六醇、甘油单硬脂酸酯、凡士林和聚二甲基硅氧烷混合，于 80 ℃ 制得 W/O

型乳液，再与酰基谷氨酸钠、1，3-丁二醇、尼泊金酯、1%的氢氧化钠溶液、1%的聚丙烯酸溶液和水组成的混合物混合，制得曲酸增白蜜。引自日本公开特许92-18010。

（6）配方六

液状石蜡	20.0
硬脂醇	40.0
珍珠粉	4.0
胎盘抽提液	2.0
红花浸膏	2.0
三七浸膏	4.0
硬脂酸单甘酯	20.0
月桂硫酸钠	4.0
甘油	20.0
二叔丁基对甲酚	3.5
尼泊金酯	2.5
香料	适量
精制水	278.0

这种祛斑增白营养霜含有三七、红花和胎盘浸提物，具有活血、滋养、增白和祛斑功能。

（7）配方七

硬脂酸	10.0
硬脂醇	2.0
甘油	5.0
甘油单硬脂酸酯	1.0
薄荷脑	0.1
当归萃取液	1.5
白芷萃取液	1.5
抗氧剂（BHT）	0.15
羟苯乙酯	0.2
香料	适量
硼砂	0.5
精制水	77.5

将硬脂酸、硬脂醇、甘油单硬脂酸酯和甘油混合加热至75～85 ℃，热溶混后加入BHT得到油相。其余物料混合，并加热至80 ℃，分散均匀得水相。然后将油相加入水相混合乳化，搅拌冷却，于45 ℃加香精，得当归活血增白霜。

（8）配方八

硬脂酰基谷氨酸钠	1.0
白油	15.0
凡士林	4.0
蜂蜡	1.0
甘油单硬脂酸酯	2.0
L-抗坏血酸磷酸镁	3.0

γ-氨基丁酸	0.2
吐温-80	1.0
尼泊金甲酯	0.1
香精	适量
精制水	72.7

该增白霜乳剂稳定，可滋养肌肤光滑白嫩。引自日本公开特许 91-63207。

（9）配方九

六甲基-6-羟基苯并二氢吡喃	0.05
联苯醇	0.10
白油	0.10
甘油三辛酸酯	1.00
硬脂酸聚乙二醇酯	0.20
甘油单硬脂酸酯	0.50
硬脂酸	0.50
1，3-丁二醇	0.50
尼泊金酯、香料	适量
精制水	7.05

这种增白奶液，可有效抑制黑色素形成，使细胞有效增白。引自欧洲专利申请 445735。

（10）配方十

氢醌单酯	25.0
黄芩提取物	9.0
维生素 E	10.0
硬脂醇	90.0
液状石蜡	50.0
甘油单硬脂酸酯	50.0
甘油	50.0
月桂硫酸钠	10.0
二氧化钛	30.0
2，6-二叔丁基对甲酚	10.0
香料	3.0
尼泊金酯	2.0
精制水	661.0

这种氢醌黄芩增白霜，具有祛斑、防晒、增白、抑制酪氨酸酶、营养肌肤的功用。

（11）配方十一

蓍草提取液	1.00
曲酸	0.10
泛醇	1.00
春黄菊提取液	0.10
亚油酸维生素 E 酯	0.10
棕榈酸抗坏血酸酯	4.00
甲氧基肉桂酸辛酯	0.10

肉豆蔻酸异丙酯	2.00
丁羟基甲苯	0.04
硬脂醇	2.00
甘油单硬脂酸酯	2.00
尼泊金酯	0.50
EDTA-2Na	0.10
香精	0.30
精制水	82.02

这种高效天然增白剂含有多种天然物和增白活性物，通过肌肤表皮的吸收与渗透，能有效防止色素形成，调理肌肤白嫩和抑制色素沉积。引自前联邦德国公开专利 4227806。

（12）配方十二

	（一）	（二）
水溶性胎盘提取物	0.200	—
甘油	0.600	—
乙醇	0.800	15.000
5-羟基-2-羟甲基-γ-吡啶酮	—	0.500
2-羟基-4-甲氧基二苯酮	0.030	—
聚氧乙烯氢化蓖麻油	0.080	1.000
1，4-丁二醇	—	4.000
亚油酸	0.050	—
柠檬酸	0.005	0.100
枸橼酸钠	0.007	0.300
尼泊金甲酯	0.050	0.120
香料	0.010	0.200
精制水	8.200	79.100

配方（一）为胎盘增白霜，其中含有的 2-羟基-4-甲氧基二苯酮，对紫外光线诱发产生的色素具有明显的抑制效果，引自日本公开特许 91-209305。配方（二）的增白活性物是由黑色素瘤 B_{16} 细胞培养的 5-羟基-2-羟甲基-γ-吡啶酮，它能有效抑制黑色素，对皮肤增白效果比曲酸大 32 倍。引自日本公开特许公报 91-291209。

（13）配方十三

甘油	8.0
月桂酰谷氨酸钠	22.0
酰基谷氨酸钠	3.0
二硬脂酸聚乙二醇酯	1.5
聚乙二醇	16.0
曲酸	1.0
硬脂酸聚乙二醇酯	4.5
EDTA-2Na	0.1
香料	适量
精制水	43.9

该增白清洁霜，引自日本公开特许公报 89-275524。

(14) 配方十四

	(一)	(二)
咖啡酸	2.0	—
镰孢菌酸钙	—	5.0
硬脂醇	4.0	4.0
硬脂酸丁酯	8.0	—
硬脂酸	10.0	5.0
硬脂酸钡	—	8.0
甘油单硬脂酸酯	2.0	2.0
丙二醇	10.0	10.0
氢氧化钾	0.4	0.2
甘油	4.0	4.0
香料	0.3	0.3
防腐剂	适量	适量
精制水	59.7	64.7

配方（二）为日本公开特许公报 90-164808 配方。其中的镰孢菌酸钙为有效的增白剂。

(15) 配方十五

	(一)	(二)
曲酸	1.0	—
间羟基苯基葡萄苷	—	3.0
液状石蜡	5.0	15.0
澳洲胡桃油	5.0	—
甘油单硬脂酸酯	2.0	2.0
凡士林	—	5.0
鲸蜡醇	5.0	5.0
N-硬脂酰基甲基牛磺酸钠	0.5	—
乳酸	0.5	—
乳酸钠	0.8	—
1，3-丁二醇	10.0	10.0
尼泊金丁酯	0.2	0.2
尼泊金甲酯	0.2	0.1
EDTA-2Na	—	0.1
吐温-60	—	2.0
甘油	10.0	—
香精	适量	适量
精制水	60.0	57.4

配方（一）引自日本公开特许公报 92-9310，这种祛斑增白蜜能有效抑制黑色素的形成。配方（二）为护肤增白蜜，具有滋润、增白作用，并能防止紫外线对皮肤的损伤，引自日本公开特许公报 92-1116。

(16) 配方十六

牛胎盘萃取物	0.1

3-乙基-L-抗坏血酸	2.0
透明质酸	0.1
橄榄油	15.0
甘油	5.0
肉豆蔻酸异丙酯	5.0
壬基酚聚氧乙烯醚	0.5
尼泊金甲酯	0.1
乙醇	7.0
香料	0.3
精制水	64.7

该配方为胎盘增白养肤剂，引自日本公开特许 92-9320。

（17）配方十七

生育酚	0.1
液状石蜡	12.0
环状聚二甲硅氧烷	20.0
甘油	5.0
亚油酸	1.5
二丁基羟基甲苯	0.1
硬脂醇	4.0
香料	0.3
精制水	57.0

这种增白护肤霜，引自日本公开特许 90-207013。

（18）配方十八

脂溶性甘草提取物	0.10
亚油酸	0.50
α-亚麻酸	0.50
甘油	6.00
乙醇	8.00
水溶性胎盘提取物	2.00
氢化蓖麻油聚氧乙烯醚	0.80
柠檬酸	0.05
枸橼酸钠	0.07
香精	0.10
尼泊金甲酯	0.10
精制水	81.78

该皮肤增白剂，引自日本公开特许 93-30143。

（19）配方十九

硬脂酸	3.0
鲸蜡醇	1.0
凡士林	6.0
液状石蜡	10.0
聚乙二醇（1500）	3.0

3，4-二甲氧基鞣花酸	0.25
胎盘萃取物	0.25
甘油	1.5
三乙醇胺	1.0
防腐剂	0.2
香料	0.3
精制水	74.5

该增白乳液，引自日本公开特许公报 90-212409。

（20）配方二十

维生素 E 壬二酸单钠	0.5
L-抗坏血酸-2-磷酸酯镁	0.5
甘油	5.0
聚氧乙烯硬化蓖麻油	0.5
尼泊金甲酯	0.2
乙醇	7.0
香精	0.2
精制水	86.1

该配方为维生素 E 增白乳，对皮肤刺激性小，增白效果明显。引自日本公开特许 91-153610。

3. 主要生产原料

（1）维生素 E

维生素 E 又称生育酚，外消旋体为微黏性淡黄色油状液体。易溶于乙醇、乙醚、丙酮、油脂及其他脂肪溶剂，几乎不溶于水。在无氧的情况下对热及碱稳定。能缓慢地被空气所氧化，暴露于阳光中颜色逐渐变深。

熔点/℃	2.5～3.5
相对密度（d_4^{25}）	0.950
折光率	1.5045
紫外最大吸收值（$E_{1\,cm}^{1\%}71$）/nm	294

（2）氢醌

氢醌化学名称对苯二酚，白色针状结晶，可燃，溶于水、乙醇及乙醚，微溶于苯，熔点 170 ℃。

含量	≥99.5%
初熔点/℃	≥171
干燥后失重	≤0.1%

（3）亚油酸

亚油酸又称十八碳-9，12-二烯酸。无色或淡黄色液体。凝固点-12 ℃，相对密度（d_4^{22}）0.9007，折射率1.4699。溶于无水乙醇、石油醚，不溶于水。

酸值/（mgKOH/g）	≥195
碘值/（gI₂/100 g）	≥148
凝固点/℃	≤-5
折射率	1.465～1.470

4. 工艺流程

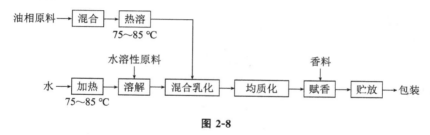

图 2-8

5. 生产工艺

一般将水相物料和油相物料分别加热至 75~85 ℃，然后将油相加至水相（于搅拌下）混合乳化，均质化后搅拌冷却，于 40 ℃ 加入香精，贮放、包装得增白护肤剂。

6. 产品标准

乳剂均匀稳定，于 0 ℃ 和 40 ℃ 条件下放置 24 h 后恢复至室温，膏体产品正常，不变粗，无油水分离现象。pH 一般在 5~7。香气应符合配方之香型，香气宜人。具有增白、护肤作用，对皮肤无刺激。

7. 产品用途

用于护肤、增白，且具有祛斑作用。

8. 参考文献

[1] 袁玉梅. 高性价比美白护肤品的研制 [D]. 无锡：江南大学，2008.
[2] 郑艳萍，刘芳. 甘草、山药中提取美白成分研制美白保湿护肤霜 [J]. 广东化工，2016，43（9）：60-61.
[3] 吕海珍. 中药美白护肤霜的研制 [J]. 中国中医药现代远程教育，2012，10（19）：159-161.

2.16　皮肤调理剂

皮肤调理剂可以改善干燥、受损皮肤的外观，减少脱皮和恢复皮肤柔软，具有抗刺激、消炎和舒缓皮肤的功效。

1. 技术配方（质量，份）

（1）配方一

鲸蜡醇	50
凡士林	70
硬脂酸	30
角鲨烷	60
氢化卵磷脂	10

肉豆蔻酸异丙酯	20
甘油	200
甘油单硬脂酸酯	30
羟苯乙酯	2
环糊精	4
香精	2
氢氧化钾	2
水	480

该护肤调理剂含有角鲨烷、甘油、衍生物及环糊精等。其中环糊精可控制护肤调理剂的黏度。日本公开专利9-161413。

（2）配方二

椰油烷基二乙醇酰胺	100
氯化钠	5
植物磨料（粒径0.01）	100
香精	15
十二醇硫酸钠	400
防腐剂	4
水	395
三乙醇胺（调pH至5.5~7.0）	适量

（3）配方三

鹌鹑蛋液	550.00
十八碳脂肪酸	12.60
甘油	11.20
十四碳脂肪酸	3.08
三乙醇胺	12.32
苯乙醇	1.00
香料	1.00
对羟基苯甲酸甲酯	1.00
水	235.80
三甲氧苄二氨嘧啶（增效剂）	3.00
聚乙二醇-300	6.00
磺酸甲异噁唑	15.00
喷射剂	148.00

（4）配方四

硬脂酸	200.0
肉豆蔻酸	100.0
鲸蜡醇	20.0
甘油单硬脂酸酯	50.0
甘油	40.0
月桂酸二乙醇酰胺	40.0
1，3-丁二醇	60.0
对羟基苯甲酸甲酯	1.5

氢氧化钾	50.0
粉状聚四氟乙烯	50.0
香料	2.0
水	3865.0

（5）配方五

N，N'-二乙酰基壳二糖	80
油醇	1
十二醇聚氧乙烯醚	5
吐温-20	15
乙醇	100
香料	1
水	798

（6）配方六

蜂王胶	0.1
硫酸软骨素	0.5
聚甲基硅氧烷	5.0
角鲨烷	40.0
鲸蜡醇	30.0
甘油单硬脂酸酯	20.0
蜂蜡	10.0
肉豆蔻酸异二十烷酯	40.0
鲸蜡醇硫酸钠	10.0
十八脂肪酸聚乙二醇酯	6.0
香料	15.0
水	835.0

（7）配方七

鲨鱼肝油	0.50
甘油硬脂酸酯	1.00
角鲨烷（或烯）	2.00
十四烷基聚丙二醇（2）醚丙酸酯	2.00
鲸蜡醇	0.50
季戊四醇四辛酸酯	0.30
丙二醇	4.00
丁基羟基茴香醚	0.05
硬脂酸	0.50
N-羟甲基-2，5-二氧咪唑烷基-N，N-二羟甲基脲	1.00
麻油	2.00
交联聚丙烯酸	0.02
三乙醇胺	0.50
EDTA-4Na	0.05
汉生胶	0.20

香精	0.50
羊毛脂	0.50
乳化蜡	2.00
聚二甲基硅酮	0.50
水	82.00

（8）配方八

貂油	0.50
贝壳硬蛋白水解物（2.5%）	0.30
硬脂酸	0.02
甘油	0.3
凡士林	0.30
脂肪酸聚乙二醇酯	0.20
鲸蜡醇	0.15
羊毛醇	0.20
液状石蜡	0.50
丙二醇	0.50
三乙醇胺	0.10
水	5.93
香精	0.15

2. 生产工艺

（1）配方一的生产工艺

将鲸蜡醇、凡士林、角鲨烷和硬脂酸混合加热为油相，其余物料混合为水相，然后将两相混合乳化得皮肤调理剂。

（2）配方二的生产工艺

先将表面活性剂、氯化钠溶于水中，加入防腐剂、植物磨料，混合均匀后，用三乙醇胺调 pH 至 5.5～7.0，得肤用调理剂。这种调理剂含有植物磨料，对皮肤有很好的调理和清洁作用。引自西班牙专利 2015439。

（3）配方三的生产工艺

除喷射剂外，将油相和水相分别混合加热，然后将两相混合均匀后装罐，安装阀门后，充入喷射剂。这种皮肤调理剂含有鹌鹑蛋液、磺胺增效剂和磺胺甲异噁唑。对人体肌肤具有很好的滋润、调理护理效果。引自美国专利 4661340。用时压下阀门，喷于身体上搽匀。

（4）配方四的生产工艺

将油脂基物料热溶解后，加入水溶性混合物中，45 ℃ 加香料，加粉状聚四氟乙烯，均化后得皮肤调理化妆品。这种皮肤调理化妆品含有氟聚合物粉末，对皮肤无刺激、无损伤，具有良好的护肤、调理效果。引自日本公开专利 90-85206。

（5）配方五的生产工艺

将吐温-20 和十二醇聚氧乙烯醚先溶于水，然后加入 $N，N'$-二乙酰基壳二糖、油醇和其余物料，混合均匀得皮肤调理剂。这种皮肤调理化妆品含有壳多糖，不刺激皮肤，保湿效果好。引自日本公开专利 90-78603。

（6）配方六的生产工艺

将有机物料混合加热至 80 ℃，搅拌下加入 80 ℃ 热水中，冷至 40 ℃ 加香料，分散均匀，制得护肤调理乳液。这种蜂王胶皮肤调理剂含有蜂王胶、硅氧烷、硫酸软骨素和角鲨烷等，对皮肤有很好的护肤调理效果，产品呈乳蜜状。引自日本公开专利 91-161416。

（7）配方七的生产工艺

油相和水相分别混合加热，然后将油相加至水相，乳化均质得美容皮肤调理蜜。这种美容皮肤调理蜜含有鲨鱼肝油，是美国专利 5079003（1992）研制的一种新型高级护理肌肤蜜。

（8）配方八的生产工艺

水相与油相分别热溶混，然后将油相加至水相中混合乳化，制得貂油皮肤调理蜜。这种美容皮肤调理蜜含有貂油、贝壳硬蛋白，对皮肤调理效果好，具有调理、滋润、防干燥性能。引自日本公开专利 92-36214。

3. 参考文献

[1] 陈云波，潘凤，杨深鹏，等. 氢化卵磷脂在化妆品中的应用 [J]. 广东化工，2018，45（5）：152-153.

[2] 张蓓蓓，邓梦娇，王昕妍，等. 传统益气类中药的美容药理及其在现代化妆品中的应用 [J]. 中药药理与临床，2015，31（6）：235-240.

[3] 万洁. 玛咖水提物在化妆品中的应用 [D]. 北京：北京化工大学，2015.

2.17　美容保湿剂

保湿剂是乳液型美容化妆品，油润感适中，乳剂一般呈中性，无色或浅色透明体，常用能保持青春活力。

1. 技术配方（质量，份）

（1）配方一

水相

去离子水	84.00
丙二醇	3.50
硅酸镁钠	0.75
丙烯酸交联多官能聚合物树脂	0.10
对羟基苯甲酸甲酯	0.20

油相

矿物油和羊毛脂醇	4.00
矿物油	4.00
鲸蜡醇	0.65

中和剂

三乙醇胺（99%）	0.20
香料	适量

甘油单硬脂酸酯	2.00
对羟基苯甲酸丙酯	0.10
非离子湿润剂	0.75
氯丙烯氯化六亚甲四胺	0.10

（2）配方二

A 组分

硬脂酸	3.0
十六基/硬脂基醇和聚氧乙烯（20）十六基醚和乙二醇硬脂酸	3.0
甘油硬脂酸酯	3.0
乳酸月桂基酯	4.0
肉豆蔻酸十四烷基酯	1.0
对羟基苯甲酸丙酯	0.1

B 组分

对羧基苯甲酸甲酯	0.2
咪唑烷基脲	0.4
水	78.7
二乙醇胺	0.6
丙二醇	3.0

C 组分

香料	适量
可溶性骨胶原	3.0

（3）配方三

甘油	100
1，3-丁二醇	50
乳酸	20
丙烯酸系聚合物	2
氯化钙	5
聚氧乙烯硬化蓖麻油	3
卵磷脂	5
对羟基苯甲酸甲酯	1
乙醇	70
香料	0.2
水	743.8

（4）配方四

橄榄油	150.0
肉豆蔻酸异丙酯	50.0
丙二醇	30.0
烷基酚聚氧乙烯醚	5.0
甘油	50.0
对羟基苯甲酸甲酯	1.0

乙醇	70.0
脱乙酰聚乙酰氨基葡糖（40％）	2.0
乳酸	0.2
水	644.0

（5）配方五

改性乙醇	620.0
交联聚丙烯酸	5.0
瓜尔胶衍生物	2.5
鲸蜡醇	16.7
肉豆蔻醇	3.3
棕榈酸异丙酯	10.0
甘油	40.0
硅氧烷乙二醇共聚物	0.8
凡士林	13.3
鲸蜡醇聚氧乙烯（20）醚	1.7
香精	1.0
异丙醇胺	3.6
水	282.0

（6）配方六

自乳化甘油硬脂酸酯	14.2
白液蜡	95.2
尿素	100.0
腺苷钠	50.0
十八醇/十八醇聚氧乙烯（20）醚	21.6
交联聚丙烯酸	5.0
十六醇	5.9
柠檬酸	50.0
乳酸肉豆蔻酯	8.0
氢氧化钠	16.8
棕榈酸异丙酯	39.2
香精	适量
N，N-亚甲基双［N'-（1-羟甲基-2，5-二氧-4-咪唑烷基）］脲	5.0
水	589.1

（7）配方七

蜂花萃取物	5.00
吡咯烷酮羟酸钠	1.00
硬脂酸丁酯	1.60
甘油单硬脂酸酯	0.40
十八醇	0.80
硬脂酸	2.00
羟苯乙酯	0.06
甘油	0.80

氢氧化钾	0.08
EDTA-2Na	0.01
香料	0.08
水	8.23

（8）配方八

十甘油十油酸酯	3.0
霍霍巴油	3.0
对羟基苯甲酸甲酯	0.1
神经酰胺	10.0
氯化镁	0.4
液状石蜡	4.0
甘油	20.0
香精	0.1
水	加至100.0

（9）配方九

脲	13.0
氯化镁	2.0
硫酸镁	13.0
柠檬酸	0.1
聚烷氧基化十六烷基聚二甲基硅氧烷	0.8
环状聚二甲基硅氧烷	25.0
丙二醇	3.0
改性乙醇	11.0
香精	少量
水	122.9

2. 生产工艺

（1）配方一的生产工艺

在强烈搅拌下将丙烯酸交联多官能聚合物树脂，加到去离子水和丙二醇中混合均匀，加硅酸镁钠和对羟基苯甲酸甲酯搅拌均匀。将油相的组分混合加热到75 ℃，与加热到75 ℃的丙烯酸交联多官能聚合物树脂分散液混合，在高速搅拌下形成均匀乳液。加三乙醇胺，连续搅拌冷却。在50 ℃下加氯丙烯氯化六亚甲四胺，在40 ℃下加香料，冷却至25 ℃，包装。

（2）配方二的生产工艺

将分别制备的A组分和B组分加热至78～80 ℃。在快而平稳搅拌下将A组分缓慢加到B组分中，缓慢搅拌冷却至40 ℃，加可溶性骨胶原。在搅拌下连续冷却至35 ℃，加香料。

这种骨胶原保湿霜是一种新型的美容护肤化妆品，对于保护皮肤光泽、减少皱纹、防止皮肤衰老具有明显的效果。该配方具有甘油单硬脂酸酯类产物的特色，它在化妆品中是一种重要原料，能使皮肤柔软无油腻感。

这种卵磷脂保湿霜含有卵磷脂和多元醇，有超保湿效果且不发粘，是一种理想的保湿润肤剂。引自欧洲专利申请 419148。

（3）配方三的生产工艺

油相混合后，加入水相中混合均匀，并经后处理得成品。

（4）配方四的生产工艺

将橄榄油、甘油、肉豆蔻酸异丙酯和烷基酚聚氧乙烯醚，混合加热至 75 ℃，然后加至其余物料的水混合物中，混合乳化，制得滋润护肤剂。这种保湿润肤剂，含有部分脱乙酰基的聚乙酰氨基葡萄糖、橄榄油，具有很好的润肤和滋养皮肤的效果。引自日本公开专利 91-99004。

（5）配方五的生产工艺

将改性乙醇与交联聚丙烯酸、瓜尔胶衍生物、鲸蜡醇、肉豆蔻醇、棕榈酸酯、硅氧烷乙二醇共聚物和凡士林，混合加热至 75 ℃，然后加至其余物料的水混合物中，混合乳化，冷至 45 ℃ 加入香料，得到润肤凝胶。

这种保湿润肤凝胶，含有叔丁醇和辛基乙酸蔗糖酯改性的乙醇、瓜尔胶衍生物等，具有抗菌和润肤功能产品呈凝胶状。引自美国专利 4956170。

（6）配方六的生产工艺

将氢氧化钠溶于水，加入交联聚丙烯酸、柠檬酸、尿素等于 75 ℃ 下制得水相。油相混合热至 75～80 ℃，然后将两相混合乳化。这种改良的皮肤调理型保湿剂，对干性皮肤具有良好的保湿、调理功能。引自澳大利亚专利 629403。

（7）配方七的生产工艺

将 KOH 溶于水，加入硬脂酸皂化，然后加入其余水溶性物料，热至 70～80 ℃ 得水相；油相物料混匀热至 70～80 ℃ 后，与水相混合乳化，45 ℃ 加香料制得蜂花保湿蜜。

这种以蜂花萃取物和吡咯烷酮羧酸为保湿剂，具有良好的护肤润肤效果。引自日本公开专利 93-43447。

（8）配方八的生产工艺

将各组分充分搅拌，混合均匀，即得保湿蜜成品。该乳液中加有用作润湿的两亲类脂，对皮肤的保湿作用显著。并用聚甘油脂肪酸酯作乳化剂，对皮肤刺激性小，具有优良的润湿作用，性能稳定。引自日本公开专利 92-178315。

（9）配方九的生产工艺

将盐溶于水制成水相，其余物料溶于醇中，于 65～75 ℃ 下将水相倒入油相混合乳化，搅拌均匀得到 W/O 型高盐保湿蜜。这种保湿剂含盐量高，为 W/O 型微乳液，具有优良的保湿护肤效果。美国专利 5162378。

3. 使用方法

早晚或日间涂搽于手部及面部。

4. 参考文献

［1］黄瑞豪. 化妆品中保湿功效成分的前沿进展 [J]. 当代化工研究，2018(8)：56-57.
［2］彭灿，余飞，蒋苗苗，等. 中药外用制剂在美容中的应用和功效 [J]. 皮肤科学通报，2017，34(6)：650-655.

[3] 袁阳明，黎静雯，宋凤兰，邓金生，潘育方. 复方甘草美白保湿霜的制备 [J]. 广州化工，2017，45(12)：71-74.

2.18　润肤蜜

润肤蜜又称乳液（liquid cream）、奶液（milk cream），润肤蜜和润肤霜等是同一种产品，主要成分基本没有区别，只是质地更接近于乳状，都是起到滋润肌肤的作用液体状乳剂，含固体油蜡较少，很容易在皮肤上均匀地涂敷成一层膜，油腻感小，感觉舒服。

1. 产品性能

蜜类通常有 O/W 型和 W/O 型两种乳剂。O/W 型蜜类用于皮肤时，水分蒸发，蜜的分散相即油相的颗粒聚集起来，形成油脂薄膜留于皮肤，它的优点是乳化性能较稳定，敷用于皮肤少油性感，其原因为配方中的油脂含量较低。W/O 型蜜类的油相直接和皮肤接触，由于乳剂不能形成双电层，所以乳化的稳定性很成问题，只有坚固的界面膜和密集的分散相 2 个因素，可维持蜜类乳剂的乳化稳定度，因此，这种类型的液态蜜类的乳化稳定度较难维持。W/O 型乳剂则富含油脂，感觉非常润滑。

稳定稠度的办法可以将亲水性乳化剂加入油相中。例如，胆固醇或类固醇原料，加入少量聚氧乙烯胆固醇醚，可以控制变稠厚趋势；加入亲水性非离子表面活性剂，能使脂肪酸皂型乳剂稳定和减少存储期的增稠现象。

为了防止蜜类产品增稠，可以采用下列措施：用较多的低黏度白油、乙酰化羊毛醇、低熔点酯类，使分散相增塑，用量最高可加至总量的 10%；避免采用过多的硬脂酸、多元醇酯和高碳脂肪酯；加入少量乙醇；加入少量鲸蜡醇硫酸钠，加入量为总量的 0.1%～0.5%。用量过多，蜜类可能有水分析出而分层；蜜类中加入适量亲水性较强的非离子型乳化剂，能使乳剂黏度变薄。

蜜类保持长时期货架寿命的黏度稳定性和乳化稳定性；有良好的渗透性；敷用在皮肤上很快变薄，很容易在皮肤上展开；蜜类黏度适中，流动性好，在保质期或更长时间，黏度变化较少或基本没有变化。

2. 技术配方（质量，份）

（1）配方一

	（一）	（二）
硅油	0.5	—
十八醇	2.0	—
鲸蜡醇	3.0	5.0
凡士林油	4.0	3.0
液状石蜡	—	15.0
硬脂酸	—	2.0
甘油	5.0	3.0
谷维素	0.4	—
尿囊素	0.2	—

琉璃苣油	0.5	—
红花油	0.5	—
羊毛脂醇	—	2.0
硬脂酸聚乙二醇酯	—	2.5
三乙醇胺	1.0	0.2
丙二醇	—	5.0
辛酸十六/十八酯	3.0	—
交联聚丙烯酸	0.2	—
司本-80	6.5	—
吐温-60	4.0	—
甘油三辛酸酯	8.0	—
β-甘草亭酸	0.3	—
芦荟萃取物	5.0	—
20%的蜂蜜的乙二醇溶液	3.0	—
生育酚乙酸酯	0.3	—
防腐剂	0.3	适量
香料	0.3	0.5
精制水	52.8	64.5

配方（一）含有谷维素、红花油、芦荟萃取物、β-甘草亭酸、生育酚乙酸酯、尿囊素、琉璃苣油等多种滋养肌肤的药物，对皮肤具有优异的滋养功能。配方（一）引自法国公开专利2633515，配方（二）引自日本公开特许91-196835。

（2）配方二

	（一）	（二）
硬脂酸	4.0	1.5
氢化脱臭聚异丁烯	4.0	—
甘油单硬脂酸酯	4.0	1.0
蜂蜡	—	2.0
聚氧乙烯（10）单油酸酯	—	1.0
鲸蜡醇	2.0	0.5
丙二醇	3.0	5.0
榅桲子浸出液（5%的水溶液）	—	20.5
羊毛脂	2.0	—
三乙醇胺	1.0	—
乙醇	—	10.0
香料	0.5	0.5
防腐剂	0.3	0.2
染料、紫外线吸收剂	—	适量
精制水	79.2	58.3

配方（一）引自欧洲专利申请书364157。

（3）配方三

	（一）	（二）
硬脂酸	15.0	2.5

丙二醇	5.0	—
凡士林	2.0	5.0
鲸蜡醇	—	1.5
白油	—	10.0
单硬脂酸丙二醇酯	3.0	—
聚氧乙烯（10）油酸酯	—	2.0
聚乙二醇 1500	—	3.0
三乙醇胺	—	1.0
鲸蜡醇聚氧乙烯醚	1.0	—
香精	0.3	0.5
尼泊金甲酯	0.1	0.1
精制水	73.6	74.4

配方（一）的润肤蜜为 O/W 型，引自日本公开特许公报 87-132807。

（4）配方四

	（一）	（二）
白油	12.00	10.00
羊毛脂	3.00	2.50
硬脂酸	5.00	—
凡士林	—	2.50
十八烷基二甲基苄基氯化铵	—	0.75
三乙醇胺	0.80	—
月桂硫酸钠	0.50	—
精制水	78.10	83.75
杏仁油	适量	—
尼泊金甲酯	0.30	0.20
香精	0.30	0.30

（5）配方五

	（一）	（二）
N-硬脂酰基-L-葡萄糖酸钠	1.0	—
吡喃葡萄糖基羟基四氢苯并吡喃酮	0.1	—
白油	15.0	10.0
蜂蜡	1.0	3.0
硬脂醇	—	1.0
凡士林	4.0	—
甘油单硬脂酸酯	2.0	3.0
丙二醇	—	5.0
脂肪醇聚氧乙烯醚	—	0.7
硼砂	—	0.3
蜂蜜	—	3.0
吐温-80	1.0	—
大叶黄耆（swertia japonica）萃取物	1.0	—
尼泊金甲酯	0.1	0.1

	（一）	（二）
香精	0.4	0.3
精制水	74.5	73.6

配方（一）中的葡萄糖衍生物含有血液循环促进剂，可快速促进角肌复原，具有良好的养肤、润肤、护肤性。引自日本公开特许 92-334308。

（6）配方六

	（一）	（二）
凡士林	9.00	—
硬脂酸	16.00	1.00
白油	—	10.00
鲸蜡醇	—	2.00
羊毛醇	—	2.00
甘油单硬脂酸酯	4.00	3.00
异硬脂醇	5.00	—
硬脂酸镁	2.00	—
气溶胶	0.70	—
金合欢醇	5.00	—
三乙醇胺	1.00	—
吐温-60	—	2.00
月桂醇硫酸二乙醇胺	—	1.00
甘油	—	5.00
柠檬有效提取物	—	适量
香精	0.15	0.20
尼泊金甲酯	0.10	0.10
精制水	61.95	73.7

配方（一）为无脂亲油性乳液，引自瑞士专利 680565。配方（二）为柠檬蜜技术配方。

（7）配方七

	（一）	（二）
赤藓醇己酸酯	10.0	—
单异硬脂酸赤藓醇酯	0.5	—
硬脂酸	0.2	2.0
白油	—	15.0
鲸蜡醇	1.5	—
凡士林	3.0	—
丙二醇	5.0	5.0
羊毛酸异丙酯	—	3.0
甘油单硬脂酸酯	—	1.0
葵花籽油	—	0.8
维生素 A 和维生素 D_3	—	0.1
三乙醇胺	1.0	0.8
单油酸聚氧乙烯醚	2.0	—
羊毛醇	2.0	—

甘油	5.0	—
尼泊金酯	0.5	0.4
抗氧剂	0.5	0.5
香精	0.5	0.4
精制水	70.8	71.0

配方（一）引自日本公开特许公报 92-288008，其乳体稳定，涂展性好，用后舒爽。配方（二）所得产品为葵花籽油美容蜜，葵花籽油含有丰富的亚油酸，是理想的美容剂。

（8）配方八

聚二甲基硅氧烷	100.0
白凡士林	30.0
甘油单硬脂酸酯	5.0
维生素 E	5.0
尿囊素	2.0
甘油	150.0
吐温-80	5.0
平平加-20	10.0
羟苯乙酯	1.0
香料	2.0
精制水	688.0

该配方为硅油蜜技术配方，其中维生素 E 加入温度应控制在 60 ℃ 以下。

（9）配方九

油相组分

甲基葡糖甙倍半硬脂酸酯	0.5
矿物油	5.9
鲸蜡醇	0.5
聚氧乙烯（20）甲基葡糖甙倍半硬脂酸酯	1.5

水相组分

丙烯酸交联多官能团聚合物（3%水溶液）	10.0
三乙醇胺（10%）	3.0
水	78.6
香料、防腐剂	适量

该配方为爱麦乔尔公司开发的婴儿护肤蜜。

（10）配方十

杏仁油	9.90
羧甲基纤维素钠	1.30
苦杏仁油	0.20
香叶油	0.80
香精、防腐剂	适量
精制水	80.30

该配方为杏仁乳液。

（11）配方十一

	（一）	（二）
甘油单异硬脂酸酯	3.0	—
三压硬脂酸	3.0	—
羊毛脂	15.0	5.0
肉豆蔻酸异丙酯	15.0	—
矿物油	—	12.5
硬脂酸聚乙二醇（PE400）酯	—	8.0
漂白蜂蜡	—	7.0
丙二醇	5.0	5.0
三乙醇胺	—	0.7
尿囊素	0.2	—
月桂醇硫酸三乙醇胺盐（40%）	0.5	—
丝光白颜料	3.0	1.0
香料、抗氧剂、防腐剂	适量	适量
精制水	55.3	60.8

本配方是具有较好润湿性的体用乳液。

（12）配方十二

聚氧乙烯羊毛脂醇醚（10）乙酸酯	2.0
羊毛脂醇聚氧乙烯（5）醚	1.0
聚氧乙烯硬脂酸酯（arlacel 165 乳化剂）	5.5
鲸蜡醇	1.5
硅油	1.0
十八醇	1.5
矿物油	1.5
肉豆蔻酸异丙酯	4.0
甘油	3.0
十六烷基三甲基溴化铵	0.5
香料、防腐剂	适量
精制水	78.5

本润肤蜜适用于手或身体，也可作多种化妆品的活性成分载体。

（13）配方十三

蔗糖酯	2.0
霍霍巴醇	2.0
大豆卵磷脂	0.5
鲸蜡醇	4.0
甘油三辛酸酯	26.0
乙醇	1.0
甘油	5.0
尼泊金酯	0.3
香料	0.2
精制水	59.2

该润肤蜜引自日本公开特许公报 93-4912。

(14) 配方十四

	（一）	（二）
硬脂酸聚乙二醇酯	2.0	—
甘油单硬脂酸酯	5.0	3.0
肉豆蔻酸异丙酯	5.0	—
十一碳烯酸	—	1.0
漂白蜂蜜	—	4.0
硬脂酸	5.0	—
鲸蜡醇	1.0	2.0
液状石蜡	—	0.9
吐温-60	—	1.5
羊毛脂	—	2.0
尼泊金丁酯	0.1	—
尼泊金丙酯	—	0.1
尼泊金甲酯	0.1	0.2
精制聚丁烯	15.0	—
1，3-丁二醇	5.0	5.0
香精	0.1	0.2
精制水	61.8	77.0

配方（一）引自日本公开特许90-72107，配方（二）引自欧洲专利申请477927。

(15) 配方十五

矿物油	5.50
胆甾醇	0.75
肉豆蔻醇	0.20
硬脂醇	0.10
鲸蜡醇	0.35
硬脂酸	3.09
羊毛脂酸异丙酯	0.50
液体胆甾醇混合物	0.50
卡波姆	0.10
氢氧化钠	0.16
氢氧化钾	0.20
尼泊金酯 [m（尼泊金甲酯）：m（尼泊金乙酯）：m（尼泊金丁酯）＝ 1.0：1.5：2.0]	0.45
香料、色素	适量
精制水	88.10

本配方是具有优异润肤、增湿和润滑性的水包油型肤用蜜，无油腻性残留感。

(16) 配方十六

凡士林（白色）	10.00
羊毛脂	0.75
矿物油	18.00
硬脂酸聚乙二醇酯	3.00

燕麦粉	1.00
丙二醇	3.00
丙烯酸水溶性树脂（$M=3\,000\,000$）	0.30
三乙醇胺	0.30
苯甲酸钠	0.10
尼泊金酯［m（尼泊金甲酯）∶m（尼泊金丙酯）$=1∶1$］	0.20
香料、色素	适量
精制水	63.35

该配方为润湿性乳液，可供手、体使用。

（17）配方十七

甘油三硬脂酸酯	5.00
甘油单硬脂酸酯	5.00
凡士林	10.00
辛基月桂醇	5.50
蛋白	0.05
三乙醇胺	1.00
尼泊金丙酯	0.10
香料	0.20
精制水	73.00

该润肤蜜引自法国公开专利 2641463。

（18）配方十八

	（一）	（二）
蜂王浆	—	10.0
蜂王胶	1.0	—
聚甲基硅氧烷	5.0	—
液状石蜡	—	1.0
鲸蜡醇	30.0	25.0
硫酸软骨素	0.5	—
角鲨烷	40.0	40.0
可溶性胶原	—	1.0
亲油性甘油单硬脂酸酯	20.0	20.0
鲸蜡醇硫酸钠	10.0	10.0
二丙二醇	—	50.0
硬脂酸	—	5.0
蜂蜡	10.0	—
肉豆蔻酸异二十烷酯	40.0	—
硬脂酸聚乙二醇酯	10.0	—
香精、防腐剂	适量	适量
精制水	833.5	838.0

这是蜂王护肤蜜的技术配方，配方（一）引自日本公开特许 91-161416，配方（二）引自日本公开特许 91-157312。

(19) 配方十九

精制羊毛脂	1.8
沙棘油脂肪酸酯	32.0
胆甾醇	1.4
甘油	0.9
蔗糖酯	3.7
二丁基羟基苯甲酸	2.0
香料、防腐剂	适量
精制水	58.1

这种沙棘油护肤蜜，引自日本公开特许公报 90-108613。

(20) 配方二十

类脂浓缩物	7.5
甘油单硬脂酸酯	7.5
肉豆蔻酸异丙酯	7.5
鲸蜡醇	4.5
苯甲醇	1.5
山梨醇（70%）	37.5
香料	0.3
防腐剂	适量
精制水	84.0

该润肤蜜中的类脂浓缩物组成：亚油酸 10、胆甾醇 10、卵磷脂、脑磷脂和肌醇磷脂混合物 10。引自国际专利申请 90-1323。

3. 主要生产原料

(1) 聚二甲基硅氧烷

聚二甲基硅氧烷又称二甲硅油，无色透明、无味、无臭、无毒的油状液体，具有闪点高、凝固点低、热稳定性好等特点，产品规格因运动黏度不同而异。

(2) 尿囊素

尿囊素化学名称 1-脲基间二氮杂-2，4-环戊二酮，为白色或类白色结晶粉末，无臭、无味，能溶于热水、热醇和稀氢氧化钠溶液。熔点 228～235 ℃，具有刺激健康组织生长和促进肌肤、毛发最外层的吸水能力，使皮肤柔软有弹性、光泽、防止干裂等效果。

	1#	2#
含量	≥98%	≥98%
熔点/℃	228～235	232～240
饱和液 pH	4.5～6.0	5.0～6.0
灼烧残渣	≤0.1%	≤0.1%
干燥失重	≤0.5%	≤0.5%

(3) 胆甾醇

胆甾醇又称胆固醇，一水合物为白色或淡黄色有珠光的片状结晶，70～80 ℃脱水形成无水物。几乎不溶于水，微溶于乙醇，可溶于苯、石油醚及油脂。

熔点（无水物）/℃	148.5
相对密度（d_{19}^{19}，无水物）	1.052

4. 工艺流程

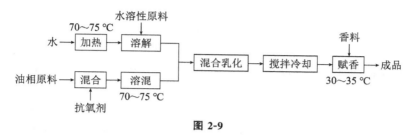

图 2-9

5. 生产工艺

油相加热温度要高于蜡的熔点，为 70～80 ℃，如果采用以胺皂为乳化剂的蜜类，油相和水相的温度至少要加热至 75 ℃，即可形成有效的界面膜。硬脂酸钾皂则需要更高的加热温度，即油和水要加热至 80～90 ℃。采用非离子乳化剂，油和水加热的温度不像阴离子乳化剂那样严格，一般制造方法是将水和油分别加热至 90 ℃，维持 20 min，水和防腐剂共同加热，然后冷却至 70～80 ℃ 混合进行乳化搅拌。

将亲水性乳化剂溶在油中，在开始加料乳化搅拌时需要均质搅拌，乳剂接近变型时黏度增高，变型成 O/W 型时黏度突然下降。如果"乳化剂对"是亲油性的，当水加入油中，没有变型过程，就会得到 W/O 乳剂。

均质搅拌 5～15 min 已足够，如果延长均质搅拌时间，对内相油脂分散成更细小颗粒几乎没有帮助。停止均质搅拌后即是搅拌冷却过程，要使乳剂缓慢冷却，可避免乳剂黏度过分增加，如果快速冷却，在搅拌效果差的情况下，锅壁结膏，蜜类中可能结成一团团膏状。香精在 40～50 ℃ 时加入，如果希望蜜类维持相当黏度，则于 30～40 ℃ 时停止搅拌，如果希望降低蜜类黏度，则于 25～30 ℃ 时停止搅拌，冷却过程的过分搅拌，因剪切过度会使蜜类黏度降低。

加水的速度，开始乳化的温度及冷却水回流的冷却速度，搅拌时间和停止搅拌温度，每一阶段都必须做好原始记录，因为这些操作条件直接影响蜜类产品的稳定性和黏度，同时便于查核，积累经验，仔细观察，以便找到最好操作条件。

加入的胶质，应事先混合均匀。如果采用无机增稠剂，如膨润土、硅酸镁铝等，必须加入水中加热至 85～90 ℃ 维持约 1 h，使它们充分调和，具备足够的黏度和稳定性，加入到乳剂后，有增稠现象，如果过分搅拌，剪切过度，将降低黏度而不会恢复。

对于所有乳剂产品来说，制造过程的操作是重要的，特别是蜜类产品，选择制造乳剂的设备，对于蜜类的稳定性与黏度也是重要的。

选用制造乳剂设备的搅拌桨型式和冷却过程，对于 O/W 型乳剂黏度有很大影响。例如，采用同样配方组分：三乙醇胺、硬脂酸、单硬脂酸甘油酯制成蜜的质量，其黏度与桨的型式和冷却过程的不同而异。如下列同样配方：

硬脂酸	3.0
异硬脂酸	1.4
单硬脂酸甘油酯	4.0

棕榈酸异丙酯	4.0
甘油	2.0
聚氯乙烯失水山梨醇单硬脂酸酯	1.0
三乙醇胺	1.0
防腐剂和香精	适量
乙醇	2.2
去离子水加至	100.0

采用 3 种不同的乳化搅拌设备制造，所用的搅拌机械设备型号不同，制得蜜的黏度也各异。

单锅刮板式搅拌叶桨能将锅壁冷却的乳剂薄膜随时由刮板移去，夹套冷水进行冷却，热交换效率高，乳剂温度降低很快，搅拌的时间较短，剪切的时间也短，得到乳剂的黏度最高。

单锅轻便涡轮搅拌叶桨，夹套冷水冷却，在锅壁的乳剂很难移去，产生热交换的障碍层，所以热交换效率差，乳剂温度降低很慢，搅拌的时间较长，剪切的时间也长，过度剪切使乳剂的黏度降低，得到乳剂的黏度最低。

管型刮板搅拌机是半连续式生产设备，先用单锅轻便涡轮式搅拌机或均质搅拌机，然后用管型搅拌机冷却器，得到乳剂的黏度介于两者之间。从上述讨论可知，采用不同的乳化搅拌设备，对于乳剂的黏度影响很大。

乳剂在包装时的温度，对于黏度也有密切关系，热装罐可避免黏度降低，因避免了装罐时的搅动与剪切。三乙醇胺-硬脂酸体系的蜜类，采用单硬脂酸甘油酯增稠，24～48 h 后能形成坚固的界面膜，热装后在固化时能使界面的单硬脂酸甘油酯成胶稳定，热装罐是指乳剂在停止搅拌 35～42 ℃、数小时内装罐完毕。如果 48 h 后装罐，已形成坚固的界面膜，再经过搅动，界面膜不如以前坚硬，分散的单硬脂酸甘油酯移至水中，因而失去了成胶结构而使黏度降低，所以，操作工艺和包装条件应予固定，产品才有稳定的黏度和外观。

制造乳剂过程中，水和油要分别加热至 75～90 ℃，然后水和油经均质机乳化搅拌或一般乳化搅拌。为了冷却乳剂必须用夹套搅拌锅循环冷却水或热交换器中的介质排除余热。由夹套搅拌锅交换的温水，可设法利用，但一般废弃不用，耗费了热能为低能乳化法。如果采用低能乳化法，约可节约 40% 的热能。此法称为低能乳化法，即在间歇法制造乳剂时，分以下两步：

第一步，先将部分的水（β 相）和油分别加热至所需的温度，水加入油中，进行均质乳化搅拌，开始加入水时的乳剂是 W/O 型，随着 β 相继续加入乳剂中，变型为 O/W 型乳剂，称为浓缩乳剂；

第二步，再加入剩余一部分未经加热而经紫外线灭菌的去离子水（α 相）进行稀释。因为浓缩乳剂外相是水，所以浓缩乳剂的稀释能顺利完成，此时乳剂的温度下降很快，当 α 相加完后，乳剂的温度即下降至 50～60 ℃。

蜜类产品含水量高，用低能乳化法制造比较有利。

低能乳化法的操作工艺：将油相与乳化剂共同加热至 80 ℃，待油相完全溶解后，加热至 80 ℃（一部分未加热的水是 α 相，一部分加热至 80 ℃ 的水是 β 相，$\alpha+\beta=1$）β 相缓慢加入油中，同时均质机搅拌，水加完后，均质机再搅拌 5 min，然后加入经紫外线灭菌而未经加热的 α 相去离子水。α 相水的重量可在 β 相锅内计量或用计量泵计量。乳剂的冷却过程是通过刮板搅拌机搅拌和夹套冷却水回流实现的，采用离心泵/冷却塔强制循环回流方式效果较好。刮板搅拌机的转速尽可能缓慢，1000 L 乳化搅拌锅的刮板搅拌机转速为 $20\sim30$ r/min 已足够，均质搅拌机开始乳化搅拌时，会产生很多气泡，缓慢搅拌的目的是使上升的气泡逐步消失。此种方法适用于制造 O/W 乳剂，α 相和 β 相的比率要经过实验决定，它与各种配方及乳剂的调度有关，在乳化过程中，选用乳化剂 HLB 较高的或乳剂稠度低者。例如，蜜类产品，则可将 β 相压缩至较低值，$\beta=0.2\sim0.3$，α 相可提高至 $0.7\sim0.8$。

乳化剂 HLB	油脂比例	选择 β 相	选择 α 相
$10\sim12$	$20\sim25$	$0.2\sim0.3$	$0.7\sim0.8$
$6\sim8$	$25\sim35$	$0.4\sim0.5$	$0.5\sim0.6$

当 α 相的比例较高时，则浓缩乳剂中 β 相比例较低，在此种情况下，外相水分比例较少，浓缩乳剂黏度增高，所以当温度过低时加入 α 相，就会有一些困难，如果采用高效能搅拌机，在锅内剧烈搅拌均匀，或提高浓缩乳剂的温度，则可克服困难。

温度较高时，分散相油珠颗粒直径较小，温度高时能得到较好的颗粒分散，但有时可能适得其反，决定乳剂制造最佳温度有许多因素，如原料消毒、乳剂黏度、乳剂内相颗粒分布均匀等。

低能乳化法操作所需的设备，在单锅生产设备条件下，一般不必添置新设备，但在原有生产工艺条件下，改变采用低能乳化法，先要进行谨慎的中试阶段是很重要的。单锅操作经过一些改革，用同样原理有可能发展为大批量生产的锅组连续制造和包装。要注意的是：

①β 相的温度，不但影响浓缩乳剂的黏度，而且涉及相的变型，均质搅拌机的速度和效率也会影响乳剂颗粒分布均匀与大小。

②通过实验找到适当的 β 相和 α 相比例，它将影响浓缩乳剂的黏度。低黏度的浓缩乳剂，使下一步的 α 相稀释工作顺利进行。

③去离子水要经紫外线灯灭菌，一般紫外线灯的波长在 $2000\sim3000$ Å，杀菌效率最高是 2650 Å，紫外线灯的波长大量的是 2537 Å，对核酸蛋白质作用特别强，能有效杀灭细菌。紫外线灯产生的臭氧也有杀菌作用。

6. 质量控制

（1）乳剂稳定性差

稳定性差的乳剂在显微镜下，内相的颗粒是分散度不高的丛毛状油珠，当丛毛状相互联结扩展为较大的颗粒时（即油珠凝聚），产生凝聚油相的上浮或稠厚浆状，这在检验产品耐热的恒温箱中常易见到。在这种情况下，可适当增加乳化剂用量，阴离子乳化剂可形成完全的双电层。此外当蜜类中加入聚乙二醇硬脂酸酯、聚氧乙烯胆固醇醚，这些成分能在界面膜上附着，因而改进分散程度，从而提高稳定性。蜜类产品黏度低，也是乳剂稳定性差的原因之一。控制方法是，适当增加蜜类黏度，选择、调整水油两相的相对密度，要求两者比较接近。增加连续相的黏度，加入胶质，使外相增稠。但应保持蜜类产品在瓶中适当的流动性。

（2）润肤蜜发黏

一般大量采用硬脂酸和它的衍生物作为乳化剂时，如单硬脂酸甘油酯，容易使润肤蜜在储存过程中增加黏度，经过低温储存，黏度增加更为显著。可采取下列措施：

①避免采用过多硬脂酸及多元醇脂肪酸酯类和高碳脂肪醇；

②用较多的低黏度白油或熔点低的异构脂肪酸酯类，最高用量可加至总量的10％；

③避免大量采用熔点较高的脂肪酸酯类，如硬脂酸丁酯。

（3）润肤蜜泛黄

润肤蜜颜色泛黄主要是香精内有变色成分，如醛类、酚类不稳定成分，它们与蜜类乳化剂硬脂酸三乙醇胺皂共存时更易变色，日久或日光照射后色泽泛黄。

当选用了原料的化学性能不稳定，如含有不饱和脂肪酸，如油酸和它的衍生物，或含有铁离子、铜离子等时，可能出现泛黄。控制方法是避免采用油酸衍生物，采用去离子水和不锈钢容器。

7. 产品标准

保持长时期货架寿命的黏度稳定性和乳化稳定性；搽后肤感舒适，在皮肤上敷用很快变薄，容易在皮肤上展开，对皮肤无刺激和不良反应；蜜类黏稠度适中，流动性好，在保质期或更长时间，黏度变化较少或基本没有变化；有良好渗透性。

外观	乳液细腻，黏稠度适中，极易涂搽
乳剂结构	细腻，无刺激（过敏者例外）
耐热（48 ℃、24 h）	无油水分离现象
耐寒（−15 ℃、24 h，−10 ℃、24 h或0 ℃、24 h）	无油水分离现象
pH	5.0～8.0
香气	符合规定香型，香气宜人
离心检验	在3000 r/min的离心速度下旋转30 min，分离出水分最高不超过3 mm
黏度（旋转黏度计，12 r/min）/（Pa·S）	3～6

8. 质量检验

（1）香气

取试样和标样，用嗅觉鉴定香气，应符合规定香型。

（2）色泽

在室内无阳光直射处，用目力进行观察，应符合标样色泽或用白度仪或色差仪测定。

（3）耐热

预先将恒温培养箱调节到（48±1）℃，待温度不变时，再将待验的样品放入培养箱，经24 h取出后，是否有油水分离现象。

（4）耐寒

预先将冰箱调节到规定温度，待温度不变时（±1 ℃），再将待验的样品放入冰箱，经24 h后取出，恢复室温观察。

（5）pH

用 1/10 g 刻度的受皿天平称取试样和蒸馏水搅拌均匀（1 份试样，加 10 份刚煮沸经冷却的蒸馏水），如果试样在水中的溶解度差，则加热至 40 ℃，不断搅拌，然后冷却至室温，用酸度计测定 pH。

（6）离心检验

预先将 10 mL 蜜灌入有刻度的离心管，同时做两只试样，离心管加蜜的两只试管重量应相等。放入（38±1）℃的恒温箱内，保持 1 h 后，立即移入离心机中，调节 3000 r/min 的速度旋转 30 min，取出用尺测量，在试管底部分离出的水分是否超 3 mm。

（7）乳化结构

用感官观察蜜的结构是否细腻，同时用显微镜观察。

（8）黏度

取试样 300 g，放入高 6 cm 以上配有盖子的广口玻璃瓶中，放入（38±1）℃的恒温箱内，保持 4 h 移出后立即用旋转黏度计测定，取 3# 转子测定，旋转速度 12 r/min，在这样条件下测定的系数是 100，旋转 1 min 后读取数值。

$$黏度＝读数\times100$$

9. 产品用途

主要用于温暖季节滋润皮肤（手、面部或身体）。干性皮肤使用含油较多的润肤蜜。

10. 参考文献

[1] 曹芳. 荞麦淀粉改性及其在润肤乳液中的应用研究 [D]. 咸阳：西北农林科技大学，2012.

[2] 阎佳. 润肤乳液的制备 [J]. 化工时刊，2010，24（7）：27-29.

[3] 徐良. 流动的膏霜：润肤乳液 [J]. 中国化妆品，1999（5）：38.

2.19 人参防皱增白蜜

人参含多种皂甙和多糖类成分，浸出液可被皮肤缓慢吸收且无不良刺激，能扩张皮肤毛细血管，促进皮肤血液循环，增加皮肤营养，调节皮肤的水油平衡，防止皮肤脱水、硬化、起皱。人参活性物质抑制黑色素的还原性能，使皮肤洁白光滑，能增强皮肤弹性，能活化皮肤细胞，改善循环，使皮肤滋润、防皱、增白。

1. 技术配方（质量，份）

人参萃取物	2.000
L-苏氨酸	0.200
二丙二醇	0.800
尼泊金甲酯	0.004
壬基酚聚氧乙烯醚	0.200
甘油	2.000
胆甾醇硫酸钠二水合物	0.200

水/L	30.556
香精	0.040
乙醇	4.000

2. 生产工艺

将各物料分散于 65 ℃ 水中，均质后冷却至 45 ℃ 加香精，制得人参防皱增白蜜。

3. 参考文献

[1] 张智萍，关建云，何秋星. 人参果提取物的美白保湿功效及安全性研究 [J]. 日用化学品科学，2013，36（10）：33-37.

[2] 刘磊，孙树文，王建明，李锐. 中药人参在美白护肤品中的应用 [J]. 黑龙江医药，2012，25（1）：113-114.

2.20 护手霜

护手霜（hand cream）是一种能愈合及抚平肌肤裂痕，干燥，能够有效预防及治疗秋冬季手部粗糙干裂的护肤产品，秋冬季节经常使用可以使手部皮肤更加细嫩滋润。

1. 技术配方（质量，份）

（1）配方一

A 组分

单硬脂酸基油	10.0
羊毛脂	25.0
漂白蜂蜡	5.0
凡士林	10.0
液状石蜡	10.0

B 组分

矿物油	2.0
鲸蜡醇	10.0
聚乙二醇（15）椰子胺	0.5

（2）配方二

A 组分

水	91.0
聚丙烯酸	1.0
丙二醇	3.0
三乙醇胺	0.5

B 组分

羊毛脂	2.0
鲸蜡醇	2.0
聚乙二醇（15）椰子胺	0.5

（3）配方三

A 组分

水	67.7
聚丙烯酸	2.5

B 组分

矿物油	20.0
凡士林	4.0
三乙醇胺	1.1
羊毛脂	4.0
聚乙二醇（15）椰子胺	0.7

（4）配方四

A 组分

轻矿物油	34.0
白凡士林	5.0
矿物油和羊毛脂醇	5.0
失水山梨醇	3.0
白蜂蜡	2.0
羊毛脂	3.0

B 组分

水	47.20
硼酸钠	0.50
硅酸镁铝	0.25

（5）配方五

A 组分

鲸蜡醇	5.00
肉豆蔻酸肉豆蔻酯	5.00
甲基葡糖甙倍半硬脂酸酯	0.80
肉豆蔻酸异丙酯	4.00
失水山梨醇硬脂酸酯	3.00
聚氧乙烯（20）失水山梨醇硬脂酸酯	2.60
白地板蜡	0.40

B 组分

去离子水	75.95
聚氧乙烯（20）甲基葡糖甙倍半硬脂酸酯	1.50
三乙醇胺	0.20

C 组分

香料	0.30
防腐剂	适量

（6）配方六

油相组分

甘油单和二柠檬酸酯	29.85
棕榈酸异丙酯	29.85
硬脂酸	17.20
异硬脂酸	15.60
聚氧乙烯（20）失水山梨醇单硬脂酸酯	7.50

水相组分

去离子水	96.00
甘油（99.5%）	2.60
三乙醇胺	1.30
对羟基苯甲酸甲酯	0.07
对羟基苯甲酸丙酯	0.03
醇相	
乙醇	100.00

（7）配方七

油酸癸酯	0.8
杏仁油	1.5
白凡士林	2.0
液状石蜡	0.5
甘油	0.3
七水硫酸镁	0.03
乳化剂	0.8
蒸馏水	4.07

（8）配方八

水解胶原（$M=25\,000$）	3.000
维生素 A	0.800
羊毛脂	10.000
维生素 F	3.000
蓖麻油	20.000
维生素 D_2	0.010
硬脂酸	5.000
维生素 E	0.012
液状石蜡	30.000
叶绿素	0.100
三乙醇胺（TEA）	1.000
尼泊金丙酯	0.100
尼泊金甲酯	0.2000
香精	1.000
蒸馏水	25.780

（9）配方九

甘油	500.0
丙烯酸共聚物钠盐	50.0
尿素	10.0

羊毛脂乙氧基化物	50.0
水貂油	100.0
甘油单柠檬酸酯	50.0
酒精	200.0
对羟基苯甲酸甲酯	20.0
三聚甲醛	1.0
对羟基苯甲酸丙酯	5.0
香精	50.0
棕榈酸异丙酯	200.0
鬼针草油萃取液	300.0
水	846.4

这种搽手油专供护手之用。

（10）配方十

硅氧烷-聚氧化烯嵌段共取物	2.00
环状硅氧烷	4.80
角鲨烷	1.00
柠檬酸	0.16
丙二醇	1.00
微晶蜡	0.60
羊毛脂	0.60
尼泊金酯	0.04
香精	0.20
十八酸聚乙二醇酯	0.60
水	9.60

2. 生产工艺

（1）配方三的生产工艺

按所列原料按组分进行混合，搅拌下合并 A 和 B 两组分各原料，分别加热每一部分至 70 ℃。在高剪切搅拌下，将 B 组分加于 A 组分中即得。

（2）配方四的生产工艺

先将硅酸镁铝溶于 70 ℃水中，再加硼酸钠，然后将加热到 75 ℃有 A 组分加到 B 组分中。继续搅拌，冷却，在 45 ℃加香料。

（3）配方五的生产工艺

将 A 组分加热到 78 ℃，在另一容器中将 B 组分的各物料加到 80 ℃的水中。在搅拌下将 A 缓慢加到 B 组分中，混匀后开始冷却，在 40 ℃加入 C 组分。连续搅拌和冷却至 30 ℃倒出得成品。

（4）配方六的生产工艺

将 V（油）∶V（水相）＝13.5∶84.5 的油相和水相分别加热到 90 ℃。在搅拌下混合，冷却到 45 ℃，加乙醇。当冷至 40 ℃时加入香料。

（5）配方七的生产工艺

乳化剂由微晶蜡 30％、甘油单硬脂酸酯 25％、脂肪酸镁 5％和柠檬酸、脂肪醇、季戊四醇、脂肪酸混合物 40% 组成。将油相加热至 80 ℃ 混熔，水相加热至 80 ℃ 溶解完全，将水相加至油相乳化后，冷却至 35 ℃ 加香料即得。

（6）配方七的生产工艺

在沸水中溶入尼泊金甲酯、尼泊金丙酯，并加入胶原，加热 10 min。另外制备熔化的油相（75～80 ℃）加 TEA，加热 10 min，与水溶液混合 10～15 min，冷至 20～25 ℃ 加叶绿素和香精，均化即得多维护手霜。

（7）配方九的生产工艺

向反应器中加入甘油、尿素、丙烯酸共聚物钠盐和水，加热至 70～75 ℃，均化后加入羊毛脂乙氧基化物、水貂油、甘油单柠檬酸酯、对羟基苯甲酸钠、棕榈酸异丙酯，70～75 ℃ 乳化 15～20 min，降温至 50～55 ℃ 加入酒精、鬼针草油萃取液、三聚甲醛，冷却至 42～45 ℃ 时加香精，再冷至 26～28 ℃ 时，泵入贮槽，装瓶即得。

（8）配方十的生产工艺

将水相和油相分别混合加热，然后将水相与油相混合乳化，40 ℃ 加香精得护手霜。该护手霜中的硅氧烷，能增强化妆品的亮度、耐久性和滑爽性。引自欧洲专利申请 492657。

3. 产品用途

（1）配方四所得产品用途

该配方是 Penrco 公司提供的高级润肤霜的配方，润肤护手霜能使皮肤感觉柔软和光滑，对龟裂的手特别有效。

（2）配方五所得产品用途

保湿润手露为乳剂型护手化妆品。用于保护肌肤受外界干冷环境刺激，经皮肤表面补充适当的水分和乳化油脂，使之保持滋润。洗手后，涂搽于手或面部。

（3）配方六所得产品用途

润手剂具有润剂、保湿、防止皲裂和避免皮肤受到外界干、冷环境刺激的功能。常用能保持皮肤柔软和富有弹性的健美状态。洗手后或日间涂搽于手上。

（4）配方七所得产品用途

该护手霜主要用于洗手后护肤之用，也可用作面部润肤化妆品。配方引自联邦德国专利 3430252。

（5）配方七的产品用途

这种护手霜含多种维生素，可被皮肤迅速吸收。罗马尼亚专利 95866 配方。

（6）配方九所得产品用途

与一般护手蜜相同，蘸取擦手，以保护手部皮肤，有防冻、抗干燥皲裂。

4. 参考文献

[1] 陈丽莹，刘国威，周小慧，等. 花生壳中黄酮类化合物制备护手霜工艺的研究 [J]. 广东化工，2016，43（15）：46，66.

[2] 王敏，林茂，许熙. 枇杷酒提取物护手霜的制备及其质量考察 [J]. 广州化工，2014，42（22）：82-85.

[3] 刘燕，陈京华. 中草药防皲裂护手霜的研制 [J]. 贵州化工，2000（2）：28-29.

2.21　彩色液晶化妆品

液晶用于化妆品的作用主要有两个：其一是代替染料，它既可减小由于染料造成的对皮肤的刺激，又能将液晶装于透明水不溶性基质中呈现出不同花纹，其漂亮程度大幅优于染料，此外，胆甾醇衍生物本身具滋润作用，而且加入维生素的液晶，维生素可以缓慢释放而渗入皮肤，对皮肤起到调理和均衡营养作用；其二是用于化妆品中的液晶还须是无毒的，最好选用人体中存在的胆甾醇酯类，以免对皮肤产生刺激。此外，在化妆品中的液晶还须在室温下能发生色（一般要求在 0~40 ℃ 发色）。通常使用混合液晶以保证液晶在一个宽的范围内呈现彩色。

1. 技术配方（质量，份）

（1）配方一

胆甾醇	0.60
丁醇	1.20
氢化大豆卵磷脂	1.80
1，3-丁二醇	15.00
尼泊金酯	0.10
香精	0.01
蒸馏水	81.20

该配方为日本公开专利 93-39483，为多彩液晶护肤液技术配方，护肤液为多色彩、清澈、透明液体。

（2）配方二

胆甾醇硫酸钠二水合物	0.50
甘油	5.00
二丙二醇	2.00
尼泊金甲酯	0.01
人参萃取物	5.00
乙醇	10
L-苏氨酸	0.5
香精	0.1
壬基酚聚氧乙烯醚	0.5
水	75.8

该护肤液具有活化皮肤细胞、改善循环、润湿皮肤、防皱增白等特点。该配方为防皱护肤液配方。引自日本公开专利 93-51314。

（3）配方三

壬酸胆甾醇酯	0.50
癸酸胆甾醇酯	0.50
油酸胆甾醇酯	0.50
12-羟基硬脂酸甾醇酯	0.50
甘油	0.50

1，3-丁二醇	0.50
尼泊金甲酯	0.02
香精	0.02
聚丙烯酸	0.10
贝壳硬蛋白水解物（10%）	1.00
水	5.86

将几种胆甾醇酯溶于甘油中，加入 1，3-丁二醇与尼泊金甲酯，然后与其余物料混合均匀，得甾醇酯润肤剂。这种润肤剂呈水溶性胶凝状，含有多种胆甾醇酯，具有很好的润肤和保护肌肤功能，常用可延缓肌肤衰老。该配方为甾醇酯液晶润肤剂的技术配方。引自日本公开专利 91-240714。

（4）配方四

	（一）	（二）
卡波树脂	1.0	0.8
羧甲基纤维素	0.2	—
羟乙基纤维素	—	0.4
三乙醇胺	1.0	—
丁二醇	—	20
尼泊金甲酯	0.4	0.4
胎盘提取液	—	1.0
尿囊素	0.2	—
玻璃酸	0.2	—
泛酸	0.2	—
胶原	—	1.0
迷迭香提取液	—	1.0
12-羟基硬脂酸胆甾醇酯	2.0	2.5
胆甾醇油醇酯	2.0	2.5
胆甾醇壬酸酯	2.0	—
胆甾醇月桂酸酯	2.0	2.5
胆甾醇丁酸酯	2.0	2.5
甘油	30	20.0
乙醇	1.0	—
氢氧化钾	—	0.4
香料	0.2	0.2
水	156	154

该配方为液晶护肤凝胶配方。

2. 产品用途

与一般化妆品相同，用于护肤，洗面后，取适量搽于面部。该凝胶具有护肤、调理肌肤和营养功能，产品呈美丽的液晶图案。

3. 参考文献

[1] 陈坚生，郭清泉，邹秀平，等. 液晶相形成与液晶化妆品的制备 [J]. 香料香精化

妆品，2015（6）：41-42.

［2］李春蕾.层状液晶型护肤乳液的研究与制备［D］.广州：华南理工大学，2014.

［3］徐良，步平.凝胶基彩色多相护肤化妆品的研制［J］.香料香精化妆品，1993
　　（2）：22-30

2.22　乙酰化羊毛脂化妆品

羊毛脂是一种优良的天然化妆品原料，它具有良好的柔软和乳化性能，在化妆品配方中有着广泛的应用，以羊毛脂为基础原料制备的各种羊毛脂衍生物，品种已达 100 余种，由于这些衍生物能赋予许多特别的性能，从而极大地扩展了羊毛脂的应用范围。羊毛脂衍生物包括羊毛醇、羊毛脂酸、纯羊毛蜡、乙酰化羊毛蜡、乙酰化羊毛醇、聚氧乙烯氢化羊毛脂等。

乙酰化羊毛脂就是其中较为基本的一种。乙酰化羊毛酯是一种黄色膏状物，无异味、羊毛脂经乙酰化后气味下降，可塑性增加，能溶解于冷的矿物油中并呈透明状。柔软性好，能形成抗水薄膜，是极有效的护肤剂.具有稳泡、防裂作用，为优良的颜料分散剂。可用于各种化妆品中，如婴儿护肤品、唇膏、胭脂、粉饼、溶油及防晒霜等。

1. 技术配方（质量，份）

羊毛脂（工业级精制品）	100
乙酐	20～30

2. 生产工艺

在带有搅拌器、回流器的反应器中，加入工业精制的羊毛脂，加热，搅拌下滴加乙酐，滴加完毕，在 130～140 ℃下反应 3～5 h，反应产物用热水洗涤至微酸性，脱水干燥即得产品。

3. 质量指标

外观	北京日化研究所 黄色膏体	日本 Croda 公司 黄色膏体
羟值/（mgKOH/g）	≤15	≤10
酸值/（mgKOH/g）	≤3.0	≤2.5
水分	≤0.2%	≤0.2%
灰分	≤0.2%	≤0.2%
皂化/（mgKOH/g）	100～130	100～130

4. 产品用途

乙酰羊毛脂是一种极有效的护肤剂，具有良好的光滑、滋润效果，广泛用于护肤蜜、护发化妆品及美容化妆品中。

（1）乙酰羊毛脂护肤蜜配方（质量，份）
油相组分

乙酰化羊毛脂	1.5
15#白油	9.5
$C_{16\sim18}$混合醇	2.5
单甘酯	2.0
甲基硅油	2.5

水相组分

吐温-60	1.0
甘油	5.0
去离子水	74
香精	0.4
抗氧剂	少量
尼泊金酯	0.3

分别将油相组分和水相组分加热混合，温度80℃，将水相倒入油相中，搅拌10～30 min，降温至45℃加香精即得。

（2）乙酰羊毛脂护肤膏配方（质量，份）
油相组分

乙酰羊毛脂	0.6
18#白油	1.4
十六/十八醇	0.4
十六酸-2-乙基酯	0.4
聚乙二醇（400）硬脂酸酯	0.6

水相组分

吐温-60	0.3
天然杏核粉（120目）	0.6
甘油	1.0
香精	0.08
抗氧剂防腐剂	适量
水	14.7

分别将油相和水相分别加热至80℃混匀，然后在搅拌下将水相倒入油相乳化，45℃加香精，继续搅拌至冷凝即得。

（3）乙酰羊毛脂防裂膏配方

乙酰化羊毛脂	4.00
石蜡	2.00
精制地蜡	2.00
白油	8.00
香精	0.12
抗氧剂防腐剂	适量
白凡士林	24.00

将各物料混合加热，熔化后搅拌均匀，降温至50℃加香精即得。

（4）乙酰羊毛脂发用化妆品配方（质量，份）

油相

	洗发乳	护发素
乙酰化羊毛脂	1.00	1.50
凡士林	4.0	—
三压硬脂酸	—	1.50
十六/十八醇	1.00	1.00
聚乙二醇（400）硬脂酸酯	—	1.50
24#白油	12.0	—
单甘酯	2.0	1.50

水相

	洗发乳	护发素
甘油	1.5	—
水油性硅油	—	0.50
十八烷基三甲基氯化铵	—	2.00
吐温-60	1.0	—
三乙醇胺	—	0.30
十八醇聚氧乙烯（25）醚	1.00	—
香精	0.20	0.20
抗氧剂（BTH）	适量	适量
尼泊金酯	0.15	0.15
去离子水	26.50	40.20

将油相和水相分别加热至 80 ℃，混合均匀后，将水相倒至油相混合乳化，45 ℃加香精。

（5）乙酰羊毛脂唇部化妆品配方（质量，份）

乙酰化羊毛脂	1.0
微晶蜡	0.6
蜂蜡	3.0
地蜡	0.6
硬化蓖麻油	0.8
卵磷脂	0.4
卡那巴蜡	1.0
凡士林	1.6
丙烯酸丙二醇单酯	1.0
蓖麻油	9.0
香精、抗氧剂、色素	适量

将色素分散于蓖麻油中，然后与加热混匀的其余基料进行混合研磨，经加热溶解并加香料，浇注成型，再经光滑处理即得口红。

5. 说明

①乙酰化羊毛脂属于动物型油脂原料，易被氧化，因此，在化妆品配方中应用时可考虑添加抗氧剂，如 BHT。

②乙酰化羊毛脂本身没有乳化作用，作为油相原料，它被乳化所需的 HB＝10。

③乙酰化羊毛脂是热敏性物质，较长时间在高温（大于 100 ℃）下受热，其色泽容易加深，进而影响化妆品颜色，在配制时应避免高温。

6．参考文献

[1] 王利卿，夏惠荣．羊毛脂及其衍生物在化妆品中的应用 [J]．辽宁化工，2001（4）：166-168．

[2] 方芳．乙酰化羊毛醇的研制及其在化妆品中的应用 [J]．日用化学工业，1999（3）：50-52．

[3] 徐良，步平．乙酰化羊毛脂及其在化妆品中的应用 [J]．香料香精化妆品，1993（3）：22-25．

2.23　丝肽化妆品

蚕丝的天然亲肤力十分明显，由于蚕丝中含有多种氨基酸和蛋白质，含有的蛋白质大幅高于珍珠，其中含氮量比珍珠高 30 倍，主要氨基酸含量比珍珠高 10 倍以上。天然蚕丝加工提炼成天然蚕丝蛋白水解液——丝肽，丝肽的渗透力极强，涂于皮肤 10 s 左右，就能渗入肌肤真皮层，发挥保湿作用，其透过角质层与皮肤表皮细胞结合，并被细胞作为营养吸收，参与和促进细胞代谢，为其新陈代谢提供必需的养分，还能修复已损伤的皮肤，促进肌肤细胞再生的作用。丝肽对黑色素生成的抑制更为有效，丝缩氨基酸还能抑制皮肤中酪氨酸酶的活性，从而抑制酪氨酸酶生成黑色素，由内而外改善暗淡肤色。富含多种氨基酸和小分子蛋白质，极易为肌肤吸收，提供肌肤美白所需的营养成分。肌肤逐渐恢复并保持健康白皙，呈现如丝般柔滑细腻。

丝肽含有丝粉、丝肽和丝氨酸，是一种低成本、高性能的护肤化妆品，可滋养、调理肌肤，具有较好的抗皱活性，同时为皮肤提供了养分，加速皮肤的新陈代谢，并有良好的保湿效果，防止皮肤干燥，还可抑制黑色素及老年斑的形成。

1．产品性能

深层美白，能深入肌肤底层，从根本上美白肌肤而无不良反应；可长效保湿，NMF 因子是常规植物或化学保湿剂 10 倍，给肌肤持续高效补充水分；能滋养调理，渗透力强，为肌肤提供必需的养分，促进细胞代谢，改善肤质；抗衰活颜，能激活肌肤细胞，改善微循环，抗衰除皱，和颜悦色；抗氧化，有效抵抗外部污染，保持皮肤 pH 平衡，增强肌肤免疫力。

2．技术配方（质量，份）

（1）配方一

丝肽（M＝500）	3.0
丝肽（M＝100）	3.0
乳清酸维生素 E 酯	3.0

甘油	5.0
十六酸异丙酯	3.0
硬脂酸	2.0
乙酰化羊毛醇	1.0
胆固醇乳化剂	3.0
聚氧乙烯羊毛脂	5.0
单甘酯	1.0
卡帕树脂 941	0.2
三乙醇胺	1.0
香精	0.4
尼泊金酯	0.3
水	69.1

（2）配方二

丝粉（400 目）	2.0
丝肽（$M=500$）	5.0
丝氨酸 90（低肽混合物）	3.0
乳酸钠	2.0
甘油	5.0
硬脂酸钠	2.0
十八醇乳酸酯	2.0
十六酸异丙酯	2.0
乙酰羊毛脂	5.0
胆固醇乳化剂	2.0
香精	0.4
尼泊金酯	0.3
水	69.3

（3）配方三

丝粉（400 目）	1.00
丝粉（144 目）	1.00
丝肽（$M=500$，3%）	3.00
聚乙二醇	3.50
硬脂酸铝镁	0.75
卡帕树脂 940	0.10
透明质酸（2%）	4.00
三乙醇胺	0.20
矿物油	4.00
胆固醇乳化剂	4.00
乙氧基化脂肪醇	2.00
尼泊金甲丙酯	0.20
香精	适量
水	76.25

3. 生产工艺

（1）配方一的生产工艺

将卡帕树脂 941 加入水中，然后加入甘油、丝肽和乳清酸维生素 E 酯，加热至 70 ℃ 混合均匀得水相；另将硬脂酸、棕榈酸异丙酯、单甘酯、乙酰羊毛醇、聚氧乙烯羊毛醇和胆固醇乳化剂混合热至 70 ℃ 得油相；然后将油相在搅拌下加至水相混合乳化，加入三乙醇胺，冷至 40 ℃，加入其余物料，搅匀得柔肤去皱霜。

（2）配方二的生产工艺

水相和油相分别混合加热至 70 ℃ 然后将油相加至水相乳化，45 ℃ 加香精，搅匀得柔肤去皱霜。

（3）配方三的生产工艺

先在混合罐中加入水，加热并搅拌，温度达 70 ℃ 时，加入硬脂酸铝镁，搅拌至全部溶化，继续加入聚乙二醇、卡帕树脂持续搅拌。在另一混合锅内加入胆固醇乳化剂、矿物油、乙氧基化脂肪醇，加热至 70～73 ℃，然后将两锅物料混合乳化，冷却至 40～45 ℃，加入其余组分，搅拌冷至 25～30 ℃ 得粉底霜。

4. 产品用途

该丝肽粉底霜适用于化妆前，于眼圈皮肤打粉底使用。这种 O/W 乳化剂易被皮肤吸收，利用丝肽、丝粉，加强化妆品与皮肤的附着力，有利于防止化妆品的褪色。丝肽 500 有柔肤、滋润和滋养的功效。

5. 参考文献

[1] 吴瑞红. 不溶性超细丝蛋白粉的制备及在化妆品中的应用 [D]. 保定：河北大学，2007.

[2] 李志林，吴瑞红. 化妆品用超细结晶蚕丝粉末的制备及表征 [J]. 化学与生物工程，2006（11）：57-59.

2.24 曲酸系列化妆品

曲酸又名曲菌酸，化学名称 5-羟基-2-羟甲基-1，4-吡喃酮，存在于酱油、豆瓣酱、酒类的酿造中，在许多以曲霉发酵的发酵产品中都可以检测到曲酸的存在。曲酸是一种黑色素专属性抑制剂，它进入皮肤细胞后能够与细胞中的铜离子络合，改变酪氨酸酶的立体结构，阻止酪氨酸酶的活化，从而抑制黑色素的形成。曲酸类美白活性剂较其他美白活性剂具有更好的酪氨酸酶抑制效果。它不作用于细胞中的其他生物酶，对细胞没有毒害作用，同时它还能进入细胞间质中，组成胞间胶质，起到保水和增加皮肤弹性的作用。目前已被配入各种化妆品中，制成针对雀斑、老人斑、色素沉着和粉刺的美白化妆品。

曲酸系列化妆品，如化妆水、面膜、乳液、护肤霜，能有效治疗雀斑、老人斑、色素沉着、粉刺等。20 μg/mL 浓度的曲酸就可抑制多种酪氨酸酶（或称多酚氧化酶 PPO）的 70%～80% 的活力，在化妆品中一般添加量为总量的 0.5%～2.0%。

1. 技术配方（质量，份）

（1）配方一

月桂酰谷氨酸钠	22.0
聚乙二醇	16.0
酰基谷氨酸钠	3.0
甘油	8.0
二硬脂酸聚乙二醇	1.5
蒸馏水	43.9
C_{18}-脂肪酸聚乙二醇酯	4.5
曲酸	1.0
乙二胺四乙酯二钠	0.1
香料	适量

（2）配方二

巴西棕榈蜡	12.0
小烛树脂	13.0
二缩水甘油油酸酯	5.0
维生素 E	1.0
甘油三辛酸酯	5.0
曲酸	1.0
色料	适量
辛酸鲸蜡酯	41.0
交联聚苯乙烯粉	5.9
尼龙粉	1.0
香料	适量

（3）配方三

氢化蓖麻油乙氧基化物	10.0
乙醇	150.0
对羟基苯甲酸乙酯	1.0
柠檬酸	1.0
枸橼酸钠	3.0
1，3-丁二醇	40.0
乙二胺四乙酸二钠	0.1
曲酸	5.0
四羟基二苯酮	5.0
水	加至 1000.0

（4）配方四

4'-双（聚乙氧基氯代）联苯酰甲烷-3-羧酸酯	0.50
1，3-丁二醇	4.00
曲酸	0.50
对羟基苯甲酸乙酯	0.10

枸橼酸钠	0.30
乙二胺四乙酸二钠	0.01
柠檬酸	0.10
氢化蓖麻油乙氧基化物	1.00
酒精	15.00
香料	适量
水	78.00

(5) 配方五

甘油单硬脂酸酯	5.0000
山嵛醇	0.5000
异辛酸十六烷酯	5.0000
角鲨烷	15.0000
乙炔基雌二醇	0.0005
1,3-丁二醇	5.0000
十八脂肪酸	5.0000
曲酸衍生物	0.5000
十八酸聚乙二醇酯	2.0000
尼泊金甲酯	0.1000
香精	适量
尼泊金丁酯	0.1000
水	62.000

(6) 配方六

曲酸	1.0
甘油单硬脂酸酯	2.0
鲸蜡醇	5.0
澳洲胡桃油	5.0
甘油	10.0
N-硬脂酰基甲基牛磺酸钠	0.5
乳酸	0.5
乳酸钠	0.8
香料	适量
尼泊金酯	0.4
液状石蜡	5.0
1,3-丁二醇	10.0
水	60.0

2. 生产工艺

(1) 配方一的生产工艺

将油相和水相物料分别加热混匀,然后将两者混合,冷至 40 ℃ 加入香料得清洁霜。

(2) 配方二的生产工艺

将蜡料和表面活性剂混合加热至 80 ℃ 熔融后,搅拌下加入尼龙粉和聚苯乙烯粉,拌匀后加入曲酸、色料,于 45 ℃ 加入香料即得润肤霜。引自日本公开专利 89-275515。

（3）配方三的生产工艺

将各物料按配方量溶于水/醇的热混合溶剂中，溶解后加水至定量，得到含曲酸的防晒剂。

（4）配方四的生产工艺

将各物料溶解分散于 60 ℃ 的水/醇混合溶剂中，搅拌均匀，加入适量香精，得到含曲酸的防晒剂。引自日本公开专利 90-108614。

（5）配方五的生产工艺

将油相和水相分别加热至 75 ℃，然后将油相加至水相中，搅拌至 45 ℃ 加香精，继续搅拌至冷凝得曲素润肤膏。这种曲素润肤膏含有曲酸衍生物和雌激素，是一种优异的皮肤调理剂。引自日本公开专利 91-236321。

（6）配方六的生产工艺

油醇相混匀热至 75 ℃，加至 75 ℃ 的水相中混合乳化制得曲酸祛斑增白奶。该增白奶含有能有效抑制黑色素形成的曲酸，具有很好的增白、祛斑、护肤效果。引自日本公开专利 92-9310。

3. 产品用途

（1）配方一所得产品用途

用作清洁霜，有良好的除臭、防腐、消炎、治疗粉刺和皮肤增白功效。引自日本公开专利 89-275524。

（2）配方二所得产品用途

用作油性护肤霜以防止皮肤干燥，滋润皮肤。

（3）配方三所得产品用途

该护肤剂可以有效地防止黑色素的形成。在户外活动前涂于脸及暴露部位。引自日本公开专利 90-200622。

4. 参考文献

［1］芮斌，蒋惠亮，陶文沂. 曲酸衍生物的制备及在化妆品上的应用［J］. 广东化工，2002（2）：31-33.

［2］杨跃飞. 曲酸及其衍生物在美白化妆品中的应用［J］. 日用化学工业，1995（1）：28-32.

2.25　人参洗面奶

人参主补五脏，明目益智，大补元气，固脱生津，轻身延年，延缓皮肤衰老。人体皮肤衰老的主要原因是血液循环不良，新陈代谢降低，皮肤弹性减弱。由于人参中含有多种人参皂甙、氨基酸、维生素及矿物质，加在护肤品中具有促进皮下毛细血管的血液循环，增加皮肤的营养供应，防止动脉硬化，调节皮肤水分平衡等作用。所以它能延缓皮肤衰老，防止皮肤干燥脱水，增加皮肤的弹性，从而起到保护皮肤光泽柔嫩，防止和减少皮肤皱纹的作用，人参活性物质还具有抑制黑色素的还原性能，使皮肤洁白光滑。

本品由于采用人参皂甙、维生素 E、花粉素等名贵在料，故对防止皮肤衰老、减少皱纹、增白皮肤和保持皮肤有很好的功效。并对防治雀斑、青春痘也有一定效果。

1. 技术配方（质量，份）

维生素 E	0.1
鲸蜡醇	2.0
人参皂甙	0.1
三乙醇胺	2.0
去离子水	适量
硬脂酸	8.0
液体石蜡	12.0
花粉素	0.2
丙二醇	6.0

2. 生产工艺

将油相和水相分别于水浴上加热到 80 ℃，使其完全融熔后，将水相缓慢倒入油相中，同时，单一方向不断搅拌，直至乳化完全为止，自然冷却至 40 ℃以下时，加入对羧基苯甲酸甲酯（防腐剂）及适量的香精即得本品。

3. 使用方法

先用清水洗脸后，擦上 10～20 g 人参洗面奶，3～5 min 后除去，每日早晚各 1 次。

4. 参考文献

[1] 孙旭. 鲜人参在洗护产品中的应用 [J]. 口腔护理用品工业，2011，21（6）：42-44.

[2] 刘宏群，曲正义. 人参化妆品研究进展 [J]. 人参研究，2017，29（3）：45-47.

[3] 李慧萍. 人参 AFG 系列化妆品开发研究 [D]. 长春：吉林农业大学，2014.

第三章　发用化妆品

3.1　发用凝胶

发用凝胶（hair gel）是具有美发及护发作用的无色或有色的透明胶状发用化妆品。大多为在树脂所形成的水溶性透明凝胶中加入固发剂、调理剂等组分制得，其特点是无油腻感，易于在头发上涂展，湿润感明显，有一定的发型保持作用。

视产品具体用途的不同，发用凝胶可分为固发凝胶、保湿凝胶、调理凝胶等多种类型。

1. 产品性能

发用凝胶为浅色或无色透明弹性胶冻，无油腻感，有湿润感。易于在头发上涂展，能使头发柔软，且能保持发型。

2. 技术配方（质量，份）

（1）配方一

硬脂醇聚氧乙烯醚	3.0
油醇 EP 型聚醚	3.0
聚二甲基硅氧烷	7.0
五环二甲基硅氧烷	7.0
水	70.0
乙醇	20.0

该发用凝胶配方引自日本公开特许 90-20012。

（2）配方二

聚乙烯吡咯烷酮/乙酸乙烯酯	6.0
甜菜碱型甲基丙烯酸共聚物	6.0
丙烯酸系聚合物	1.2
乙醇	75.0
精制水	211.8
三乙醇胺（调 pH 至 6.5～7.0）	适量

该配方引自日本公开特许 91-58912。

（3）配方三

环二甲基硅氧烷	100.00
甲基三乙氧基硅氧烷	0.28
乙基三乙氧基硅氧烷	0.28

| 二乙基二丁基锡 | 0.01 |
| 端链羟基二甲基硅氧烷 | 8.94 |

该剂与水接触使用时,固发并形成一层膜,可保持发型并使头发呈现光泽。引自美国专利 5089253。

（4）配方四

两性聚丙烯酸酯	0.5
聚（N-酰基丙烯亚胺）改性硅氧烷	0.5
香精	0.5
乙醇	30.0
精制水	68.5

该发用凝胶用后使头发更具天然光泽、光滑、光亮、有弹性、易梳理、易定型。引自欧洲专利申请 524612。

（5）配方五

聚氧乙烯吡咯烷酮	1.0
聚丙烯酸树脂	1.5
云母、二氧化钛和氧化铁	0.2
乙醇（95%）	20.0
三乙醇胺（85%）	1.3
乙二胺四乙酸（EDTA）	0.05
香精	适量
精制水	75.5

（6）配方六

乙二胺四乙氧基化丙氧基化物	30.0
聚丙烯酸	0.8
聚二甲基硅氧烷	0.5
壬基酚聚氧乙烯醚	5.0
甘油	1.0
乙醇	5.0
烷基苄基二甲基氯化铵	0.5
香精	适量
精制水	57.4

该配方为水基发型固定凝胶,引自日本公开特许 92-327519。

（7）配方七

聚二甲基硅氧烷（$\overline{M}=1\,200\,000$）	0.04
聚二甲基硅氧烷（$\overline{M}=2000$）	0.18
交联聚丙烯酸	0.4
聚丙二醇（PP）	20.0
三乙醇胺	0.6
甘油	10.0
乙醇	5.0
壬基酚聚氧乙烯醚（C_9APE）	1.0

尼泊金酯	0.1
香精	适量
精制水	62.7

该发用凝胶易涂展，不发黏，且能赋予头发自然光泽。引自日本公开特许 92-356410。

（8）配方八

聚丙烯酸（钠）	0.5
聚氧乙烯氢化蓖麻油	0.2
淀粉糖浆	8.0
乙醇	30.0
二异丙醇胺	0.4
香料	0.2
水	60.7

该配方引自日本公开特许 91-74768。

（9）配方九

甲基丙烯酸/甲基丙烯酸甲酯聚合物	0.7
季铵化聚硅氧烷	0.35
聚季铵盐-4（Celquat L-200）	0.7
季铵化乙烯吡咯烷酮/甲基丙烯酸二甲氨乙基酯聚合物	0.1
含二氧化钛混合凝胶（pH 7.5）	1.0
乙醇	8.6
香料	适量
水	88.5

该护发凝胶引自国际专利申请 92-21315。

（10）配方十

聚乙烯吡咯烷酮/醋酸乙烯酯共聚物（PVP-VA 共聚物）	6.0
聚氧乙烯化植物油	1.0
羧乙烯基聚合物	0.5
环状甲基聚硅氧烷	0.5
三乙醇胺	0.7
乙醇	1.0
香精	0.5
防腐剂	0.2
精制水	90.3

3. 主要生产原料

（1）聚乙烯吡咯烷酮

聚乙烯吡咯烷酮简称 PVP，白色粉状固体。吸湿性强。易溶于水、乙醇、异丙醇、氯代烃，不溶于丙酮、石油醚及烷烃。无毒、无腐蚀性，对皮肤、黏膜无刺激性。具有优良的生理惰性和生物相容性。质量指标：

指标名称		PVP-K$_{30}$	PVP-K$_{90}$
K 值		27～32	81～97
平均分子量		40 000	700 000
残留单体		≤1.0%	≤1.0%
固含量（液体产品）		40%±1%	20%±1%
水分（粉末产品）		≤5.0%	≤5.0%
pH（1%水溶液）	粉末	3～7	3～7
	液体	7～10	7～10

（2）聚丙烯酸

聚丙烯酸为淡黄色液体，可用水无限稀释。属阴离子型聚合物。可与水中金属离子形成稳定的络合物。是优良的分散剂。质量指标：

固含量	25%～30%
pH	1～2
平均分子量	2000～5000

（3）壬基酚聚氧乙烯醚

壬基酚聚氧乙烯醚为浅黄色的软膏状物，具有乳化、去污、润湿、破乳作用。抗硬水力较强。在宽的 pH 范围和较宽的温度范围内稳定。可与阴离子、阳离子表面活性剂配伍。质量指标：

规格名称	$n＝9$	$n＝12$
羟值/（mgKOH/g）	85～95	70～80
水分	<0.5%	<0.5%
乙二醇	<5.0%	<5.0%
浊点（1%的水溶液）/℃	50～57	80～88
HLB 值	12.8	14.1

4. 工艺流程

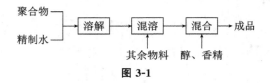

图 3-1

5. 生产工艺

（1）配方五的生产工艺

将精制水加入容器中，在缓慢搅拌下加入云母、二氧化钛和氧化铁、聚氧乙烯吡咯烷酮、乙二胺四乙酸（EDTA）、聚丙烯酸树脂，加热至 55 ℃，保温搅拌直至均匀。冷却至 40 ℃，加入乙醇、三乙醇胺、香精，搅拌均匀得发用定型凝胶。

（2）其他配方的生产工艺

先将聚合物分散于水中，制得透明胶冻状基质后加入其余物料，均质后加入醇、香精得到发用凝胶。

6. 产品标准

透明胶冻状，有弹性，色泽均匀。易于在头发上涂展，无油腻感。具有良好的调理和固发效果。

7. 产品用途

凝胶型固发化妆品，用后有润湿感，能保持发型，并具有一定的调理和柔发作用。

8. 参考文献

[1] 李世忠，刘慧珍，庄严，等. 我国发用定型产品的现状及发展趋势 [J]. 日用化学品科学，2007（10）：9-11.

[2] 皮丕辉，文秀芳，程江，等. 发用定型剂配方原理与组成（Ⅲ）——发展趋势 [J]. 日用化学工业，2005（4）：252-255.

3.2　定发胶

定发胶主要由凝胶与水或水醇溶液配制而成。而对凝胶成膜物质则要求具有柔韧性、弹性、抗静电性，透明有光泽，不影响梳理、不发黏，容易被水、香波洗掉。常用的定发胶成膜有单体聚乙烯吡咯烷酮、聚乙烯甲醚、聚乙烯乙醇、纤维素酯类等。而现在多用两种以上的成膜共聚物。这里介绍的就是用共聚物做成膜物质。

1. 技术配方（质量，份）

（1）配方一

聚合物*	2.0
氨基甲基丙醇	0.186
二氯甲烷	25.0
水	10.0
烷烃推进剂	18.0
乙醇	44.81

* 聚合物配方

丙烯酸特辛酰胺	6.0
丙烯酸	2.0
甲基丙烯酸甲酯	2.0
乙醇	10.0
过氧化苯甲酰	0.2

（2）配方二

聚合物*	4.0
氨基甲基丙醇	0.8
表面活性剂	0.4
乙醇（95%）	94.9
香料	0.2

* 聚合物配方

醋酸乙烯酯	7.4
异丙醇	适量
顺丁烯二酸单 C$_{12\sim14}$ 醇酯	1.14
顺丁烯二酸环己醇单酯	1.46
偶氮二异丁腈（引发剂）	0.05

（3）配方三

两性聚丙烯酸酯	0.5
香精	0.5
聚（N-酰基丙烯亚胺）改性硅氧烷	0.5
乙醇	30.0
水	68.5

这种定发胶含有聚（N-酰基丙烯亚胺）改性硅氧烷，用后使头发更具天然光泽、光滑、光亮、有弹性、易梳理、易定型。引自欧洲专利申请 524612。

2. 生产工艺

（1）配方一的生产工艺

制取聚合物：在带有回流管、搅拌器的反应釜内，加入丙烯酸特辛酰胺 6 份、丙烯酸 2 份、甲基丙烯酸甲酯 2 份、乙醇 10 份和引发剂 0.1 份，继续回流 4 h，反应产物冷却至 30 ℃，得到丙烯酸类定发胶聚合物。

配制定发胶：将共聚物 2 与配方中的其他物料混合，分散均匀即得。此为美国专利 US3927199。

（2）配方二的生产工艺

制取聚合物：将顺丁烯二酸两种单酯、异丙醇 2.5 kg、引发剂 0.03 kg 配成混合物。取此混合物 0.3 kg 加到 7.4 kg 醋酸乙烯酯和 0.6 kg 异丙醇的微沸（70 ℃）液中，回流，搅拌，其余的单酯/引发剂混合物在 6 h 内连续加入，加热到沸腾（约 83 ℃）。补加 0.02 kg 引发剂，再反应 2 h，冷却至 65 ℃ 时用异丙醇稀释，即得到定发胶用成膜的聚合物。

配制定发胶：取此聚合物 4，与氨基甲基丙醇、乙醇、表面活性剂配方量混合，分散均匀，再加入香料，搅匀即得定发胶。引自美国专利 US3981987。

（3）配方三的生产工艺

改性硅氧烷制备：聚（N-月桂酰基丙烯亚胺）与氨基丙基端基硅氧烷反应，得到分子量为 12 000 的改性硅氧烷。然后将改性硅氧烷分散于乙醇，再与其余物料混匀即得定发胶。

3. 参考文献

[1] 侯慧玉，刘谦波，袁宁宁，等. 发用定型化妆品及聚合物研究概述 [J]. 广东化工，2011，38（11）：191-193.

3.3　喷发胶

喷发胶（hair spray）又称喷雾型固发胶、液体发网。气溶胶型定发固发化妆品。

一种以固发作用为主的发用化妆品，有气溶胶型及手揿喷雾型两种包装形式，其共同特点是以喷雾形式将内容物附着在头发上，使其在头发表面形成具有一定柔软性、坚韧性、平滑性及耐湿性的黏附性薄膜，从而起到良好的固定发型作用。

1. 产品性能

喷涂后能在头发表面形成具有一定透明性、平滑性、强韧性、耐水性、耐湿性、黏附性和柔软性的固发、定发薄膜。

2. 技术配方（质量，份）

技术配方的主要成分有高分子成膜剂、乙醇、调理剂和抛射剂（氟利昂或丙烷/丁烷混合物）。

（1）配方一

聚乙烯吡咯烷酮/乙酸乙烯酯共聚物	9.0
交联聚丙烯酸	0.2
椰油烷基二甲基氧化胺	0.25
丙二醇	2.0
氨基甲基丙醇	0.3
二羟甲基二甲基乙内酰脲	0.37
硅酮弹性体（硅酮树脂）	2.5
香料	0.1
水	75.28
喷射剂（丙烷/丁烷）	25.0

注：该配方引自欧洲专利申请书24039。

（2）配方二

丙烯酸树脂烷基醇胺溶液（50%）	14.0
硅油（硅氧烷）	0.6
鲸蜡醇	0.2
酒精	185.2
香料	适量
抛射剂［V（氟利昂-11）∶V（氟利昂-12）＝1∶2.33］	222.0

（3）配方三

原料名称	（一）	（二）
水解聚乙酸乙烯酯（40%）	3.0	—
水解聚乙酸乙烯酯（50%）	—	2.0
无水乙醇	27.1	35.0
三氯氟代甲烷	41.40	37.56
二氯二氟甲烷	27.60	25.04
香精	0.4	0.4
硅酮	0.3	—
羊毛异丙酯	0.2	

（4）配方四

甲基丙烯酸异丙酯	5.0
丙烯酸二十二烷酯	0.5
甲基丙烯酸甲酯	0.5
甲基丙烯酸十八烷酯	1.5
甲基丙烯酸	2.5
乙醇	240.0
偶氮双异丁腈	0.06
喷射剂	62.0

注：该配方引自日本公开特许 91-56409。

（5）配方五

原料名称	（一）	（二）
聚乙烯吡咯烷酮（PVP）	1.25	1.25
羊毛脂	0.10	0.10
脱蜡虫胶	—	0.10
聚乙二醇 400	—	0.10
硅油	0.1	—
香精	0.15	0.20
乙醇（无水）	28.4	28.3
V（氟利昂-11）：V（氟利昂-12）=1：1	70.0	—
氟利昂-12	—	13.0

（6）配方六

甲基丙烯酸甲酯	2.0
丙烯酸特辛酰胺	6.0
丙烯酸	2.0
过氧化苯甲酰	0.2
乙醇	54.81
氨基甲基丙醇	1.86
二氯甲烷	250.0
水	100.0
抛射剂	180.0

注：该配方引自美国专利 3927199。

（7）配方七

丙烯酸/甲基丙烯酸甲酯/硅氧烷共聚物	20
乙醇（无水）	729
香料	1
异丁烷推进剂	250

注：该喷发胶引自欧洲专利申请 412704。

（8）配方八

乙烯吡咯烷酮/乙酸乙烯共聚物	100
十八烷基苄基二甲基季铵化蒙脱土	1
聚二甲基硅氧烷	25

环状聚二甲基硅氧烷	15
二氧化硅	5
香料	1
乙醇	220
异丁烷抛射剂	750

注：引自美国专利 4983418。

（9）配方九

丙烯酰胺/丙烯酸酯共聚物	5.0
2-氨基-2-甲基-1-丙醇	0.2
聚丙烯（3）甲基醚	1.5
乙醚	30.0
水	63.3
抛射剂	25.0～35.0

注：该配方引自国际专利申请 93-9757。

（10）配方十

原料名称	（一）	（二）
羊毛脂聚氧乙烯醚	0.8	0.2
聚 1-乙烯基吡咯烷酮	4.0	—
聚 1-乙烯基吡咯烷酮-乙酸乙烯酯	—	3.0
油醇聚氧乙烯（5）醚	—	1.0
无水乙醇	44.4	97.0
氟利昂-11	105.0	—
氟利昂-12	45.0	—
丙烷/丁烷抛射剂	—	98.8

3. 主要生产原料

（1）羊毛脂聚氧乙烯醚

羊毛脂聚氧乙烯醚又称乙氧基化羊毛脂。黄色或黄棕色膏状物。当乙氧基摩尔数 $n(EO)$ 达 70～75 mol 时，具有水溶性，对酸、碱、电解质稳定性好。质量指标：

固含量	100%
酸值/（mgKOH/g）	≤3
$n(EO)$ /mol	70.0
水分	≤3%
灰分	≤1%
pH	4.5～7.0

（2）氟利昂-11

氟利昂-11 又称一氟三氯甲烷。无色、无味易挥发液体。凝固点-111 ℃，沸点 23.7 ℃，相对密度 1.487。临界压力 $44.6×10^5$ Pa，临界温度 198 ℃。溶于乙醇、乙醚，几乎不溶于水。质量指标：

指标名称	优级品	一级品
纯度	≥99.8%	≥99.5%

水分	≤0.001%	≤0.002%
蒸发残留物	≤0.01%	≤0.01%

（3）氟利昂-12

氟利昂-12又称二氟二氯甲烷。无色易挥发液体。凝固点-158℃，沸点-29.8℃。相对密度（d^4_{-30}）1.486。临界压力$42.2×10^5$Pa，临界温度111.5℃。溶于乙醇和乙醚，不溶于水。质量指标：

纯度	≥99.8%	≥99.5%
水分	≤0.0005%	≤0.0010%
蒸发残留物	≤0.01%	≤0.01%

4. 工艺流程

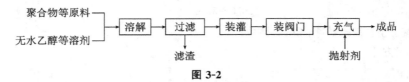

图 3-2

5. 生产工艺

（1）配方四的生产工艺

将甲基丙烯酸及酯、丙烯酸酯在20份乙醇中于偶氮双异丁腈引发下聚合（80℃通氮回流6h），冷却后用氨基甲基丙醇的乙醇溶液中和，得到40%共聚物乙醇溶液，然后与220份乙醇混合装罐，充入V（丙烷）：V（丁烷）：V（异丁烷）＝20：50：30的喷射剂得喷发胶。

（2）配方六的生产工艺

在带有回流冷凝器、搅拌器的反应釜内，加入丙烯酸2份、丙烯酸特辛酰胺6份、甲基丙烯酸甲酯2份、乙醇10份和引发剂0.1份，加热回流反应6h，然后再加入0.1份引发剂，继续回流4h，冷却至30℃，用氨基甲基丙醇中和，加入其余物料，均质后装罐，压入抛射剂，压盖得喷发胶。

（3）配方八的生产工艺

将聚硅氧烷、蒙脱土和共聚物溶于乙醇，加入二氧化硅、香料，混合均匀后装罐，压入异丁烷抛射剂得喷发胶。

（4）其他配方的生产工艺

将各原料溶于无水乙醇等溶剂中，溶解完全后过滤去渣，原液按配方比装入金属罐，安装阀门后，充入抛射剂（氟利昂或烷烃）即得。

6. 产品标准

包装容器耐压安全可靠，短时间耐受50℃，不发生爆裂或跑漏。喷雾流畅，无阻塞、无大雾滴、无喷射成线现象，喷出雾点均细。喷在头发上成膜快，无雪花斑点，且胶膜平滑透明，有适宜的强度和韧性。胶膜可用水洗掉。胶液对皮肤无毒、无刺激和无过敏性。

7．产品用途

发用定型、固型化妆品。喷涂于造型或梳理成型的头发上，立即形成一层具有韧性的透明胶膜，从而保持和固定发型。

8．参考文献

[1] 相宝荣. 气雾型化妆品：喷发胶 [J]. 中国化妆品，1994 (7)：26-27.

3.4　发乳

发乳（hair cream）为油-水体系的乳化制品，属于轻油型护发化妆品，因其既含有油分又含有水分，故它既具有油性成分能赋予头发光泽、滋润的作用，又具有水分所赋予的使头发柔软、防止断裂的结果。发乳不仅可以使头发润湿和柔软，而且还有定发型作用。发乳外相的水分容易被头发所吸收，破乳后形成油层薄膜，残留于头发上，起到保持头发水分的作用。

1．产品性能

发乳为膏状物，质地均匀。使用时不黏，无油腻感。发乳是护发化妆品之一，用后可使头发滋润，赋予其光泽。它具有保护头发、适度的整发、固定发型、使头发柔软和光泽自然的作用，并具有一定的药理效用。

2．技术配方（质量，份）

（1）配方一

硅油	15.0
甘油	4.0
$(CH_3)_2Si_2O_5$	10.0
聚乙二醇	0.5
绿土矿	1.2
二硬脂基二甲基氯化铵	0.8
二甘油二异硬脂酸酯	2.0
糊精脂肪酯	1.5
水	65.0

注：该 W/O 型发乳引自日本公开特许 91-193718。

（2）配方二

原料名称	（一）	（二）
白油	42	26
凡士林	—	23
吐温-60	2	—
司本-60	2	—
甘油单硬脂酸酯	3	5

硬脂醇	—	3
硬脂酸	—	2
月桂醇硫酸钠	—	1
防腐剂、香精	适量	适量
精制水	51	40

（3）配方三

乙酰化羊毛脂	2.0
白油	30.0
凡士林	10.0
聚氧乙烯（16）羊毛醇醚	3.0
甘油单硬脂酸酯	5.0
月桂硫酸钠	0.8
香精、防腐剂	适量
精制水	49.2

注：该配方为 O/W 型发乳。

（4）配方四

原料名称	（一）	（二）
油相组分		
白油	45.0	37.5
凡士林	—	7.5
蜂蜡	2.75	2.00
油酸山梨醇酯	—	1.0
水相组分		
氢氧化钙	0.1	0.1
硼砂	—	0.5
香料、防腐剂、抗氧剂	适量	适量
精制水	52.15	51.40

（5）配方五

硬脂醇	5.0
甘油单硬脂酸酯	4.0
凡士林	6.0
白油	42.0
吐温-60	2.0
月桂硫酸钠	0.5
防腐剂、抗氧剂	适量
三溴水杨酰苯胺	0.1
L-半胱氨酸	适量
香精	0.6
精制水	40.5

（6）配方六

原料名称	（一）	（二）
地蜡	2.0	—

24#白油	56.0	49.3
蜂蜡	5.0	5.0
乙酰化羊毛脂	3.0	3.0
三异硬酸六聚甘油酯	—	5.0
硼砂	0.6	0.7
香精、防腐剂、抗氧剂	适量	适量
精制水	33.4	37.0

（7）配方七

角鲨烯	5.0
羊毛脂	2.0
辛基月桂醇	6.0
硬脂醇	7.0
硬脂酸	2.0
甘油单硬脂酸酯	2.0
硬脂醇聚氧乙烯（10）醚	3.0
二氢硫辛酸钾	0.1
丙二醇	5.0
香精	适量
水	38.0

注：该发乳配方引自日本公开特许90-145507。

（8）配方八

24#白油	40.4
三压硬脂酸	0.6
丙二醇单硬脂酸酯	0.4
双硬脂酸铝	1.0
地蜡	2.5
氢氧化钙	0.1
香料、防腐剂、抗氧剂	适量
精制水	55.0

（9）配方九

聚二甲基硅氧烷	4.0
羧甲基几丁质	40.0
液蜡	20.0
蜂蜡	6.0
鲸蜡醇	4.0
吐温-60	6.0
尼泊金甲酯	0.2
尼泊金丁酯	0.2
香料	适量
精制水	119.6

注：引自日本公开特许90-215709。

（10）配方十

大豆卵磷脂	1.0～3.0
鲸油高碳酸酯	12.5～15.0
酪蛋白水解物	2.0～4.0
蛋白水解物	2.0～4.0
乳化蜡	5.0～6.0
甘油	5.5～7.0
月桂硫酸酯钠	0.5～0.6
尼泊金甲酯	0.4～0.6
乙醇	5.0～8.0
香精	1.0～1.5
精制水	加至 100.0

注：该发乳引自苏联专利 1148616。

（11）配方十一

原料名称	（一）	（二）
白油	43.0	30.0
白凡士林	5.0	—
液态羊毛脂	—	5.0
硬脂酸	—	2.5
甘油单硬脂酸酯	4.0	2.0
吐温-60	2.0	—
月桂醇硫酸钠	0.5	—
三乙醇胺	—	1.0
何首乌提取液	—	1.5
蜂胶提取液	3.0	—
香精	适量	适量
抗氧剂、防腐剂	适量	适量
精制水	37.5	58.0

（12）配方十二

18#白油	30.0
凡士林	10.0
乙酰化羊毛脂	3.0
单硬脂酸甘油酯	5.0
月桂硫酸钠	0.8
精制水	47.7
何首乌提取液	1.5
丹参提取液	1.0
蒲公英提取液	1.0
香精	适量

（13）配方十三

丝肽（$\overline{M}=500$，30%）	30
丝肽（$\overline{M}=1000$，3%）	20

丝氨酸 90（丝氨酸、低肽混合物）（3%）	40
阳离子胶	2
甘油	60
丙二烯乙二醇	120
双十八烷基二甲基氯化铵	20
乳化蜡	20
聚乙二醇（75）羊毛脂	40
尼泊金酯	3
香精	5
精制水	642

注：该配方利用丝肽的护发活性，在头发上形成一层调理性保护膜。丝肽 500 和丝氨酸能湿润和营养头发；丝肽 1000 和聚乙二醇（75）羊毛脂能保持头发柔软并具有光泽。

（14）配方十四

硬脂醇	15.0
鲸蜡醇	3.0
羊毛水解液	90.0
平平加	12.0
乙酸铅	6.6
升华硫	5.4
乙醇酸	1.2
丙二醇	33.0
硅油	3.0
甘油	54.0
维生素 C	0.3
维生素 B$_1$	0.3
香精	适量
精制水	76.2

（15）配方十五

油相组分

	（一）	（二）
24#白油	33.0	37.5
羊毛脂	—	3.0
凡士林	—	7.5
失水山梨醇倍半油酸酯	—	3.0
蜂蜡	3.0	2.0
鲸蜡醇	1.3	—
硬脂酸	0.5	

水相组分

硼砂	0.25	0.5
三乙醇胺	1.85	—
精制水	59.8	46.5

其余组分

防腐剂、抗氧剂	适量	适量
香精	0.8	0.8

3. 主要生产原料

（1）白凡士林

白凡士林是白色均匀膏状物，几乎无臭、无味，是液状石蜡和固体石蜡的混合物。易溶于石油醚、多种脂肪油、苯、氯仿、松节油。难溶于乙醇，不溶于水。质量指标：

相对密度	0.815～0.830
黏度（100 ℃）/（Pa·s）	0.01～0.02
滴点/℃	37～54

（2）硬脂酸

硬脂酸又称十八碳烷酸，带有光泽的白色柔软小片，可燃，无毒。熔点 69.6 ℃，相对密度（d_4^{80}）0.8390。不溶于水。溶于丙酮、苯、乙醚、氯仿、四氯化碳和三硫化碳。质量指标：

凝固点/℃	54～57
碘价/（gI$_2$/100 g）	≤2
皂化值/（mgKOH/g）	206～211
酸值/（mgKOH/g）	205～210
水分	<0.20%
无机酸	<0.001%

（3）C$_{16～18}$脂肪醇

由椰子油加氢制得的脂肪醇，其中有 C$_{12～18}$脂肪酸。由于碳原子数不同，沸点也各异。精馏分离出十六至十八混合醇，如果其中含有少量 C$_{12～14}$脂肪醇，则熔点降低，并且有十二醇气味。由椰子油加氢制得的十六至十八混合醇中十六醇含量高，熔点较低，为 48～51 ℃，由其他植物油加氢制得的十六至十八混合醇的熔点是 51～53 ℃，此组分能增加发乳黏度，也是乳化稳定剂。

（4）单硬脂酸甘油酯

要选择优级的三硬脂酸和甘油，加热至 200～230 ℃脱水酯化而得。单硬脂酸甘油酯是一种亲油性乳化剂，HLB 值约为 3.8，若单独使用于发乳，其乳化性能不够稳定，必须配合亲水性乳化剂共同使用，即配成"乳化剂对"使用。

（5）香精

发乳中大多采用薰衣草和果香型，天然薰衣草油有清香的香气。除每批香气产品标准稳定外，香精色泽也应有标准，如果香精色泽过深，将直接影响发乳的色泽质量。

（6）精制水

如果水中含有盐分、钙、镁等碳酸盐，将对发乳的乳化稳定度有影响。此外，金属离子如铁离子能加速油脂和香精的拉化变质，所以采用去离子水制造发乳，对于乳化稳定度、减缓油脂和香精的氧化有直接影响。

（7）蜂胶

蜂胶是蜜蜂采取植物花蕊、树干上的黏胶与自身上腭腺的分泌物和蜂蜡混合形成的复杂物质，具有广谱的抗菌作用，并且有滋润、止痒、除臭、防晒等功能，已广泛用于食品、药物和日用化学品。

4. 工艺流程

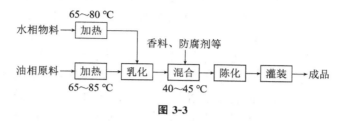

图 3-3

5. 生产工艺

（1）配方十二的生产工艺

何首乌提取液制备：将洗净、干燥后的何首乌粉碎，用大约 10 倍量的 60%～70% 酒精溶液于室温下浸泡一周，然后加热回流 3～5 h，回流温度为 50～70 ℃。将提取液于低温下冷却沉淀，过滤分离。该配方中，3 种提取液和香精于 45 ℃ 加入混匀。

（2）配方十四的生产工艺

羊毛水解液含有角蛋白，它能供给头发所需要的某些氨基酸。制法：羊毛用碱水洗净后，1 份羊毛加 5 份精制水，用 20% 氢氧化钠调 pH 至 10～11，回流水解至胶液状，用盐酸中和至 pH 为 7.0 过滤，得到水解液。

将脂肪醇、丙二醇混合加热至 60 ℃，再加入升华硫、维生素 B_1、平平加，搅拌 1 h，加水后维持 45 ℃，当物料呈乳状膏体时，将羊毛水解液、乙酸铅与乙醇酸、维生素和适量水形成的溶液、香精加入，均质得发乳。

（3）其他配方的生产工艺

将水溶性物料与水混合加热至 65～85 ℃；油脂、蜡料等混合加热至 65～85 ℃。然后在 1400 r/min 搅拌下将两相混合乳化，搅拌冷却至 40～45 ℃，加入香精、色料、防腐剂、蛋白添加剂等，搅匀后，泵送均质机，均质后可趁热包装，也可陈放 24 h 后灌装。

制造 W/O 型发乳的乳化剂，有采用阴离子型乳化剂，如硬脂酸/氢氧化钙，蜂蜡/硬脂酸/氢氧化钙、硬脂酸铝、镁等；也有采用非离子型乳化剂，如司本系列、单硬脂酸甘油酯、葡萄糖单苷倍半硬脂酸酯等。油、脂、蜡则以白油、白凡士林、地蜡、氢化羊毛脂等为主，配方中所有原料变化很大，制造操作也要随之适应，以硬脂酸/氢氧化钙为基础的发乳操作举例如下。

将水加入到油相中，搅拌速度并不要剧烈，或开始时采用均质搅拌，无明显区别，500 L 均质刮壁乳化锅，控制刮板搅拌机的转速 50～60 r/min，部分未溶解的氢氧化钙，由于水溶液中钙离子与硬脂酸中和成皂逐渐溶解。在搅拌状态下，要使氢氧化钙完全和硬脂酸中和成皂，约需 10 min，所以，搅拌 15 min 以后才可以进行夹套冷水回流。进入夹套的冷却水维持在 20 ℃ 以下，热天生产需用冷冻机，发乳降温至 35 ℃ 时加入香精，继续搅拌冷却，至 25～28 ℃ 时开动均质搅拌机，使内相水分剪切成为更小颗粒，发乳的黏度和光亮度有所增加，增加黏度的程度随着均质搅拌时间延长而增加，内相水分颗粒直径剪切至极限，发乳的黏度就不再增加，所以，发乳的黏度可按需要控制均质搅拌时间。

采用非离子型乳化剂制造发乳，在开始搅拌时，可以同时开动均质搅拌机，约 10 min 后停止均质搅拌机，继续刮壁搅拌冷却，当冷却至 25～28 ℃时再开动均质搅拌机，使内相剪切成为更小颗粒，各种 W/O 型发乳配方的制造操作要求，基本类似。

O/W 型发乳选用的油脂应能保持头发光亮而不油腻，选用量也应适当，如蜂蜡和鲸蜡醇用量过多，会增加乳剂的黏度，梳理时的"白头"迟迟不能消失，这样需要调整配方和配合适当的操作方法，能使"白头"降低，甚至很少，考虑发乳用料的主要方面是：油相和水相的用量比例；选择适合的"乳化剂对"，降低水相的表面张力；调整油相的黏度及成品发乳的黏度。降低发乳黏度的办法有增加外相的比率；降低外相的黏度；试加各种亲水性乳化剂。增加发乳黏度的办法有加入少量水溶性树脂；增加内相比率；用机械方法分散内相颗粒，减小分散相的颗粒直径，增加分散相面积。

6. 质量控制

（1）O/W 型发乳的质量问题与控制

发乳经过 -15 ℃冷冻发粗的原因可能是所用乳化剂的 HLB 值过低；另一原因是发乳的黏度过高。控制方法：所用乳化剂的平均 HLB 值，应接近油脂原料所需的 HLB 值，当乳化剂的 HLB 值提高后，发乳的黏度即下降。

发乳的乳化不稳定，在瓶子底部有水析出的原因之一，可能是采用乳化剂的 HLB 平均值过高，使发乳的黏度降低，日久后容易有半透明状的水析出。注意所用乳化剂的 HLB 值要接近油脂原料所需的 HLB 值，选择适宜的"乳化剂对"将发乳调整至适当黏度，既有利于发乳稳定，又要在梳理头发时容易展开。其二，是搅拌锅热交换效率低，发乳冷却速度太慢，搅拌时间过长，延长了结胶后的剪时间，使发乳的黏度降低，热天容易产生此种问题。采用刮壁搅拌机，提高热交换效率，减少搅拌时间，可略提高发乳黏度和乳化稳定度。其三，可能是原料规格有变化，十六/十八混合醇或其他蜡分熔点偏低，白油的黏度偏低，白凡士林溶点偏低等因素，都会使发乳的黏度降低。稳定原料质量，加入少量水溶性树脂，既增加发乳黏度，又使水和油的界面膜更趋于稳定。

发乳颜色泛黄是常见质量问题之一。原因可能是发乳中的白凡士林用量过多，发乳经阳光照射后容易使颜色泛黄。可适当减少白凡士林用量，加入抗氧剂和金属离子络合剂乙二胺四乙酸等。其二，是香精配方中含有容易变色的单体香料。日久后色泽变黄。控制方法：测试各种单体香料在发乳中的色泽稳定性。

发乳香气变淡、变味。原因是选用某些单体香料不适当，它在 O/W 型发乳中不稳定，或某些香原料质量差，纯度不够。通过分析各种单体香料在发乳中的香气稳定性，控制单体香原料质量。

发乳敷用于头发，梳理时有"白头"。原因是选用原料和"乳化剂对"不够恰当。解决方法是避免采用硬脂酸钾皂为乳化剂，选择恰当的"乳化剂对"。

（2）W/O 型发乳的质量问题和控制

发乳冷天渗水。原因之一是地蜡用量过多，或其他蜡分用量过多，黏度过高。可适当减少地蜡和其他蜡分用量。其次是停止搅拌温度 >30 ℃。将停止搅拌的温度控制在 25～28 ℃，加强内相水分的分散程度。

发乳表面渗出油分可能是配方问题。通过调整配方，根据所用原料选择适当"乳化剂对"，采用吸油性能好的天然地蜡。其次是发乳冷却搅拌时，停止搅拌温度＞30 ℃，此时内相水珠分散程度不够，需要继续搅拌。控制停止搅拌的温度在 25～28 ℃，再用均质搅拌机剪切，加强内相分散，或用三滚机研磨。

发乳的外观发粗是因为停止搅拌温度＞30 ℃的缘故。停止搅拌温度控制在 25～28 ℃，在真空条件下经过均质搅拌，控制搅拌至适当细度和黏度，或用三滚机研磨，再在真空条件下搅拌脱除空气。

7. 产品标准

膏体洁白细腻。pH 为 5.0～8.5。水包油型发乳，40 ℃ 和－15 ℃ 24 h，恢复至室温，无油水分离现象。油包水型发乳，40 ℃ 下 24 h，渗油量≤5%；－10 ℃ 下 24 h，恢复室温，膏体不发粗，不出水。长久贮存不变色。

8. 质量检验

（1）耐热试验

O/W 型发乳：预先将恒温箱调节至规定温度±1 ℃，将待验样品放入，保持 24 h 后立即观察胶体，应达到指标要求。

W/O 型发乳：预先将恒温箱调节至规定温度±1 ℃，称取待验样品，置于恒温箱，24 h 后取出，如有渗油则将胶体部分揩去，留下渗出的油分，然后将培养皿连同剩下的渗油部分进行称量：

$$w(渗油) = \frac{m(C) - m(A)}{m(B)} \times 100\%。$$

式中，m（A）为培养皿重量；m（B）为样品重量；m（C）为胶体揩去后，培养皿和剩留渗油的重量。

（2）耐寒试验

预先将冰箱调节至－15 ℃或－10 ℃，放入待验样品保持 24 h 取出，恢复室温后，用感官检验，应达到指标要求。

（3）香气试验

取样品用嗅觉鉴定。

（4）胶体结构细腻度试验

用目力在室内无阳光直射处进行观察，胶体应细腻。

（5）pH 试验

称取样品与煮沸后冷却的蒸馏水搅拌均匀（1 份样品加 10 份蒸馏水），加热至 40 ℃，并不断搅拌，冷却至室温，用酸度计测定 pH。

（6）色泽试验

取样品与色泽标准样品进行对比鉴定，应无显著区别（或用色差计测试）。

（7）色泽稳定性试验

取样品装入 8 cm 培养皿中，装满刮平，用金属薄片遮盖半圆，放入 30 W 紫外线灯铁箱中，距离灯 30 cm 垂直照射 8 h，应不变色或轻微变色。

9. 产品用途

发用化妆品，赋予头发天然光泽，能在头发上形成油脂薄膜，使头发滋润，易于梳理成型。

10. 参考文献

[1] 吕育齐，李津明，王广才. W/O/W 型复乳状中药发乳的研制 [J]. 日用化学工业，1996 (4)：47-48.

[2] 孙春玲. 多效头油（发乳）的配方及其工艺 [J]. 精细化工信息，1988 (10)：46.

3.5 发蜡

发蜡（pomade）又称发脂，是一种凝胶状或半固体状的油脂，能够固定发型、使头发亮丽有光泽，是一种改良的发胶。发蜡分为高光和哑光两种。

1. 产品性能

外观为半凝固油状，有一定黏性。用于修整发型，使头发油亮，易于梳理成型。

2. 技术配方（质量，份）

（1）配方一

蜂蜡	150
羊毛脂	30
矿物油	150
石蜡	75
鲸蜡	30
橄榄油	300
香料、色料	适量

（2）配方二

人造地蜡	80
凡士林	100
石蜡	40
液状石蜡	80
香料	6

（3）配方三

鲸蜡醇	10.0
三十碳烷	1.60
聚氧乙烯硬脂酸酯	7.2
甲基苯基硅	8.0
丙二醇	20.0
维生素 E	0.08
三乙醇胺	1.2
香料	1.2
可溶性骨胶原	10.0
硫酸软骨素 C	3.2

硫酸软骨素 B	6.0
精制水	200.0

注：该配方为可洗型发蜡。

（4）配方四

蓖麻油	88.0
精制木蜡	10.0
香料	2.0
染料、抗氧剂	适量

（5）配方五

固体石蜡	18.0
橄榄油	90.0
白油	27.0
凡士林	156.0
香料	9.0
染料、抗氧剂	适量

（6）配方六

木蜡	40.0
蜂蜡	60.0
蓖麻油	284.0
香精	4.0
染料	适量
抗氧剂	适量

（7）配方七

	（一）	（二）
11# 白油	40.0	30.0
地蜡	2.0	8.0
白凡士林	160.0	70.0
羊毛脂	—	1.0
卵磷脂	—	0.5
蜂蜡	2.0	—
石蜡	12.0	—
香精	适量	适量

（8）配方八

	（一）	（二）
白油（50 ℃ 时黏度 2.4×10^{-2} Pa·s）	10.0	16.0
松香	16.0	2.0
石蜡	4.0	—
白凡士林	170.0	79.0
地蜡	—	3.0
香精	适量	适量
色素、抗氧剂	适量	适量

(9) 配方九

	(一)	(二)
三硬脂酸铝	7.1	7.0
异硬脂酸	3.1	2.0
白油	82.0	84.0
12-羟基硬脂酸	—	2.0
单月桂酸甘油酯	7.0	5.0
香精	适量	适量
油酸	0.8	—
抗氧剂	适量	适量

(10) 配方十

	(一)	(二)
羊毛酸钠	12.5	—
羊毛酸铝	—	6.0
11# 白油	86.5	86.0
硬脂酸铝	1.0	—
羊毛脂	—	5.0
棕榈酸	—	3.0
香料	适量	适量
色素、抗氧剂	适量	适量

(11) 配方十一

聚乙二醇（$\overline{M}=4000$）	70
氢化蓖麻油聚氧乙烯（40～45）醚	36
辛二醇	90
水	4
颜料	适量

注：该水溶性发蜡引自欧洲专利申请301197。

(12) 配方十二

无水羊毛脂	45.0
苯甲酸 $C_{12\sim15}$ 醇酯	30.0
白石蜡	45.0
白凡士林	167.1
精制脂肪酸混合物	6.0
油溶性蛋白质卵磷脂	6.0
对羟基苯甲酸甲酯	0.3
香精	0.6
抗氧化剂	适量

(13) 配方十三

巴西棕榈蜡	15.0
白油（液状石蜡）	60.0
凡士林	210.0

石蜡	15.0
香料	4.5
色料、抗氧剂	适量

注：该配方为油脂型。

（14）配方十四

	可洗型	油凝胶型
蓖麻油	—	5.0
橄榄油	7.0	—
硬脂酸铝	—	10.0
油醇	5.0	5.0
聚氧乙烯醚（14）十六醇	30.0	—
18# 液状石蜡	3.0	80.0
精制水	55.0	—
香料	2.0	2.0
色料、抗氧剂	适量	适量
防腐剂	适量	—

3. 主要生产原料

（1）硬脂酸铝

硬脂酸铝为白色或黄白色粉末。溶于碱溶液、煤油，不溶于水、乙醇、乙醚。遇强酸分解成硬脂酸和铝盐。质量指标：

指标名称	一级品	二级品
外观	白色粉末	黄白色粉末
三氧化二铝含量	9.0%～11.0%	9.0%～11.0%
熔点/℃	≥150	≥150
水分	≤2.0%	≤3.0%
游离酸（以硬脂酸计）	≤4.0%	≤4.0%
细度（过200目筛）	≥99.5%	≥99.0%

（2）鲸蜡

鲸蜡又称鲸脑油。是从抹香鲸头部取出来的油腻物经冷却和压榨而得到的固体蜡，主要成分是 C_{14}/C_{12} 酸十四醇酯。精制品为白色、无臭、有光泽。相对密度（d_{15}^{15}）0.945～0.960。溶于乙醚和二硫化碳。鲸蜡在碱性水溶液中部分皂化形成乳状溶液。质量指标：

熔点/℃	45～49
酸值/（mgKOH/g）	0～0.5
酯化值/（mgKOH/g）	116～125
皂化值/（mgKOH/g）	116～125
不皂化物	45%～50%
外观	白色，半透明

（3）蓖麻油

蓖麻油主要成分为蓖麻油酸甘油酯（顺式-1，2-二羟基十八碳烯-9-酸甘油酯）。

几乎无色或淡黄色透明黏稠可燃液体，具有特殊的臭味。能溶于乙醇、苯、氯仿等。低毒，属非干性油。质量指标：

皂化值/（mgKOH/g）	≥178
酸值/（mgKOH/g）	≤4
碘值/（gI$_2$/100 g）	82～90
相对密度（d_{25}^{25}）	0.945～0.965
凝固点/℃	−10

（4）橄榄油

橄榄油从油橄榄果肉（含油 35％～60％）中得到的非干性油。有令人愉悦的香味。质量指标：

外观	青黄色
相对密度（d_{15}^{15}）	0.9145～0.9190
凝固点/℃	−6
碘值/（gI$_2$/100 g）	79～88
皂化值/（mgKOH/g）	185～196

4. 工艺流程

（1）可洗型（乳化型）工艺流程

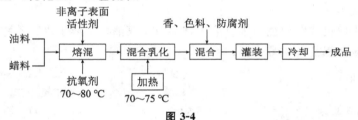

图 3-4

（2）油脂和油凝胶型工艺流程

图 3-5

5. 生产工艺

一般生产工艺是将蜡料加热熔化，然后加入油料、抗氧剂等（可洗型加入非离子型表面活性剂），熔化混合均匀（可洗型与 70 ℃ 热水混合乳化），冷却后即得发蜡。

6. 产品标准

膏体细密，色泽均匀鲜明。膏面平整、无气泡、无裂纹。冷至 0 ℃ 仍能涂展，38 ℃ 不出现流动油面和膏体流动现象，仅容许微小油珠析出。可洗性发蜡，用水能洗除。赋予头发油亮，易于梳理成型。

7. 产品用途

发用化妆品。用于修整发型，并使头发油亮。

8. 参考文献

[1] 佐藤央子，陆光崇. 发蜡的最近开发动向 [J]. 中国洗涤用品工业，2004（3）：41-42.

[2] 张英涛. 发型固定剂 [J]. 河南科技，1991（8）：30-31.

3.6　发油

1. 产品性能

发油（hair oil）又称头油。浅黄色或黄绿色透明状液体油混溶物。可补充头发油分不足，滋养头发，防止断裂和脱落，能减轻干性头屑的产生。

主要由植物油、液状石蜡和羊毛脂等油类组成，配以适量的香料、抗氧剂及护发药剂。

2. 技术配方（质量，份）

（1）配方一

	（一）	（二）
杏仁油	41.0	10.0
橄榄油	45.0	—
18#白油	8.0	70.0
蓖麻油	6.0	10.0
精制貂油	—	10.0
香精、色料	适量	适量
抗氧剂（尼泊金丙酯）	适量	适量

（2）配方二

	（一）	（二）
18#白油	50.0	80.0
乌桕子油	20.0	—
杏仁油	7.0	10.0
蓖麻油	—	10.0
橄榄油	13.0	—
薏苡仁油	10.0	—
香精	适量	适量
色素、抗氧剂	适量	适量

（3）配方三

	（一）	（二）
蓖麻油	6.0	5.0
杏仁油	49.0	—
橄榄油	45.0	95.0
香精、色素	适量	适量
抗氧剂	适量	适量

（4）配方四

	（一）	（二）
18#白油	80	80
杏仁油	20	—
橄榄油	—	20
香料、色料	适量	适量
抗氧剂	适量	适量

（5）配方五

	（一）	（二）
18#白油	100	100
乙醇	100	80
甘油	—	15
水	—	5
龙脑	适量	适量
香精、色素	适量	适量

（6）配方六

	（一）	（二）
蓖麻油	100	150
杏仁油	100	—
乙醇	200	—
柠檬油	—	15
克龙水	—	40
番红花	适量	—
香精	适量	—

（7）配方七

	（一）	（二）
橄榄油	40	60
甘油	30	—
花生油	—	40
乙醇	30	—
香精、色素	适量	适量
抗氧剂	适量	适量

（8）配方八

	（一）	（二）
18#白油	100.0	160.0
羟基香茅醛	0.5	—
杏仁油	5.0	40.0
萜品醇	0.5	—
叶绿素	—	0.1
甲基紫罗兰酮	—	0.6
茴香醇	0.1	—

里哪醇	—	0.4
依兰油	—	0.4
乙酸苄酯	0.2	0.2
庚炔羧酸甲酯	—	0.2
檀香木油	—	0.2
色素、抗氧剂	适量	适量

（9）配方九

	（一）	（二）
12#白油	190	185.6
谷氨酸	—	0.6
辣椒提取物	1.0	1.0
丹参提取物	4.0	9.4
连翘提取物	5.0	—
侧柏叶提取物	—	4.0
香精	适量	适量
抗氧剂	适量	适量

（10）配方十

	（一）	（二）
18#白油	48.0	70.0
羊毛脂油	5.0	—
乙酰羊毛脂	—	30.0
亚麻油异丙酯	5.0	—
卵磷脂油	35.0	—
肉豆蔻酸异丙酯	5.0	—
香精	适量	适量
抗氧剂	适量	适量
色素	—	适量

3. 主要生产原料

（1）巴西棕榈蜡

巴西棕榈蜡又称卡那巴蜡。主要成分为高碳羟基酸的酯类与其他蜡酸的酯类。硬质无定形黄色或深褐绿色脆性块状物。能溶于热乙醇、热氯仿，不溶于水。质量指标：

熔点/℃	82.5～86.0
皂化值/（mgKOH/g）	75～85
酯化值/（mgKOH/g）	75～85
碘值/（gI$_2$/100 g）	7～14
相对密度（d_4^{25}）	0.996～0.998

（2）乙酰羊毛酯

乙酰羊毛酯又称 ACL、羊毛脂 MOD。黄色膏状物，无异味。溶于冷的矿物油中，呈透明状。柔软性好，能形成抗水薄膜。熔点 30～40 ℃。质量指标：

— 257 —

酸值/（mgKOH/g）	≤4.0
羟值/（mgKOH/g）	≤15
水分	≤1.5%
灰分	≤0.5%

4. 工艺流程

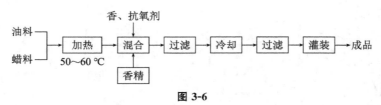

图 3-6

5. 生产工艺

（1）配方九的生产工艺

该发油中添加有多种中药提取物，具有乌发、防治脱发、止痒、祛屑功能。将白油加热至 90 ℃，维持 20 min，然后冷至 70 ℃，加入 3 种中药提取物，边加边搅拌，冷至 45 ℃ 加入香精、抗氧剂（谷氨酸），继续搅拌至室温得药物发油。

（2）其他配方的生产工艺

将油、蜡混合加热至 50～60 ℃，加入色料、抗氧剂和油溶性香精，过滤后即得。

6. 产品标准

油液澄清透明，无沉淀，无酸败气味。在 0 ℃ 不凝固，具有流动性。

7. 产品用途

赋予头发光泽，补充头发油分的不足，滋养头发。

8. 参考文献

[1] 藏剑士. 多效护发剂成份概述 [J]. 香料香精化妆品，1986（3）：78-81

3.7 摩丝

摩丝（mousse）又称头发泡沫调理剂、泡沫定型剂。定型摩丝就是由聚乙烯吡咯烷酮及醋酸乙烯酯两种物质共同聚合而形成的高分子化合物。人们把成膜剂（高分子聚合物）溶解在一种十分容易挥发的溶剂中配制成药液，然后加入少许增塑剂、防水剂、香精等就成了定型摩丝。使用时把药液喷在头发上，药液中成雾状的溶剂就会马上挥发，高分子成膜剂就会从溶液中析出，附着在头发上。这些线状的长链化合物可使头发的刚性增加从而使它们变硬，不容易弯曲，于是就可以将理发师做好的发型固定下来。

1. 产品性能

气溶胶型发用化妆品，使用时可喷射出乳白色易消散的泡沫，可调理固定发型，并使头发光亮、柔软。

2. 技术配方（质量，份）

（1）配方一

聚-1-乙烯基-2-吡咯烷酮	3.25
二辛酸二甘醇酯	1.42
多羧基乙烯基甲醚丁酯-马来酐共聚物	0.1
硬脂醇聚氧乙烯（10）醚	0.9
苯甲酸钠	0.5
乙醇	9.18
氨水	0.05
芳香油	0.3
水	84.3

注：喷射剂（丙烷/异丁烷）占上述成分的15%，引自美国专利4673569。

（2）配方二

聚氨基葡萄糖聚合物	33
冰乙酸	33
月桂基氧化胺	1
喷射剂	150
水	784

注：引自欧洲专利申请403282。

（3）配方三

聚乙烯吡咯烷酮-醋酸乙烯酯共聚物（PVP-VA共聚物）	1.0
阳离子高聚物552	10.0
阳离子高聚物CP	3.0
硅油（貂油）	1.3
人参试（提取物）	适量
乙醇	6.0~10.0
香精	0.1
月桂醇聚氧乙烯醚	0.5
精制水	58.0~68.0
抛射剂（丙烷/异丁烷）	10.0~15.0

（4）配方四

聚乙烯吡咯烷酮-醋酸乙烯酯共聚物（PVP-VA共聚物）	5.0
阳离子聚合物755	3.0
阳离子聚合物FC370	1.0
香精	0.1
乙醇	6.0~8.0
脂肪醇聚氧乙烯醚（TX-10）	0.4
精制水	62.0~72.0
抛射剂（丙烷/异丁烷）	10.0~15.0

（5）配方五

鲸蜡醇	2.0
吐温-20	0.8
聚乙烯吡咯烷酮	18.0
月桂硫酸钠	4.0
硅油	6.0
乙醇	40.0
乙二胺四乙酸（EDTA）	0.4
香精	1.2
尼泊金酯	0.8
精制水	320.0

（6）配方六

硬脂醇聚氧乙烯醚	0.3
聚乙氧基化季铵盐	0.3
椰油酸二乙醇胺	0.4
醋酸镨	0.3
抗坏血酸钠	3.0
十八烷基二甲基氯化铵	0.3
丙烯酸两性聚合物	0.5
乙醇	25.0
香精	0.3
精制水	69.8
盐酸（调 pH 至 7.0）	适量

注：喷射剂与上述物料体积比为 75 ：（15～20）。该配方引自日本公开特许 91-246215。

（7）配方七

聚季铵-16	1.5
椰子酰二乙醇胺	0.1
聚乙酰二醇-40 氢化蓖麻油	0.1
发用调理剂（商品名 Ceteareth-25）	0.1
聚乙烯吡咯烷酮/醋酸乙烯酯共聚物	1.5
乙醇	10.0
香精	0.05
水	76.65
丙烷/丁烷（25：75）	10.0

（8）配方八

液体羊毛脂	0.5
聚二甲基硅氧烷硅油	0.5
二甲基乙丙酰脲甲醛	5.0
无水乙醇	93.8
香料	0.2
喷雾剂（一氟三氯甲烷/二氟二氯甲烷）	适量

（9）配方九

硅油	1.5
月桂醇硫酸酯钠	1.0
聚乙烯吡咯烷酮	6.0
珠光/彩色珠光颜料	10.0
吐温-20	0.5
异丙醇	4.0
乙醇	12.0
香精	0.5
防腐剂	0.3
精制水	64.2

注：喷射剂与上述液体料体积比为 35：65。该配方为彩色定型摩丝，不但具有调理和定型作用，而且还赋予头发彩色光泽。

（10）配方十

季铵盐聚合物	2.0
聚氧乙烯羊毛脂	0.6
油酸癸酯	5.0
二甲基硅氧烷/聚氧乙烯共聚物	7.0
油醇聚氧乙烯（20）醚	0.25
乳酸单乙醇胺	0.10
甘油	5.0
防腐剂	适量
香精	0.4
精制水	79.65
抛射剂 [V（丙烷）：V（异丁烷）＝25：75]	18

3. 主要生产原料

（1）聚氧乙烯羊毛脂

聚氧乙烯羊毛脂又称乙氧基化羊毛脂。黄色或黄棕色膏状物。分子的亲水性随 n（EO）的增加而增强，当 n（EO）达 70～75 mol 时，产品才成为水溶性，对酸、碱、电解质的稳定性好。质量指标：

规格名称	Solan A	Solan E
n（EO）/mol	50	70
酸值/（mgKOH/g）	≤3	≤3
固含量	100%	100%
pH	4.5～7.0	4.5～7.0
水分	≤3%	≤3%
灰分	≤1%	≤1%

（2）季铵盐聚合物

季铵盐聚合物又称阳离子聚合物、聚纤维素醚季铵盐，商品名 Polymer-cc-JR400。是阳离子纤维树脂。白色或微黄色的颗粒性粉末，它能迅速分散并溶解在水和水醇体系中，形成澄清透明溶液。对蛋白质有牢固的附着力，能形成透明的无黏性的薄膜。可改善受损伤头发外观，使其保持柔软并有光泽。质量指标：

黏度（2%的水溶液，21 ℃）/（MPa·s）	100～600
氮含量	1%～2%
水分	≤7%
灰分	≤4.5%
pH（2%的水溶液，21 ℃）	6～7

4. 工艺流程

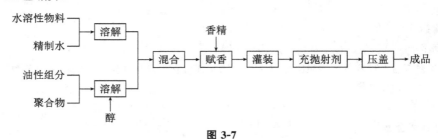

图 3-7

5. 生产工艺

（1）配方五的生产工艺

先将聚乙烯吡咯烷酮溶于乙醇中，加入鲸蜡醇，搅拌均匀；另将月桂硫酸钠、吐温、硅油、EDTA、尼泊金酯加入 60 ℃ 热水中，然后将两者混合，加入香精。灌装时，先将液体装入气溶胶罐内，再充入喷射剂 F_{12}。喷射剂 F_{12} 与配方中物料的体积比为 35∶65。

（2）其他配方的生产工艺

将水溶性物料（含水溶性表面活性剂）溶解于水中，油性物料（聚乙烯吡咯烷酮溶于乙醇中）熔化后与水溶液混合均质（70～80 ℃），40 ℃ 加入香料、防腐剂，室温下装入耐压容器，再充入抛射剂（喷射剂），压盖后得成品。

6. 产品标准

泡沫洁白细密，呈奶油状，能稳定存在一定时间。易于涂抹成膜，薄膜透明且有一定强度，用后赋予头发自然光泽，保持发型不变。

7. 产品用途

气溶胶型发用调理定型化妆品。用于调理固定发型，头发呈新鲜湿润感，易梳理造型。

8. 参考文献

[1] 姜家东，陈保华，张金涛. 多元共聚物在发用摩丝配方中的应用研究 [J]. 香料香精化妆品，2014（4）：45-48.

[2] 何益飞，万岳鹏，陈保华，等. 发用泡沫啫喱的研究 [J]. 日用化学品科学，2008，31（12）：42-44.

3.8　发露

发露（hair liquid）又称发水、润发剂、梳理水。

1. 产品性能

透明液体。能柔软、滋润头发，梳理性好，用后无油腻感，其性能优于一般发油、发蜡，不油污衣物，容易洗脱。

2. 技术配方（质量，份）

（1）配方一

棕榈酸异丙酯	5.0
甘油	5.0
香精	0.3
抗氧剂、色料	适量
酒精	89.7

（2）配方二

金鸡纳酊	20
橙花水溶液	20.0
丙二醇	5.0
香精	0.4
酒精	54.6

（3）配方三

乙酰羊毛脂	10.0
油醇	5.0
辣椒酊	0.8
香精	0.3
乙醇	83.9

（4）配方四

丁醇聚氧乙烯醚	20.0
羊毛脂衍生物	1.0
香精、色料	适量
防腐剂、抗氧剂	适量
酒精	55.0
精制水	23.0

（5）配方五

乙酰羊毛脂	10.0
维生素 B_6	1.0
胆固醇	0.5
卵磷脂	0.5
香精	适量

乙醇	88.0

（6）配方六

氢化可的松	0.5
丙酸睾酮	1.0
侧柏叶酊	5.0
甘油	5.0
香精	0.4
酒精	58.5
精制水	29.6

注：配方五和配方六为防止秃发用润发剂。

（7）配方七

聚氧乙烯氢化蓖麻油	5.0
4-异丙基环庚二烯酚酮	0.5
维生素E乙酸酯	0.5
肌醇六磷酸	5.0
甘菊环	0.1
氢氧化钠	3.0
异丙醇	150.0
乙醇	400.0
香料	2.0
精制水	433.9

注：该发露具有滋养发根，改善头皮血液循环功能。引自日本公开特许91-74318。

（8）配方八

聚-1，1-二甲基-3，4-二亚甲基吡咯烷酮氯化物（40%）	116.0
聚乙烯醇（65%溶液）	370.0
尿素	32.0
异丙醇	80.0
香料	2.0
精制水	1400.0
柠檬酸（调pH至6.5）	适量

注：该配方引自前民主德国专利266228。

（9）配方九

L-薄荷脑	0.8
水杨酸	0.6
辣椒酊	2.0
己烯雌酚	0.002
盐酸奎宁	0.1
间苯二酚	1.0
甘油	1.0
樟脑	0.20
香料	3.0
醇溶色素	0.4

乙醇（95%）	161.4
精制水	33.8

注：该配方为养发露，具有止痒祛屑、滋养头发、刺激头发生长的作用，并赋予清凉感。

（10）配方十

聚氧乙烯油酸酯	40.0
香精	1.0
色料、防腐剂	适量
精制水	20.0
酒精（95%）	69.5

3. 主要生产原料

（1）乙酰羊毛脂

乙酰羊毛脂又称羊毛脂 MOD、ACL。黄色膏状物，无异味。溶于冷的矿物油中。黏性小，类似不含羟基酯的皮脂，柔软性好，能形成护水薄膜。熔点 30~40 ℃。质量指标：

指标名称	羊毛脂 MOD	ACL
酸值/(mgKOH/g)	≤4.0	≤2.5
羟值/(mgKOH/g)	≤10.0	≤15.0
皂化值/(mgKOH/g)	—	100.0~130
水分	≤1.5%	≤0.2%
灰分	≤0.5%	≤0.2%

（2）聚氧乙烯油酸酯

聚氧乙烯油酸酯又称油酸聚氧乙烯酯。棕色黏稠液体，易溶于水，具有乳化、润湿、分散能力。

（3）棕榈酸异丙酯

棕榈酸异丙酯又称十六酸异丙酯。无色透明液体。几乎无味。不溶于水，能和有机溶剂混合。稳定性、扩散性、渗透明、皮肤相容性好。质量指标：

指标名称	1#	2#
外观（20 ℃）	无色透明液体	淡黄色液体
酸值/(mgKOH/g)	≤1.5	—
碘值/(mgKOH/g)	≤2.0	—
羟值/(mgKOH/g)	≤2.0	—
相对密度	0.851~0.856	0.851~0.855
酯值/(mgKOH/g)	—	180.0~195.0

4. 工艺流程

图 3-8

5. 生产工艺

将油性物料、水性物料溶于乙醇中，加入水，混匀后，加入色料、香料，过滤后灌装得发露。

6. 产品标准

液体澄清透明，无混浊，无沉淀。香气雅正，无油脂酸败味。不黏不腻，不油污衣物，容易清洗，涂用感觉滑爽。

7. 产品用途

美发化妆品，能柔软、滋润头发，用后感觉爽快，无油腻感，易于梳理成型。

8. 参考文献

[1] 秦德潜. 头发调理用的润发剂 [J]. 日用化学品科学，1981 (4)：53.
[2] 吴刚，黎昌健，蒋旭东，等. 洗发露泡沫优化研究 [J]. 轻工科技，2018，34 (3)：24-25.

3.9 护发素

护发素（hair conditioner）又称头发调理剂、润丝膏。一般与香波成对使用。洗发后将适量护发素均匀涂抹在头发上，轻揉 1 min 左右，再用清水漂洗干净，故也称为漂洗护发剂，属于发用化妆品。

护发素从外观形态上分为透明型和乳液型两种，市场上较为常见的是乳液型产品。

1. 产品性能

外观呈乳膏或乳液状。可使头发柔顺、光滑，并能抗静电和减少头发脱落、脆断。

主要成分为阳离子表面活性剂（大多以季铵盐为代表），并辅以轻油性酯、脂肪醇等赋脂剂和头发营养剂。

2. 技术配方（质量，份）

（1）配方一

鲸蜡醇/硬脂醇	2.88
十八烷基三甲基氯化铵（OTAC）	1.0
聚二甲基硅氧烷	12.0
尼泊金甲酯	0.2
色素、香精	适量
精制水	83.92

注：该护发素可使头发柔润舒展，富有弹性。引自日本公开特许 92-305516。

（2）配方二

甘油单硬脂酸酯	10

十八烷基三甲基氯化铵（OTAC，63%）	20
聚氧乙烯（10）硬化菜油	5
硬脂酸单乙醇酰胺	58
甲基纤维素（2%水溶液）	100
鲸蜡醇	20
液蜡	30
硅油	28
1，3-丁二醇	30
香精	5

注：该硅油护发素引自日本公开特许 91-135909。

（3）配方三

甘油单月桂酸酯	198
十八烷基二甲基氯化铵	65
十八醇	237
二氧化硅	50
香精	50
精制水	9400

注：引自德国公开专利 3337860。

（4）配方四

十八烷基三甲基氯化铵	45
鲸蜡醇	66
角鲨烷	90
硅氧烷油	90
蛋黄卵磷脂	15
酪蛋白	15
硬脂醇聚氧乙烯醚	15
尼泊金甲酯	9
1，3-丁二醇	150
色素	3
香精	适量
精制水	2496

注：该护发素中含有卵磷脂、蛋白质、硅油等头发营养剂，具有养发、护发功能。引自日本公开特许 93-926。

（5）配方五

月桂醇聚氧乙烯醚	20
十八烷基三甲基氯化铵	40
乳酸	4
黄瓜油	40
硬脂醇	60
羊毛脂	60
香精、色素	适量
精制水	3776

（6）配方六

十八烷基三甲基氯化铵	20
吐温-85	80
硬脂醇	16
鲸蜡醇	24
司本-80	20
m（丙烯酰胺）：m（二甲基二烯丙基氯化铵）： m（2-丙烯酰胺基-2-甲基丙磺酸）＝50：15：35 共聚物	50
香精	适量
水	1862

注：这种膏状护发素具有优异的调理性，用后使头发柔软、滑爽，易于梳理。引自欧洲专利申请521665。

（7）配方七

十八烷基三甲基氯化铵	20.0
羊毛脂	4.0
硬脂醇	10.0
水解蛋白	6.0
新鲜芦荟素	10.0
硅油	10.0
氯化钠	2.0
防腐剂	0.4
甘油	20.0
香精、色素	适量
精制水	117.6

注：该配方也称芦荟护发素。

（8）配方八

十六烷基三甲基溴化铵（CTAB）	1.0
棕榈醇	1.0
丁基葡糖苷聚氧乙烯醚	1.0
氨基改性硅氧烷	0.5
聚氧丙烯丁基醚	0.2
丙二醇	8.0
尼泊金甲酯	0.2
香精	适量
精制水	88.1

注：该配方引自日本公开特许92-1120。

（9）配方九

硬脂酰胺基乙基胍盐酸盐	5
十八烷基三甲基氯化铵	5
甘氨酸	10
硬脂醇	40

丙二醇山梨醇醚	20
司本-60	7
乙氧基化甘油醚三异硬脂酸酯	15
香精	适量
水	892

注：引自德国公开专利 3941534。

（10）配方十

A 组分

直链聚酯	0.60
乙二胺四乙酸四钠（EDTA-4Na）	0.06
尼泊金甲酯	0.40
十八烷基二甲基苄基氯化铵	2.00
胶朊水解蛋白	8.00
色素	适量
精制水	171.92

B 组分

无水羊毛脂	8.00
乳化蜡	6.00
桃仁油	1.00
单硬脂酸甘油酯	2.00
尼泊金丙酯	0.02

C 组分

| 香精 | 适量 |
| 氢氧化钠（10%）（调 pH 至 5.5） | 适量 |

（11）配方十一

双十六烷基二甲基氯化铵	15.00
十六烷基三甲基溴化铵	35.00
羟乙基纤维素	10.00
十六/十八醇	40.00
丙二醇	10.00
甲醛（40%）	2.00
柠檬酸	0.25
香精、色料	适量
精制水	887.75

注：该护发素引自澳大利亚专利 566000。

（12）配方十二

十六烷基三甲基氯化铵	6.0
聚氧乙烯醚硬脂酸酯	3.0
鲸蜡醇	9.0
凡士林	3.0
何首乌提取液	3.0

丙二醇	15.0
香精	2.4
色素、防腐剂	适量
精制水	261.0

注：该护发素含有何首乌提取液，具有护发、养发及白发变黑之功效。

（13）配方十三

二甲基硅氧烷	1.0
葡糖-6-椰油酸酯	1.0
棕榈酸异丙酯	5.0
鲸蜡醇	2.5
丙二醇	8.0
十八烷基三甲基氯化铵	1.0
香精	适量
精制水	81.5

注：该硅油护发素引自日本公开特许 91-197414。

（14）配方十四

胆甾醇	0.8
脂肪醇聚氧乙烯醚	32.0
甘油单硬酸酯	2.8
十八烷基三甲基氯化铵	8.0
皮肤抑菌剂	0.4
大豆卵磷脂	1.2
香精	1.2
抗氧剂	0.8
精制水	352.8

（15）配方十五

十六/十八醇	50
1，2-十二烷基二醇	10
甲基丙烯酸双十八烷基二甲基氯化铵（3%）	200
失水山梨醇倍半油酸酯	5
甘油单硬脂酸酯	5
丙二醇	100
香料、防腐剂	适量
精制水	630

（16）配方十六

$C_{16\sim18}$脂肪醇	4.0
乙酰化羊毛脂	6.0
三压硬脂酸	6.0
甘油单硬脂酸酯	6.0
聚乙二醇（400）硬脂酸酯	6.0
硬脂基三甲基氯化铵	8.0

水溶性硅油	2.0
三乙醇胺	1.2
香精	1.2
抗氧剂、防腐剂	适量
精制水	160.8

（17）配方十七

二硬脂基二甲基氯化铵	0.8
二甲基硅氧烷	5.0
异构烷烃	10.0
二甘油二异硬脂酸酯	2.0
糊精脂肪酸酯	1.5
甘油	4.0
聚乙二醇	0.5
绿土	1.2
聚丙烯酸	0.5
角叉胶	0.5
氢氧化钠	0.1
水	73.9

注：该 W/O 型护发素引自日本公开特许 93-246824。

（18）配方十八

十八烷基甲基硅氧烷	50.0
鲸蜡醇	200.0
双十六烷基二甲基氯化铵	70.0
硬脂酰胺丙基二甲基胺	40.0
柠檬酸	5.0
氯化铵	125.0
三（十六烷基）叔胺	40.0
2-甲基-3-（二氢）异唑啉酮	3.2
香精	50.0
精制水	9416.8

（19）配方十九

A 组分

十八烷基三甲基氯化铵	2.0
鲸蜡醇	2.0
硅氧烷	3.0
油醇聚氧乙烯醚	1.0

B 组分

甘油	5.0
蛋白质衍生物（胶阮水解物）	2.0
精制水	85.0

C组分

紫外线吸收剂、防腐剂	适量
香精、色素	适量

3. 主要生产原料

（1）十八烷基三甲基氯化铵

十八烷基三甲基氯化铵又称1831、OTAC、OTC—8。白色固体。季铵盐型阳离子表面活性剂。具有柔软、抗静电、消毒、杀菌、乳化等多种性能。能溶于醇和热水中。质量指标：

活性物	≥70%
pH	6～8

（2）十六烷基三甲基氯化铵

十六烷基三甲基氯化铵又称1631、CTAC。浅黄色膏状物。季铵盐型阳离子表面活性剂。具有良好的抗静电和柔软性能，并具有优良的杀菌防霉作用。易溶于热水和醇类。质量指标：

活性物	≥70%
pH（1%水溶液）	～7.0

（3）甘油单硬脂酸酯

甘油单硬脂酸酯又称单硬脂酸甘油酯。属非离子型表面活性剂。具有优良的乳化分散性能。质量指标：

外观	白或淡黄色片状或粉状物
单酯	≥40%
游离甘油	≤7%
熔点/℃	57～61
酸值/（mgKOH/g）	2
水分	≤1%
重金属（以Pb计）	<0.001%

（4）鲸蜡醇

鲸蜡醇又称十六醇。白色结晶。相对密度（d_4^{50}）0.8176。能溶于乙醇、乙醚和氯仿，几乎不溶于水。质量指标：

熔点/℃	47～50
羟值/（mgKOH/g）	225～232
皂化值/（mgKOH/g）	≤1.0
酸值/（mgKOH/g）	≤0.5
碘值/（gI₂/100 g）	≤1.0

（5）硬脂醇

硬脂醇又称十八醇、脂蜡醇。蜡状白色小叶晶体，有香味。相对密度（d_{14}^{59}）0.8124。溶于乙醇、乙醚、氯仿，不溶于水。质量指标：

主馏分	≥80%
羟值/（mgKOH/g）	195～230

烷烃含量	≤4%
熔点/℃	50～56
酸值/（mgKOH/g）	≤1
皂化值/（mgKOH/g）	≤3

（6）芦荟

芦荟是一种具有广泛药理作用的天然物，含有维生素、蛋白质、氨基酸、配糖物（糖苷）、胆碱糖类、复合黏多糖、生物酶、芦荟素、芦荟大黄、矿物质等多种活性成分，目前已广泛用作化妆品的天然添加剂。

4. 工艺流程

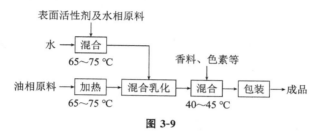

图 3-9

5. 生产工艺

（1）配方三的生产工艺

将季铵盐、甘油酯和十八醇加热熔化后与水混合，加入二氧化硅和香料，制得稳定的珠光护发素。

（2）配方五的生产工艺

将黄瓜研碎后进行蒸馏。馏出液用乙醚提取其中的黄瓜油，主要成分为黄瓜醇。提出率为 0.001％。该配方又称黄瓜护发素。

（3）配方九的生产工艺

将甘氨酸、司本-60 与水混合得水相，其余物料混合加热得油相。将水相在搅拌下加至油相中，于 40 ℃ 加入香精，制得护发素。

（4）配方十的生产工艺

将水相（A 组分）和油相（B 组分）分别加热至 80 ℃。搅拌下将水相加至油相中，充分搅拌使之乳化完全，40 ℃ 加入香精，慢速搅拌至室温，用 10％氢氧化钠调 pH 至 5.5。

（5）配方十四的生产工艺

将油相和水相分别加热至 75 ℃。在搅拌下将两相混合乳化，搅拌冷至 45 ℃，加入皮肤抑菌剂和香精，混合均匀，冷至室温得卵磷脂护发素。

（6）其他配方的生产工艺

一般将水相、油相原料分别混合加热，分散均匀后，在快速搅拌下，将水相加至油相中混合乳化，搅拌下冷至 40～45 ℃，加入香料、色素、防腐剂等，混合均匀得护发素。

6. 产品标准

膏体细腻，不分离。稀释液不刺激眼睛和皮肤。头发用后能消除静电，易于梳理。

赋予头发自然光泽，且富有弹性。

7. 产品用途

用于护发、养发。一般是先用香波洗发后，然后取适量护发素涂在头发上，轻轻分散于发际并让其保留 2～3 min，最后用清水冲洗。

8. 参考文献

[1] 周鸿立，赵文波，徐鹏程，等. 水杨酸去屑护发素的研制 [J]. 吉林化工学院学报，2009，26 (4)：1-4.

[2] 张睿，张毅，张昊，等. 兔毛角蛋白护发素的制备及其护发效果研究 [J]. 纺织科学与工程学报，2018，35 (1)：137-141.

[3] 梁冬. 新型护发素的研制 [J]. 科技创新与应用，2017 (16)：296.

3.10　头屑抑制剂

头皮屑在医学上是一种由马拉色菌（真菌中的一种）引起的头皮角质层的过度增生，从而促使角质层细胞以白色或灰色鳞屑的形式异常脱落，这种脱落的鳞屑即为头皮屑。头屑产生的原因通常分为生理性和病理性。第一个头皮屑抑制剂是 1963 年投入市场的有机锌盐。这里介绍 3 个头屑抑制剂，配方一为美国专利 4931274，可有效治疗脱屑、皮脂性溢皮炎等头皮病；配方二为英国专利申请 2216793，其中含有氯苯甘油氨酯，可用于防治头屑和痤疮；配方三为日本公开专利 91-77808，其中，含有 γ-氨基-β-羟基丁酸和二异丙基胺二氯乙酸酯，两者具有协同效应，能有效地刺激毛发生长、防止脱发、抗头屑。

1. 技术配方（质量，份）

（1）配方一

硅酸铝镁	5.0
氯化钠	6.0
乙醇	71.5
甘油	0.5
水	22.0

（2）配方二

去氧比妥羟乙磺酸酯	2
氯苯甘油氨酯	10
瓜耳胶羟丙基三甲基氯化铵	20
丙二醇	50
柠檬酸	3
乙醇	300
水	615

（3）配方三

γ-氨基-β-羟基丁酸	5.0
橄榄油	50.0
二异丙基胺二氯乙酸酯	5.0
肉豆蔻酸异丙酯	20.0
壬基酚聚氧乙烯醚	5.0
异丙基甲基酚	0.5
对羟基苯甲酸甲酯	1.0
乙醇	600.0
甘油	50.0
香精	1.0
水	262.5

2. 生产工艺

（1）配方一的生产工艺

将硅酸铝镁、氯化钠溶于水中，与乙醇混合，加入甘油，制得头屑抑制剂。

（2）配方二的生产工艺

将各物料混合溶解完全，分散均匀，得到头屑抑制剂。

（3）配方三的生产工艺

将甘油、对羟基苯甲酸甲酯溶于水中，其余物料与乙醇混合加热，然后将水相与油相混合乳化，加入香精制得抗头屑头发再生剂。

3. 使用方法

（1）配方一所得产品的使用方法

将其涂于头皮上，由于能释放 Mg^{2+} 和 OH^- 作用于病灶，从而使致病细胞恢复正常。

（2）配方二和配方三所得产品的使用方法

涂于头皮上。

4. 参考文献

[1] 鄂科. 去头屑的天然物品 [J]. 农村新技术，2010（7）：40.

[2] 谢小元，王然，赖维，等. 去头屑化妆品功效评价方法的探讨 [J]. 中国美容医学，2010，19（1）：72-74.

3.11 养发生发剂

养发生发剂由营养剂、活血剂、毛发再生剂等组成，一般使用乙醇作为溶剂，并加入适量香精及色料。

1. 产品性能

透明液体，具有滋养发质、改善头皮血液循环、增强毛囊机能、促进毛发再生功能。

2. 技术配方（质量，份）

（1）配方一

辣椒酊	2.0
斑蝥酊	6.0
盐酸奎宁	1.0
甘油	3.0
香精	适量
乙醇	800.0
蒸馏水	189.0

（2）配方二

桂枝	15.0
百部	10.0
马鞭草	15.0
何首乌	18.0
甘油	2.0
乙醇	100.0
精制水	70.0
防腐剂	适量
香精	0.8

（3）配方三

毛果芸香酊	5.0
酒石酸	0.5
素心兰香精	5.0
乙醇（70%）	加至 1000.0

（4）配方四

原料名称	（一）	（二）
辣椒酊	15.0	—
斑蝥酊	15.0	5.0
硼砂	—	适量
甘油	50.0	100.0
氨水	—	50.0
酒石酸	5.0	—
酒精	600.0	590.0
铃兰香精	3.0	—
玫瑰麝香香精	—	5.0
蒸馏水	312.0	250.0

（5）配方五

大蒜无臭有效物	2.0
薄荷脑	0.3

橄榄油	3.0
水杨酸	0.5
乳化剂（表面活性剂）	0.5
防腐剂	0.3
酒精	55.0
香精	适量
精制水	38.4

（6）配方六

水杨酸	1.0
丹宁酸	0.5
蓖麻油	24.5
乙酸间羟基苯酯	5.0
香精	适量
乙醇	69.0

（7）配方七

山梨醇	4.0
苯乙醇	4.0
牻牛儿醇	3.0
沉香醇	6.0
肉桂醇	1.0
盐酸奎宁	2.0
甘油	20.0
丁香酚	10.0
玫瑰水	24.0
酒精（95%）	1600.0
精制水	200.0

（8）配方八

盐酸吡哆醇	0.01
辣椒素	0.003
二硫乙醇酸铵	1.0
萜醇	0.3
丙二醇	1.0
乳酸	3.0
乙醇（70%）	94.4
香精	0.3

（9）配方九

硝酸烟酰胺基乙酯	0.1
丙二醇	5.0
透明质酸钠	0.01
月桂基二甲基氧化胺	0.5
月桂硫酸钠	0.05

香料	0.4
乙醇（75%）	94.4

注：该生发剂引自日本公开特许 90-32007。

（10）配方十

浓缩无纤维辣木萃取物	28.8
维生素 B_6	2.0
荨麻乙二醇萃取物	34.0
胸腺萃取物	6.0
D-泛酰醇	2.0
水溶性乙酰化蓖麻油	10.0
维生素 E 醋酸酯	2.0
己二酸二异丙酯	32.0
异丙醇	408.0
精制水	475.2

注：该生发灵引自欧洲专利申请书 117878。

（11）配方十一

乙酰基乳酸植醇酯	3.0
熏衣草油	0.1
吡咯烷酮羧酸	0.5
丙二醇	5.0
酒精	80.0
香精	适量
精制水	11.4

注：该生发剂引自法国专利 2627384。

（12）配方十二

2，4-二氨基-6-哌啶基-1，3，5-三嗪-3-氧化物	2.0
氢化蓖麻油乙氧基化物	2.0
乙醇（95%）	60.0
水	36.0
香精	适量

注：该生发剂引自日本公开特许 90-160711。

（13）配方十三

甘草苷	1.0
L-薄荷醇	0.1
红花油	2.0
硬脂醇聚氧乙烯醚	2.0
甘油单十三烷酸苹果酸酯	8.0
香精	0.3
乙醇	86.6

注：该生发剂对男性秃发具有明显的再生活性，引自日本公开特许 92-342515。

（14）配方十四

原料名称	（一）	（二）
2-甲氧基吡啶氧化氮	—	0.2
2-乙基吡啶氧化氮	0.2	—
乙醇（95%）	6.0	6.0
氢化蓖麻油聚氧乙烯醚	0.2	0.2
水	3.6	3.6

注：2-乙基吡啶氧化氮是新近发现的一种优良的毛发生长剂，能有效地防止秃发、促进毛发再生。引自日本公开特许92-364107、92-36408。

（15）配方十五

维生素 B_{12}	0.001
泛酰基乙醇	0.02
獐牙菜萃取物	0.03
烟酸苄酯	0.0003
异丙基甲基苯酚	0.01
司本-20	0.6
4-异丙基环庚二烯酚酮	1.0
十五烷酸甘油酯（单/双酯＝98：2）	0.5
半乳糖-β-1-神经酰胺	0.3
香料	0.04
酒精	加至10.0

注：这种高效生发剂引自日本公开特许92-5219。

（16）配方十六

橄榄油	5.0
十四酸异丙酯	2.0
异丙基甲酚	0.05
γ-氨基-β-羟基丁酸	0.5
人参萃取液	3.0
甘油	5.0
壬基酚聚氧乙烯醚	0.5
香精	0.1
乙醇（95%）	60.0
蒸馏水	加至100.0

注：该配方引自日本公开特许87-255409。

（17）配方十七

二氮嗪和氢氧化钠的混合物［n（氯甲苯噻嗪）：n（氢氧化钠）＝1：1］	3.0
乙酸环丙氯地孕酮	0.1
1，2-丙二醇	4.0
香精	0.3
乙醇（96%）	92.6

注：该配方引自前联邦德国公开专利3621757。

（18）配方十八

羟乙基纤维素	0.4
1，3-丁二醇	38.4
柠檬酸三丁酯	5.0
尼泊金甲酯	0.2
香精	1.0
无水乙醇	25.0
水	加至100.0

注：配方中的柠檬酸三丁酯可诱导或加快头发生长。该生发剂可治疗秃头或男女性脱发。引自加拿大专利申请2067923。

（19）配方十九

E-8-十八酰胺基丙基二甲基甜菜碱	3.0
维生素E醋酸酯	0.2
甘草亭酸	0.2
甘油单乙酸酯	1.0
角鲨烷	5.0
液状石蜡	15.0
白凡士林	3.0
吐温-60	4.0
香精	适量
水	加至100.0

注：引自日本公开特许93-139936。

（20）配方二十

水溶性胎盘提取液	1.0
dl-α-维生素E乙酸酯	0.5
尿囊素	0.3
炔雌醇	0.003
吡哆醇二辛酸酯	1.0
D-泛醇	2.0
甘草酸二钾	1.0
肉豆蔻酸辛基月桂酯	0.5
甘油	3.0
L-胱氨酸	0.1
肌醇	1.0
丙二醇	1.0
L-薄荷醇	0.5
水杨酸	1.5
尼泊金丙酯	0.5
尼泊金丁酯	0.3
鲸蜡醇	9.0
聚乙二醇600	1.0
氢氧化钾	0.5

香精	1.5
乙醇	700.0
水	加至 1000.0

注：该生发剂具有显著的促进头发再生功能。引自日本公开特许 91-141213。

3. 工艺流程

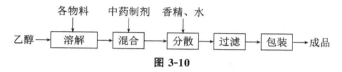

图 3-10

4. 生产工艺

（1）配方二的生产工艺

将桂枝、百部、马鞭草、何首乌浸入乙醇中，浸提数天后过滤，在滤液中加入其余物料得到中草药生发剂。

（2）配方三的生产工艺

将各物料与乙醇混溶即得毛果芸香生发水。

（3）配方四的生产工艺

将香精溶在酒精中，另将其余物料混合，分散于酒精中，一周后用滑石粉过滤，滤液装瓶即得生发剂。配方（一）为酸性生发剂，配方（二）为碱性生发剂。

（4）配方五的生产工艺

香精溶于乙醇后，加入橄榄油等醇溶性物料，水、水溶性物料和表面活性剂混合，醇相和水相混合均匀后加入防腐剂，静置、过滤。

（5）配方七的生产工艺

将盐酸奎宁溶于热的精制水中，再加入甘油、山梨醇，溶解均匀后得水相。其余物料溶于乙醇中，再与水相混合，过滤即得生发灵。

（6）配方十九的生产工艺

水相和油相分别混合加热，分散均匀，然后将两相混合乳化得到生发乳。

（7）其他配方的生产工艺

将各物料溶于溶剂中，分散均匀，赋香后过滤，包装得生发剂。

5. 产品标准

透明液体，无混浊，无沉淀。在一般的使用和存放条件下，无分层、离析及沉淀现象。对头皮无毒、无致敏现象，具有养发、生发功能。

6. 产品用途

涂于发根，可滋养、保护头发，并有促进毛发再生功能。

7. 参考文献

［1］赵致然，陈志强，王生隆，等. 脂溢性脱发的机制和药物治疗进展 ［J］. 西北药学杂志，2016，31（4）：440-442.

[2] 何斌，黄丹燕. 养发生发剂的制备与临床应用 [J]. 医药导报，2007（7）：791.

3.12 抗脱发剂

该抗脱发剂内含有谷氨酸钠、尿囊素乙酰蛋氨酸、维生素 E 烟酸酯，具有滋养头发、促进头皮血液循环的调理作用，从而达到预防脱发的效果。引自美国专利4814351。

1. 技术配方（质量，份）

谷氨酸钠	1.0
季铵化聚（乙烯吡咯烷酮/丙烯酸氨乙酯）	20.0
吐温-80	5.0
十八醇聚氧乙烯醚磷酸二乙醇胺	10.0
辛基酚聚氧乙烯醚	2.0
尿囊素乙酰蛋氨酸	2.0
泛醇	1.0
鲜酵母菌衍生物（酵母多肽）	0.15
山梨酸	0.01
对羟基苯甲酸甲酯	2.5
甘油	0.01
脲衍生物	3.0
香精	0.5
乙二胺四乙酸二钠（EDTA-2Na）	2.0
水	948.0

2. 生产工艺

将有机物料混合热熔后，溶于水中。

3. 使用方法

擦于头皮、发根。

3.13 养发酊

1. 产品性能

透明液体。内含营养剂、活血剂等，具有滋养发质、改善头皮血液循环和护发、乌发功能。

2. 技术配方（质量，份）

（1）配方一

维生素 B_6	0.5
2-（辛基酰胺基）乙基乙酸甜菜碱	3.0

辣椒酊	0.1
洗必肽葡萄糖酯	0.1
甲基纤维素	0.2
二丁基羟基甲苯	0.1
硬脂酸聚乙二醇酯	1.0
甘草酸二钾	0.2
精制水	加至 100.0

注：该配方引自国际专利申请 91-11983。

（2）配方二

甘油十五烷酸单酯	0.3
维生素 H	0.001
生育酚乙酸酯	0.02
甘油三辛酸酯	0.3
4-异丙基环庚二烯酚酮	0.005
两性甲基丙烯酸共聚物	0.01
司本-20	0.5
香料	0.05
乙醇	8.8

注：该养发酊引自日本公开特许 91-261708。

（3）配方三

肌醇六磷酸	5.0
4-异丙基环庚二烯酚酮	0.5
异丙醇	150.0
维生素 E 乙酸酯	0.5
乙醇	400.0
聚氧乙烯氢化蓖麻油	5
甘菊环	0.1
氢氧化钠	3.0
香料	2.0
水	433.9

注：该养发酊具有滋养发根、改善头皮血液循环功能。引自日本公开特许 91-74318。

（4）配方四

泛醇	1.0
谷氨酸钠	1.0
鲜酵母菌衍生物	0.15
吐温-80	5.0
季铵化聚（乙烯吡咯烷酮/丙烯酸氨乙酯）	20.0
硬脂醇聚氧乙烯醚磷酸二乙醇胺	10.0
辛基酚聚氧乙烯醚	2.0
尿囊素乙酰蛋氨酸	2.0
山梨酸	0.01
尼泊金甲酯	2.5

甘油	0.01
脲衍生物	3.0
乙二胺四乙酸二钠（EDTA-2Na）	2.0
香精	0.5
精制水	948.0

注：该配方引自美国专利4814351，具有良好的养发和抗脱发作用。

（5）配方五

当归	100
红花	60
干姜	90
赤芍	100
生地	100
侧柏叶	100
乙醇（75%）	3000

（6）配方六

醋酸羊毛醇酯	11.0
维生素 B_6	1.0
卵磷脂	适量
胆固醇	适量
香精	0.5
酒精	100.0

注：该养发酊具有滋养头发、防止秃发之功效。

（7）配方七

A 组分

水杨酸	1.0
蛋清蛋白	40.0
维生素 E	0.3
蒸馏水	400.0
乙醇	400.0

B 组分

蛋氨酸	1.0
蛋白酶	1.0
琥珀酸	1.0
苹果酸	1.0
水杨酸	1.0
甘油	1.0
蒸馏水	700.0
乙醇	300.0

（8）配方八

L-薄荷醇	0.1
氯化镱	1.0
胡椒酊	1.0

二氨基哌啶基嘧啶氧化物	0.5
间苯二酚	0.5
甘油	5.0
乙醇（95%）	50.0
香料	1.5
色料	适量
蒸馏水	40.0

注：该养发酊引自日本公开特许87-242608。

3. 主要生产原料

（1）维生素 B_6

维生素 B_6 又称盐酸吡多辛、盐酸吡哆醇、维生素 B_6 盐酸盐，化学名称为2-甲基-3-羟基-4，5-二羟甲基吡啶盐酸盐。白色或类白色结晶性粉末。味酸苦，无臭。遇光易变质。熔点205～209 ℃（分解）。易溶于水，微溶于乙醇，不溶于氯仿和乙醚。规格应符合中国药典1985年版。

（2）维生素 E

维生素 E 又称维生素 E 乙酸酯、生育酚乙酸酯。化学名称为2，5，7，8-四甲基-2（4，8，12-三甲基十三烷基）-6-色满醇醋酸酯。外消旋体为微黄色或黄色透明的黏稠液体。几乎无臭。遇光颜色变深。凝固点 -27.5 ℃。相对密度（$d_4^{21.3}$）0.9533，折射率1.4950～1.4972。易溶于无水乙醇、丙酮、乙醚和石油醚。

（3）维生素 H

维生素 H 又称生物素。无色针状晶体。熔点232～233 ℃。溶于水和乙醇，不溶于石油醚和氯仿等。在普通温度下相当稳定，在中性或酸性溶液中稳定。遇强碱或氧化剂则被分解。

（4）甘草酸二钾

甘草酸膏经提取、成盐后制得。含量90%，比旋光度$\geq +45°$。

4. 工艺流程

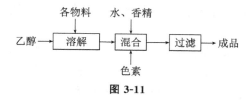

图 3-11

5. 生产工艺

（1）配方五的生产工艺

将各中药材切碎后放入乙醇中，浸泡10天后过滤，得养发酊。

（2）配方七的生产工艺

A组分和B组分别配制，然后将80份A与20份B混合均匀后，加入适量香精，得养发酊。

6. 产品标准

酊剂外观透明、无浑悬、无沉淀。色泽均一。无毒，无致敏，具有滋养头发、防止脱发功能。

7. 产品用途

用作护发、养发，并有一定的促进头发生长、防止脱发作用。

8. 参考文献

[1] 陈广坤，李园白，李萌，等. 基于中医古籍方剂数据挖掘养发育发药物组配的研究 [J]. 吉林中医药，2016，36 (7)：724-728.

3.14 烫发精

烫发精又称冷烫精、冷烫液、冷烫剂、烫发剂、卷发剂。其中的还原剂在碱性条件下能与头发中角蛋白的二硫键发生氧化还原反应，从而使头发卷曲变形，然后用定型剂（也称中和剂）处理，达到定型目的。烫发精是一种经济方便的家用烫发水。所烫发型持久性好，一般能保持3～6个月。用烫发精烫发不但具有节电安全的优点，而且具有造型美观和不损坏头发等特点。

1. 生产方法

烫发精是含有化学卷发剂巯基乙酸盐或巯基化合物的复配溶液，一般配方中巯基乙酸铵的含量为7%～10%。此外，还有碱剂（如氨水）、氧化剂（定型剂）。

化学卷发剂巯基乙酸盐又称硫代乙醇酸，分子式为 $HSCH_2COOH$，无色或微黄色液体，久藏后有强烈不愉快气味，相对密度（d_4^{25}）1.300，沸点123 ℃（3.86 kPa），熔点-16.5 ℃，闪点128 ℃。与水、醇、醚及其他有机溶剂任意混合，在空气中迅速氧化。由于分子两端是巯基和羧基，所以，具有还原性和较强的酸性，与碱性物质作用生成各种巯基乙酸盐。配制卷发剂一般多用巯基乙酸的钾、钠、铵盐，而常用的铵盐和钠盐，它们由巯基乙酸用碱性物质中和即得，碱性物常用的有碳酸钠、碳酸氢铵、氨水、乙醇胺等。

硫脲-钡盐水解法生产巯基乙酸铵生产设备简单，原料供应充足，工艺条件要求不高，操作容易掌握。收得率较高，生产成本较低，投资费用省，生产周期短，可以将巯基乙酸铵溶液直接配制成卷发制品，更适于小型化生产。因此，在我国目前化学卷发剂巯基乙酸铵生产中，多采用的是这种方法。

硫脲-钡盐水解法生产巯基乙酸铵所需主要原料如下。

（1）氯乙酸（一氯醋酸、氯醋酸）

氯乙酸是带有强烈刺激性气味的白色晶体。相对密度（d_4^{20}）1.58。α-型熔点61～63 ℃。沸点189 ℃。氯乙酸易溶于水、苯、氯仿、酒精及乙醚。水溶液呈酸性反应。氯乙酸属二级有机酸性腐蚀品，对皮肤有强烈腐蚀性。在生产操作时又容易散落，并黏附腐蚀衣服和皮肤，皮肤被腐蚀时开始没有痛觉，因此，操作者需加倍小心。应贮存在阴凉的库房中，容器必须密封，防止吸潮，与碱类、氧化剂分开堆放。质量指标：

指标名称	一级品	二级品
氯乙酸含量	≥96.5%	≥95%
二氯乙酸含量	≤0.5%	≤1%

（2）硫脲（硫代尿素）

硫脲为白色而有光泽的斜方形粒状晶体，味苦，相对密度（d_4^{20}）1.405。在水中溶解度 0 ℃为 5.186%，20 ℃为 14.07%。具中性反应。在空气中易潮解。加热时能溶于乙醇。170 ℃熔融时部分起同分异构作用而形成硫氰酸铵 NH_4CNS。贮存不可露天堆放，不可受潮，远离火种及热源，不可与酸性、碱性物共贮混运。质量指标：

指标名称	一级品	二级品
外观	白色细结晶	白色细结晶
硫脲含量（干基）	≤99.0%	≤98.0%
水分含量	≤0.5%	≤1.0%
灰分（以硫酸盐计）	≤0.2%	≤0.5%
熔点（干基）/℃	≥175.0	≥170.0

（3）碳酸氢铵

碳酸氢铵又名酸式碳酸铵，重碳酸铵。白色斜方或单斜结晶。无毒、有氨臭。相对密度 1.58。能溶于水，不溶于乙醇和丙酮，水溶液呈碱性反应。受潮后极易分解，开始受潮常成块状。性质不稳定，遇热在 36 ℃以上能分解为二氧化碳、氨及水。所以，须贮存在阴凉干燥处所，应与氯乙酸等酸蚀性物质分开堆放。质量指标：

外观	白色粉状结晶
碳酸氢铵含量	99.2%～101%
不挥发物含量	≤0.008%
硫化物（S^{2-}）含量	≤0.0002%
硫化氢组重金属（Pb）含量	≤0.0005%
硫酸盐（SO_4^{2-}）含量	≤0.008%
砷（AS）含量	≤0.0002%
铁（Fe）含量	≤0.002%
氯化物（Cl）含量	≤0.007%

（4）氢氧化钡

氢氧化钡分子式为 $Ba(OH)_2 \cdot 8H_2O$，白色粉末或单斜晶体。有毒，晶体有 8 分子结晶水，能溶于水，水溶性呈碱性。相对密度（d_4^{16}）2.18，熔点 78 ℃，受热逐渐失去结晶水，780 ℃变为无水物。在空气中极易吸收二氧化碳而变成碳酸钡。氢氧化钡吸收二氧化碳后就不能在水中溶解，在生产过程中溶解速度慢或溶解不完全。氢氧化钡存放的库房应保持干燥，容器必须密封。须与酸类化学品隔离存放。质量指标：

指标名称	工业用	特定
含量［$Ba(OH)_2 \cdot 8H_2O$］	≤95.0%	≤98.0%
碳酸钡（$BaCO_3$）	≤1.5%	≤1.0%
Cl^- 含量	≤0.1%	≤0.1%
Fe 含量	≤0.05%	≤0.05%

硫脲—钡盐水解法生产巯基乙酸铵工艺操作：

将氯乙酸 20 kg 投入搪瓷反应器中，加入去离子水 40 kg，同时缓慢搅拌使氯乙酸全部溶解，慢慢地撒入碳酸钠进行中和，待中和反应所产生的泡沫量减少时，应注意随时测试溶液的 pH，pH 为 7～8 时，中和终止，静置、澄清。

在另一搪瓷反应锅内，投入硫脲 20 kg，再加入去离子水使之全部溶解后，将澄清的氯乙酸钠溶液抽入锅内，料液温度升至 60 ℃后停止加热，再继续搅拌 30 min，保温 1 h。将全部料液，包括沉淀物，一起放入陶瓷滤缸，减压过滤，滤出清液弃去，滤得粉状沉淀物再以少量去离子水分次淋洗后，抽滤压干。

将氢氧化钡 70 kg 投入搪瓷反应锅中，然后加入 160 kg 去离子水，开启蒸汽夹套加热，加热料液加速氢氧化钡溶解，间歇开动搅拌器，待氢氧化钡全部溶解后，将 2-亚氨基硫代乙醇酸粉沉淀物慢慢分散加入，使料液温度保持在 70 ℃左右，保温 3 h，间歇开动搅拌器以防止沉淀结底。全部料液和沉淀物趁热过滤，含有尿素的碱性滤出液经酸性氧化剂处理后排放。滤出沉淀物再以少量去离子水淋洗 3～5 次，最后抽滤吸干，得白色粉状物二硫代二乙酸钡。

在搪瓷反应锅内，加入 100 kg 去离子水，再取碳酸氢铵 40 kg，需碎成粉粒状，分散撒入，启动搅拌，同时将二硫代二乙酸钡均衡分散投入，投料完毕，再继续搅 10 min。静置 2 h 后，抽出上层溶液，进一步过滤澄清。所以，玫瑰红色澄清溶液（含铁引起），即巯基乙酸铵溶液，巯基乙酸铵含量一般在 13%（第一次收得溶液）。余下沉淀物中再加入去离子水 50 kg，粉粒状硫酸氢铵 30 kg，继续搅拌 15 min，静置 2 h，过滤得巯基乙酸铵溶液，巯基乙酸铵浓度在 5%～7%（第二次收得溶液）。滤渣碳酸钡附着很多巯基乙酸铵，所以，滤渣必须反复漂洗，洗液可循环使用或配制卷发液用。

反应过程应避免与金属接触，一切设备、容器、工具都应是非金属材料制作的。反应用水必须是去离子或蒸馏水。严格控制杂质和金属离子带入反应物中。

整个反应过程应尽量避免反应液与空气接触，故可采用间歇搅拌，或充氮气隔离搅拌等措施。因为，巯基乙酸易被氧化生成二硫代二乙酸。钡盐容易与空气中二氧化碳作用而生成白色不溶性的碳酸钡沉淀，都会影响得率。

生产中，氯乙酸、碳酸氢铵、纯碱、氢氧化钡溶液、氨水等原料都是有腐蚀性、刺激性的物质，不可与皮肤直接接触，严防溅入眼睛，所以，操作时必须穿戴好防护用具。

硫脲-钡盐水解法生产巯基乙酸胺，它在生产过程中有两类废料。

一类是废液，它包括副反应残液和洗涤液两种。每生产 1 t 化学卷发液商品，有 4 t 左右的废液需要排放。按化学反应式理论剖析副反应残液，其中主要含氯化钠和尿素两种无毒性物质，然而在实际生产中如不加以管理和控制，仍会达不到国家规定的废液可排入标准。此法生产所排放的废液需要监测的项目有 pH，COD（化学耗氧量），硫化物和溶解性钡盐。国家规定工业废水最高容许浓度排放标准：pH 6～9，COD 100 mg/L（重铬酸钾法），硫化物 1 mg/L。

废液总量不大，必要时可先在沉淀池集中处理，重点应控制监测 COD 和硫化物两个项目。废水合并最终仍呈较高碱性，可用浓硫酸稀释后徐徐加入废水，同时将压缩空气通入搅动。有毒性的溶解钡盐很容易和硫酸根结合成不溶性硫酸钡，并从排放废水中沉析分离。加入浓硫酸既可降低废水 pH，又可将可溶性钡盐沉淀分离，氧化作用结果又使 COD 和硫化物指标都下降。如果氧化作用不够，尽可能延长通气时间或添加过氧化氢、氯酸钠等其他氧化剂。处理完毕，分离沉淀物，上层清液排放。

另一种是废渣，废渣的主要成分是碳酸钡，但在巯基乙酸铵的制备过程中，碳酸钡黏附很多的母液，只要将母液洗净，碳酸钡可再作其他钡盐生产厂的原料。也可以重新制成氢氧化钡，在巯基乙酸铵的生产过程中得到循环使用。仅需补充少量损耗部分，物料就能平衡。

2. 技术配方（质量，份）

（1）配方一

A 组分

巯基乙酸铵	10.0
月桂醇聚氧乙烯醚	1.2
单乙醇胺	1.0
香精	1.0
水	86.8

B 组分

溴酸钠	8.0
十八烷基三甲基氯化铵	1.0
异三十四醇	2.88
聚二甲基硅氧烷	2.0
丙二醇	5.0
尼泊金甲酯	0.2
水	80.9

注：引自日本公开特许 90-73006。

（2）配方二

巯基乙酸	12.5
碳酸氢铵	4.0
氨水（20%）	7.35
凡士林	1.0
十四醇	0.8
氢化蓖麻油乙氧基（40）化物	1.0
油醇	0.8
丙二醇	1.5
十六/十八醇聚氧乙烯（25）醚	0.5
十六烷基三甲基氯化铵	0.1
香精油	0.4
水	加至100

注：该冷烫精为乳状。引自国际专利 85-2998。

（3）配方三

三甲基巯基乙基氯化铵	6.0
碳酸氢铵	2.5
壬基酚聚氧乙烯醚	0.2

EDTA	0.1
香精	适量
水	91.2

注：该烫发精无臭、无异味，具有良好的卷曲效果。引自英国专利申请2223242。

（4）配方四

A 组分

尿素	50
氯化铵	1.2
精制水	48.8

B 组分

巯基乙酸铵	26.67
壬基酚聚氧乙烯醚	0.88
氨水（28%）	0.7
香料	0.22
精制水	71.53

注：该配方引自欧洲专利申请102495。

（5）配方五

N-乙酰基半胱氨酸	1.0
缩水甘油基三甲基氯化铵/羟乙基纤维素阳离子聚合物	0.8
二乙二醇单乙醚	10.0
碳酸氢铵	3.0
氨水（30%）	2.8
精制水	75.2

（6）配方六

A 组分

巯基乙酸铵	7.0
单乙醇胺	3.6
阳离子聚合物	3.0
精制水	36.4

B 组分

月桂醇硫酸铵	3.0
磷酸	0.1
精制水	46.9

（7）配方七

甘油巯基乙酸酯	20.0
巯基乙酸	1.5
三乙醇胺	0.5
失水山梨醇月桂酸酯	20.0
香精	适量
精制水	58.0

（8）配方八

羊毛脂	10.0
水解动物蛋白	15.0
月桂醇	1.0
甘油	50.0
矿物油	40.0
甘油巯基乙酸酯	290.0
巯基乙酸	17.0
香精	1.0
乙醇	2.0
精制水	574.0

（9）配方九

亚硫酸氢钾	32.0
巯基乙酸铵	80.0
酒石酸	12.0
单乙醇胺	12.0
碘化钾	24.0
乙醇	400.0
香精	适量
精制水	440.0

注：该配方为无臭卷发剂。

（10）配方十

巯基乙酸（70%以上）	20.0
重亚硫酸钠	3.0
尿素	3.0
苯磺酸钠（30%）	3.0
氨水	9.6
甘油	6.0
蒸馏水	198.4

（11）配方十一

A 组分

脱水羊毛脂	1.5
甘油	6.0
司本-80	0.6
巯基乙酸铵	16.5
尿素	15.0
硼砂	0.3
色素	适量
去离子水	260.0
氨水（28%）（调 pH 至 9.5）	适量

B 组分

硼酸	6.0

渗透剂	0.3
溴酸钾	15.0
去离子水	279.0

（12）配方十二

烫发剂配方

遮光乳液*	10.0
蜂花精油	1.0
巯基乙酸单乙醇胺（40%）	180.0
单乙醇胺	25.0
吐温-20	5.0
水	779.0

* 遮光乳液配方

月桂醇聚氧乙烯（4）醚	100.0
月桂醇聚氧乙烯（23）醚	100.0
辛二醇	50.0
氢化松香酸甲酯	500.0
精制水	2250.0

注：该烫发剂可消除或减少光照对发质的损伤。引自美国专利4767617。

（13）配方十三

A 组分

半胱氨酸盐酸盐一水合物	150
1，2-丁二醇	250
丙二醇	100

B 组分

脂肪胺甜菜碱衍生物（两性表面活性剂）	5.0
氨水（25%）	150.0
香精	1.5
精制水	343.5

注：引自欧洲专利申请320612。

（14）配方十四

A 组分

甲基硅氧烷	20.0
环五聚二甲基硅氧烷	120.0
乙二胺四乙酸二钠（EDTA-2Na）	5.0
巯基醋酸铵	600.0
硫酸铵	150.0
鲸蜡醇聚氧乙烯醚	5.0
壬基酚聚氧乙烯醚	5.0
氨水（25%～28%）	150.0
精制水	8945.0

B 组分

二甲基硅氧烷	15.0
五环聚二甲基硅氧烷	80.0
十六醇聚氧乙烯醚	1.0
壬基酚聚氧乙烯醚	1.0
溴酸钠（NaBrO$_3$）	800.0
柠檬酸	5.0
精制水	9080.0

注：该配方引自日本公开专利 90-255608。

（15）配方十五

A 组分

甘油	50.0
巯基乳酸甘油酯	50.0

B 组分

月桂醇聚氧乙烯醚	1.0
氨水	0.8
碳酸铵	0.3
香精	0.5
尿素	3.0
精制水	94.4

注：该冷烫剂采用巯基乳酸甘油酯，对皮肤刺激性小，不损害头发，烫发效果好。该配方引自德国公开专利 4003234。

（16）配方十六

A 组分

羊毛脂	2.0
角鲨烷	2.0
卵磷脂	9.0
油醇聚氧乙烯醚	0.6
乙基纤维素	1.0
三乙醇胺	2.0
巯基乙酸铵（60%）	20.0
丙二醇	3.0
尼泊金甲酯	0.4
精制水	160.0

B 组分

碳酸钠	2.4
磷酸二氢钠	85.6
过硼酸钠	112.0

（17）配方十七

A 组分

月桂酸酯	6.0

乙二胺四乙酸四钠（EDTA-4Na）	0.4
巯基醋酸铵（60%）	33.4
丝肽（$\overline{M}=500$）	12.0
丝氨酸（3%）	12.0
聚丙烯醇-12/聚乙二醇-65/羊毛脂	4.0
香精	1.6
精制水	316.3

B 组分

矿物油	2.0
过氧化氢（35%）	24.0
聚乙二醇-30/羊毛脂	4.0
磷酸	0.2
鲸蜡醇	4.0
乙二胺四乙酸二钠（EDTA-2Na）	0.4
蒸馏水	361.4

(18) 配方十八

A 组分

椰油酰胺基丙基甜菜碱/甘油单椰酸酯	9.0
二-N-（羧基-3-丙酰基）乙基胺二硫化物	150.0
N-（巯基-2-乙基）琥珀酰胺酸	390.0
香精	6.0
尼泊金甲酯	12.0
水	2433.0
单乙醇胺（调 pH 至 9.0）	适量

B 组分

硼酸钠	240.0
十二水合磷酸二氢钠	9.0
二水合磷酸钠	15.0
椰油酰胺基丙基甜菜碱/甘油单椰酸酯	15.0
精制水	2721.0
三乙醇胺（调 pH 至 8.0）	适量

注：该剂烫发定型长久，对皮肤刺激性小。引自欧洲专利申请 465342。

(19) 配方十九

巯基丙氨酸盐酸盐	10.0
EDTA-2Na	3.0
亚硫酸氢钠	7.0
氢氧化钠（调 pH 至 8.0）	适量
精制水	加至 1000.0

注：该配方引自日本公开特许 93-112432。

(20) 配方二十

A 组分

白油	2.0
油醇聚氧乙烯（30）醚	4.0
丙二醇	10.0
巯基醋酸铵（50%）	20.0
氨水（28%）	3.0
乙二胺四乙酸二钠（EDTA-2Na）	0.4
精制水	161.0

B 组分

过硼酸钠	112.0
磷酸二氢钠	85.6
纯碱	2.4

B 组分（定型剂）也可采用如下配方。

溴酸钠	12.0
尼泊金酯	适量
精制水	188.0

（21）配方二十一

A 组分

巯基醋酸铵（10%）	15.0
三乙醇胺	0.6
低分子量聚酰胺	0.004
十二烷基苯磺酸钠	0.008
蒸馏水	3.39
氨水（调 pH 至 9.3）	适量

B 组分（定型剂）

溴酸钠	0.5
过硼酸钠	0.1
三聚磷酸钠	0.04
太古油	0.2
精制水	19.16

3. 主要生产原料

（1）巯基乙酸铵

巯基乙酸铵又称巯基醋酸铵、硫代乙醇酸铵、硫代甘醇酸铵。无色液体。有特殊气味。遇铁呈紫红色，能放出硫化氢，易吸湿，易氧化，易溶于水。质量指标：

含量	≥50%
铁	≤0.001%
灼烧残渣	≤0.1%

巯基乙酸属高毒类，是一种较强的皮肤致敏物，对皮肤、眼睛有强烈的刺激作用。在 2%～10%浓度时其反应为中等程度，一般市售化学卷发液的浓度都在此范围内。所以，人们在使用化学卷发剂时应谨慎小心，不使药液滴入眼睛，尽量不使药物沾上头

皮。如皮肤污染，可立即用清水冲洗干净，如同时出现轻微的红斑灼痛，可再搽涂杨酸软膏、硼酸软膏或地塞米松软膏。为安全起见，稍有致敏反应，应及时去医院诊疗。

巯基乙酸加氨水可生成巯基乙酸铵，巯基乙酸铵比巯基乙酸的毒性反应小。一旦发现误服巯基乙酸铵卷发剂时，可及时口服牛奶或蛋清，并送医院对症治疗。巯基乙酸的中毒机理：因它可与体内一些含巯基酶产生竞争抑制，所以，皮肤污染可用2％碳酸氢钠清洗，误服可用2％碳酸氢钠洗胃。

（2）巯基丙氨酸盐酸盐

巯基丙氨酸盐酸盐又称半胱氨酸盐酸盐、2-氨基-3-巯基丙酸盐酸盐。无色结晶（外消旋）。能与水、醇、丙酮任意混合。水溶液呈酸性。质量指标：

含量	≥98.5％
干燥失重	≤0.5％

（3）溴酸钠

无色结晶或白色颗粒。相对密度（$d_4^{17.5}$）3.339。381 ℃时分解为溴化钠和氧。溶于水，不溶于醇。是中强氧化剂，与还原剂、有机物、易燃物、铵的化合物、硫、磷、金属粉末混合时有成为爆炸性混合物的危险。与硫酸接触易着火或爆炸。质量指标：

含量	≥98.5％
水分	≤0.5％
氯	≤0.5％

（4）亚硫酸氢钠

略带金黄色液体，有强烈 SO_2 气味。相对密度1.37。与空气接触氧化成硫酸氢钠，与强酸接触则放出 SO_2。温度高于 65 ℃ 时分解放出 SO_2。水溶液呈酸性，久置空气中析出 SO_2。质量指标：

含量	≥38％
二氧化硫	≥24.5％
铁（Fe）	≤0.01％
pH	4.0～4.6

4. 工艺流程

图 3-12

5. 生产工艺

（1）配方四的生产工艺

A组分为活化液、B组分为卷曲液。A、B组分分别配制。活化液 pH 6～8，卷曲液 pH 7.1（用氨水调节）。

（2）配方十的生产工艺

向巯基乙酸中滴加氨水，待溶液 pH 达 8.5～9.0 时，加入尿素，搅拌至全溶后加入水稀释，再加甘油、苯磺酸钠、重亚硫酸钠，搅拌混匀，调节 pH 为 7.5 即得烫发剂。

（3）配方十二的生产工艺

将含氢化松香酸甲酯、辛二醇、月桂醇聚氧乙烯醚混合物于 50 ℃ 加入水中，搅拌均匀得遮光乳液。再按烫发剂配方将各物料加入水中，均质得到烫发乳液。

（4）配方十七的生产工艺

该冷烫剂含有丝肽、丝氨酸，具有养发、修发功效。A 组分配制：将月桂酸酯、羊毛脂混合物和香精混合；另将丝肽、丝氨酸和乙二胺四乙酸二钠（EDTA-2Na）溶于水。将两者混合后，加入其余物料，用氨水调 pH 至 9.0～9.5。B 组分配制：将蒸馏水加热至 70 ℃，加入聚乙二醇/羊毛脂，然后加入矿物油、鲸蜡醇，用磷酸调 pH 至 4.1～4.5，加入其余物料，混合均匀得 B 组分。A、B 组分分别包装。

（5）配方二十一的生产工艺

A、B 组分分别配制，分别包装。避光保存于阴凉处。

化学卷发液一般配制步骤：首先是将巯基乙酸铵配制成所需要的浓度（10%），然后调整卷发液的 pH，其次是各种添加物的配伍。双剂型和三剂型的则另外再配氧化定型剂和调节调理剂。

①将巯基乙酸铵配制成规定的浓度。市售巯基乙酸工业原料规格很多，巯基乙酸含量从 30%～60% 都有供应，浓度最高的含量达 96% 以上，这些原料都可以直接稀释至需要的浓度来配制化学卷发液。

以硫脲-钡盐水解法生产巯基乙酸铵时，每次制得的溶液浓度也是不同的，需将高浓度溶液与低浓度溶液按产品标准规定浓度配制，配制可以通过数学计算方法计量。但在工厂实际配制时常以十字交叉经验公式配比，如有巯基乙酸铵含量 12.5% 和 7.5% 两种不同浓度的溶液，现在需要配成巯基乙酸铵含量为 9.5% 的溶液，可由下列方法求解：

（第一液浓度）12.5%～9.5%（需要配成浓度）＝3（应取第二液数）；

（需要配成浓度）9.5%～7.5%（第二液浓度）＝2（应取第一液数）。

如果需要配制 9.5% 巯基乙酸铵 50 kg，则可称取 12.5% 浓度的第一液 20 kg，7.5% 浓度第二液 30 kg，将两液相互混合均匀即可。

市售卷发液的巯基乙酸铵含量一般在 5%～9.5%。

②调整卷发液的 pH 和游离氨。有相同浓度的巯基乙酸铵溶液，如果它们的 pH 及游离氨不相等，那么卷发时卷曲效果也就完全不一样。

评价卷发液的卷曲效果，还取决于使用者的不同要求，也有赖于卷发者的发质，如有难卷和易卷之分。卷发液在酸性条件下卷曲效果是很差的，pH 提高到 9 以上时，卷曲效果递增较大，但 pH 和游离氨也不能无限增加，否则也会卷曲过强乃至断损头发。为适应不同发质和使用者的不同要求，最初控制两项主要的指标，即巯基乙酸含量和总氨量或 pH。所以，调整卷发液的 pH，多数就是加入一定量的碱性物质来提高卷发液的 pH，这些碱性物质有碳酸氢铵、碳酸钾（钠）、氢氧化钾（钠）、硼砂、氨水、二乙醇胺、三乙醇胺等。一般卷发液需要调整碱度，氨水或三乙醇胺优于碱金属的无机盐，挥发性碱作用温和，容易渗透，卷发效果好，在卷发过程中氨也容易挥逸，相对可以减少对头发的碱性作用。但对产品的稳定性，则挥发性碱不如碱金属无机盐的纯碱或氢氧化钠。卷发液在长期贮存期间，如果容器封装又不严密，氨就很容易挥发逸去，随之氧化合作用和自酯化作用的结果，卷发液的 pH、游离氨和巯基乙酸铵含量都会有不同程度的下降，严重的甚至会完全失效。

为了改善发剂的使用效果，提高质量，美化商品，常常还配入其他多种添加助剂。乳化剂如磺酸酯可以将产品制成奶油状的乳液。有许多表面活性剂可作为乳化剂，但卷发液配方多种多样，配入物又比较混杂，为了卷发液有非常好的乳化稳定性，表面活性剂就需要经过筛选。乳液型卷发剂可以提高使用效果和改善卷发性能。

润湿剂如烷基硫酸钠、三乙醇胺等，有很多的表面活性剂也可作为润湿剂。润湿剂有促进头发软化膨胀，有助于卷发剂渗透发质，加速卷发效应的功能。

护发剂的功效使头发保温柔韧、光泽滋润，保护头发不使卷烫过度等。有羊毛脂及其衍生物、半胱氨酸盐酸盐、水解胶原、阳离子表面活性剂、二巯基二乙酸盐等。

增稠剂有羧甲基纤维素、高分子量聚乙二醇等。增稠以后的卷发剂在卷发操作时不易流失。

加入水（醇）溶性染料着色，可使卷发剂外观增加悦目色彩。加入香精、香料掩盖卷发剂中使人不愉快的气味。

（6）其他配方的生产工艺

两组分型产品分别配制，分别包装。

6. 产品标准

色泽	成品不得呈紫褐色
水剂	澄清、透明，不得有沉淀
乳剂	无沉淀物
巯基乙酸铵含量	7.5%～9.0%
pH	8.9～9.5
对皮肤刺激性	斑点试验合格
氧化定型剂	必须能产生新生态的氧、稳定性好。

7. 质量检测

（1）色泽

目测鉴定，与标色卡或封样对比无明显区别，成品不得呈紫褐色。

（2）剂型

水剂型或乳剂型。凭感官与标准样比较，没有沉淀物。

（3）对皮肤刺激性

定型时，应对正常皮肤做斑贴试验，呈阴性。在正常人群（10 例）上肢前臂内涂上化学卷发剂，面积约 10 mm^2，然后盖上玻璃纸，胶布固定，24 h 后观察反应结果。如皮肤无红斑即为阴性，斑贴试验合格。

（4）pH

取 50 mL 化学卷发剂，直接用酸度计测定。

（5）巯基乙酸铵含量（%）的测定

测定原理：利用碘在酸性介质中能将低价硫化合物氧化为相应的高价硫化合物。

$$2HSCH_2COOH + I_2 \longrightarrow HOOCCH_2SSCH_2COOH + 2HI$$

两分子 $HSCH_2COOH$ 失去两个电子，一分子 I_2 获得 2 个电子。

测定操作：用移液管吸取 500 mL 0.1 mol/L 的碘液放入 500 mL 碘量瓶中，加入 5 mL

1∶3盐酸溶液，试样称入滴瓶，用减量法称取试样 0.7～1.5 g（精确到 0.0001 g）放入上述碘量瓶中，用已标定的 0.1 N 硫代硫酸钠滴定，待溶液颜色变浅，再加入约 5 mL 的淀粉溶液，不断摇动，继续小心滴入硫代硫酸钠标准溶液，滴至蓝色消失，变为无色，即为终点。

按上述同样方法做一空白试验，记下 50 mL 碘液所消耗的硫代硫酸钠标准溶液的毫升数。

巯基乙酸铵含量的计算如下：

$$w（巯基乙酸铵）=\frac{(A-B)\times N\times109.176}{G\times1000}\times100$$

式中，A 为空白所消耗硫代硫酸钠标准溶液的毫升数；B 为试样所消耗硫代硫酸钠标准溶液的毫升数；N 为硫代硫酸钠标准溶液的当量浓度；G 为化学卷发剂试样的重量，g；109.176 为巯基乙酸铵的摩尔质量，g/mol。

（6）卷发制品中巯基乙酸铵含量测定

在巯基乙酸含量的测定中，虽多用碘量法，但有采用硫代硫酸钠反滴过量碘和用碘液直接滴定的两种方法。由于用标准碘液直接滴定的方法较为简捷，反应机制又相同，所以，目前在生产调制时大多采用碘液直接滴定法。但是商品化学卷发剂中往往有亚硫酸盐等还原性化合物配伍，因此，在用标准碘液直接滴定化学卷发型时，所得的结果只是总的还原物质，并不完全都是巯基乙酸，还包括可与碘液反应的其他还原性化合物。除非已知样品不存在其他任何还原物，或者加入一定量的某种还原物是已知的，否则要单独测定出巯基乙酸的含量时，必须再用巯基乙酸的定性试剂——醋酸镉处理。基于醋酸镉只能与巯基乙酸作用生成巯基乙酸镉沉淀，对同一样品的两份试液进行不同处理，其中一份是加入沉淀剂的，然后再加入过量的标准碘液，而后根据两试液所耗标准滴定液之差，即可求出巯基乙酸的量。

巯基乙酸铵含量的测定：用移液管吸收 50 mL 0.1 mol/L 碘液置入 500 mL 碘量瓶中，加入1∶3的盐酸溶液 5 mL。用减量法称取试样 0.7～1.5 g（精确至 0.001 g），置入碘量瓶中，用标准的 0.1 mol/L 硫代硫酸钠溶液滴定，待溶液颜色变浅，加入约 5 mL 淀粉溶液，不断摇动，继续小心滴入硫代硫酸钠标准溶液，直至蓝色消失，变为无色为终点。

按上述同样方法做一空白试验，记下 50 mL 0.1 mol/L 碘所消耗的硫代硫酸钠标准溶液的体积（毫升数）。

$$w（巯基乙酸铵）=\frac{(V_1-V_2)\times C\times109.176}{m\times1000}\times100$$

式中，V_1 为空白试验耗用硫代硫酸钠标准溶液的体积，mL；V_2 为试样耗用硫代硫酸钠标准溶液的体积，mL；C 为硫代硫酸钠标准溶液的浓度，mol/L；m 为冷烫剂试样的质量，g。

8. 产品用途

用于卷曲头发，以做成理想的发型。一般先用香波将头发洗净，用手理出需卷曲的部分头发。

9. 产品用法

（1）配方一所得产品的用法

头发用 A 剂处理 15 min 后，用 B 组分处理。

（2）配方三所得产品的用法

烫发前，将两液混合使用，混合液 pH 6.5～9.5。

（3）配方十三所得产品的用法

使用前 A、B 组分等量混合均匀。

（4）配方十四所得产品的用法

涂上 A 组分，卷在适当粗细的棒上，保持 20～40 min，然后用 B 组分均匀地涂抹发卷 1～2 遍，保持 10 min，用 B 组分润滑全部头发，最后用水冲洗。

（5）配方十六所得产品的用法

该配方 A 组分为溶液型，B 组分为粉剂型。使用时，将 B 组分配制成 2%～3% 水溶液。

（6）配方二十所得产品的用法

A 组分为卷曲液，B 组分为粉状定形剂，使用时配成 2%～3% 水溶液。

（7）其他配方所得产品的用法

刷上适量的 A 组分（卷曲剂），保持 20～40 min，需用 25～35 个卷发筒。然后用定型液（B 组分）均匀涂刷发卷 1～2 遍，保持 10 min，拆除卷发筒，即可洗头。如果用一剂型冷烫剂，拆除卷发筒后，需等 15 min 才可洗头。

10. 参考文献

[1] 张立军，王伟莉. 安全高效冷烫剂的研制 [J]. 日用化学工业，2002 (6)：76-77.
[2] 张立军，王伟莉. 无毒害冷烫制品的研究 [J]. 承德民族师专学报，2001 (2)：59-61.

3.15 电烫发剂

1. 产品性能

电烫发剂有水剂、浆剂和粉剂 3 种剂型。水型配制操作简单，烫发使用方便，但药剂易沾染衣物，烫后头发缺乏滋润性。粉剂配制、包装简单，但在烫发时必须加水配制。电烫发剂与化学卷发剂相比，只是头发卷曲波纹的持久性优于化学卷发剂外（由于高热固化部分蛋白质），其他各项使用性能都不及化学卷发剂。

市场上的电烫发剂一般以乳化的烫发浆剂为主。电烫发剂由于在高热条件下使部分角蛋白固化卷曲，因此，头发卷曲波纹的持久性优于冷烫剂（化学卷发剂），但其他各项使用性能均不及化学卷发剂。

2. 技术配方（质量，份）

（1）配方一

| 羊毛脂 | 1.0 |

白油	1.0
甘油	2.0
二压硬脂酸	0.9
棉籽油	2.3
油酰基甲基牛磺酸钠	2.0
硼砂	0.4
焦磷酸钠	0.3
氨水	1.0
凡士林	1.0
亚硫酸钠	3.5
精制水	84.6

（2）配方二

	（一）	（二）
亚硫酸钠	7.0	3.0
皂粉	0.8	—
磺化蓖麻油	—	2.0
硼砂	1.4	1.0
碳酸氢钠	4.0	—
碳酸钾	—	3.0
碳酸铵	—	5.0
乙醇胺	—	12.0
精制水	186.8	174.0

注：配方（一）为乳化浆剂型，配方（二）为水剂型。

3. 主要生产原料

（1）亚硫酸钠

亚硫酸钠又称无水亚硫酸钠。白色结晶性粉末。溶于水，水溶液呈碱性。与空气接触易被氧化成硫酸钠。遇高温则分解成硫化钠和硫酸钠。与强酸接触，则分解放出 SO_2 还原剂。质量指标：

指标名称	一级品	二级品
含量	≥96%	≥93%
水不溶物	≤0.03%	≤0.05%
铁（Fe）	≤0.02%	≤0.02%
游离碱（以 Na_2CO_3 计）	≤0.6%	≤1.0%

（2）氨水

氨水旧称氢氧化铵。市售氨水是液氨的水溶液。含氨 28%～29%。无色液体，具有浓烈的刺激臭气，对人体、鼻及破损皮肤有敏感的刺激性。能溶于水，呈碱性，与酸作用成盐。

（3）硼砂

硼砂又称十水硼酸钠。无色半透明晶体或白色结晶粉末。无咸、无臭。相对密度 1.73。320℃ 时失去全部结晶水。易溶于水、甘油，微溶于乙醇。水溶液呈弱碱性。熔融时成无色玻璃状物质。质量指标：

含量（$Na_2B_4O_7 \cdot 10H_2O$）	≥95.00%
水不溶物	≤0.04%
碳酸钠	≤0.40%
硫酸钠	≤0.20%
氯化钠	≤0.10%

（4）棉籽油

棉籽油由棉籽（含油量为20%±1%）压榨所得的油，呈黄色的液体，粗制成品呈红宝石色，有油臭、味苦。是半干性油，相对密度0.923，大半为亚麻仁油酸、油酸、棕榈酸及硬脂酸等之混合酯，脂肪酸凝固点32～35 ℃，碘值110 mg KOH/g，皂化值193 mg KOH/g。

4. 工艺流程

（1）乳化浆剂型

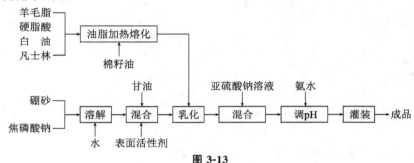

图 3-13

（2）水剂型

图 3-14

5. 生产工艺

以配方一为例：将羊毛脂、硬脂酸、凡士林、棉籽油、白油等油脂物料按配方比投入熔混锅中，夹套蒸汽加热至油脂等完全熔化（一般料温在90～95 ℃，停止加热，启动搅拌器）。将已用热水预先溶解的硼砂、焦磷酸钠、甘油、表面活性剂加入熔混锅内，混合乳化后加入亚硫酸钠溶液，于50 ℃加入氨水调pH至9.5～13.5。于47～50 ℃出料灌装。

6. 产品标准（乳浆体）

色泽	米黄色
气味	具有氨的特殊气味
耐热	于40 ℃下24 h膏体允许有少量油水分离
耐寒	于0 ℃下24 h膏体能正常使用
pH	9.5～13.5

7. 产品用途

用作电烫发剂。用卷发器（筒）将头发卷曲，并涂刷电烫发剂，然后通过电加热，在较高温度下使头发角蛋白发生卷曲变形，从而获得持久的波纹卷曲发型。

8. 参考文献

[1] 泮富友. 一种新型的热烫发剂 [J]. 日用化学工业，1983（5）：40.
[2] 于也. 永久性烫发剂的几种配方 [J]. 广东科技，1994（12）：22.

3.16　固体冷烫剂

1. 产品性能

常用的液体冷烫剂由于容易分解，故不宜长期保存，同时携带不便。固体冷烫剂正是为了克服液体冷烫剂的不足而开发的。

2. 技术配方（质量，份）

A 组分

原料名称	（一）	（二）
溴酸钾	4.5	9.0
溴酸钠	7.5	—
碳酸氢钠	—	4.5
硫酸钠	6.0	—
白糖	1.5	—
乳糖	4.5	—
淀粉	—	3.0
色素	适量	适量

B 组分

蔗糖	0.3	—
乳糖	1.2	—
淀粉	—	3.0
酒石酸	7.5	3.6
香精	适量	适量

3. 主要生产原料

（1）溴酸钾

白色或无色结晶或粉末，属三角晶系。可溶于水，微溶于乙醇，不溶于丙酮。相对密度 3.27。熔点 434 ℃。加热至 370 ℃ 以上开始分解，产生溴化钾和氧气。具有强氧化性。水溶液为强氧化剂。固体的溴化钾与有机物、硫化物或还原性物质混合研磨时，能引起爆炸。有毒。质量指标：

含量	≥99.5%
水不溶物	≤0.01%
氯化物	≤0.1%
溴化物（Br⁻）	≤0.04%
硫酸盐（SO₄²⁻）	≤0.01%

（2）乳糖

乳糖又称 α-乳糖。白色单斜晶系晶体。无气味。微有甜味。在空气中稳定。溶于水，不溶于醇，相对密度 1.53，比旋度＋52.2 ℃～＋52.5 ℃，熔点 201～202 ℃。

（3）酒石酸

酒石酸又称 2，3-二羟基丁酸。无色透明结晶体或白色细颗粒结晶粉末。无臭，有酸味，在空气中稳定。熔点 170 ℃，相对密度 1.7598。可溶于水、乙醇及乙醚，低毒。质量指标：

含量	≥99%
熔点/℃	200～206
干燥失重	≤2.0%
灼烧残渣	≤0.1%
硫酸盐	≤0.1%

4. 生产工艺

将 A 组分中各原料混合，以羟甲纤维素为黏合剂，以乙醇为溶剂，捏合、压型后干燥得 A 组分。将 B 组分中各原料混合，以乙醇为溶剂，加适量羧甲基纤维素为黏合剂，捏合、压型后干燥得 B 组分。A、B 组分分别包装。

5. 产品用途

用作冷烫发剂。将 A 组分和 B 组分同时放入水中，配成2%～3%（对溴酸盐而言）的溶液，即可使用。

6. 参考文献

[1] 金应世，沈姬淑，姜美顺. 化学冷烫剂的制法 [J]. 应用科技，1998 (10)：5.
[2] 周锡仁. 冷烫的化学及冷烫剂配方 [J]. 山西化工，1981 (3)：41-47.

3.17 烫发染发剂

1. 产品性能

该类发用化妆品在烫发的同时可使头发染色，主要由冷烫剂和染发剂组成。

2. 技术配方（质量，份）

（1）配方一

单巯基乙酸酯甘油溶液（32.5%）	2.0

氯化铵溶液（1.5%）	2.0
尼泊金甲酯	适量
D&C 28#红溶液（5%）	0.01

注：该配方引自美国专利5094662。

（2）配方二

A组分

巯基乙酸（0.8%）	70.0
添加剂	5.0
水解丝蛋白（$M=1000$）	2～3
蛋黄油	2～3
鲸蜡醇/聚氧乙醚烯羊毛脂/丙二醇	5.0

B组分

日本红（染料）	50.0
土豆淀粉	10.0
水解丝蛋白（$\overline{M}=1000$）溶液（10倍稀释）	20.0
焦糖	13.0
蛋黄油（3倍稀释乳液）	20.0
乙醇	22.0
尼泊金甲酯	0.6
水	100.0

注：引自日本公开特许93-17323。

3. 生产工艺

（1）配方一的生产工艺

将各物料溶解于溶剂（水）中，均质后即得。

（2）配方二的生产工艺

A、B组分分别配制、分别包装。A组分为烫发剂，B组分为染发剂，其中的染料可以根据需要选择不同的颜色。

4. 产品用途

用作化学冷烫的同时达到染发的目的。

5. 参考文献

[1] 吴秀萍，杨轶眉. 我国染发剂行业质量调研报告 [J]. 质量与标准化，2017（2）：41-43.

[2] 陈利英. 染发烫发剂 [J]. 中外技术情报，1994（2）：36-37.

3.18 氧化染发剂

染发剂是给头发染色的一种化妆品，分为暂时性、半永久性、永久性染发剂。氧化染发剂（oxidation hair dye）又称氧化染料染发剂、永久性染发剂。染发剂普遍含有对苯二胺，对苯二胺是国际公认的一种致癌物质，长期使用染发剂对健康有害。

1. 产品性能

产品有膏状、乳状、液体等剂型。一般含有氧化染料的 A 组分和含有氧化剂的 B 组分两个部分。染发时，将 A 组分与 B 组分混合，涂刷在头发表面，氧化染料经氧化变成不溶性的染料，不但能遮盖发丝表层，而且能渗透到发质内层，染色牢固持久。

含有氧化染料的 A 组分（也称一号药剂）由氧化染料（也称染料中间体）、溶剂（醇类）、表面活性剂（促进染料均匀渗透）和碱剂等构成。常用的氧化染料和染料中间体主要有苯二胺、甲苯二胺及这些化合物的衍生物，另外还有氨基酚、苯二酚及其衍生物作染发剂的辅助染料。一些常用的染料中间体如下。

染料中间体名称	可能产生的色泽
对苯二胺	棕黑色
氯化对苯二胺	深褐色
对甲苯二胺	褐色
2，5-二氨基苯甲醚	棕色
间苯二胺	紫色
2，4-二氨基苯甲醚	深紫色
4-氨基-22甲基苯酚	深褐色
间甲苯二胺	紫色
间苯二酚	深蓝色
2，5-二氨基苯酚	红棕色
间氨基苯酚	深灰紫
2-甲氧基-对苯二胺	浅灰色
邻苯二胺	金黄色
对氨基苯酚	金棕色
对甲（基）氨基苯酚硫酸盐	亚麻色
4，4′-二氨基二苯胺	灰色
4-羟基二苯胺	本色
邻甲苯二胺	浅褐色
连苯三酚	金色
1，5-二羟基萘	浅紫色
2，7-二羟基萘	灰褐色

含有氧化剂的 B 组分（也称二号药剂）通常用过氧化氢，也可用过硼酸钠。过氧化氢极易分解，必须添加稳定剂，常用的稳定剂有非那西汀，B 组分中还有金属离子络合剂、杀菌剂及保持 pH 为酸性的调整剂。

用作染发剂中的基质一般有脂肪酸皂类、表面活性剂、增稠剂、溶剂、均染剂、头发调理剂，以及一些诸如抗氧剂、抑制剂、pH 调节剂，螯合剂和香精等添加剂。

脂肪酸皂类可采用油酸、棕榈酸、硬脂酸、月桂酸、椰子油脂肪酸。通常制成这些脂肪酸的铵皂。其中以油酸铵皂最为适宜，它是染料中间体的一个较好的溶剂和分散剂，并且其抑制作用较低。

　　基质中的表面活性剂可以选用阴离子、非离子、两性离子表面活性剂，表面活性剂在染发剂中具有多功能，即可作为渗透剂、分散剂、耦合剂、发泡剂，也可作为染发香波中的清洁剂。常用的表面活性剂有高级脂肪醇硫酸盐、乙氧基壬基酚、乙氧基烷基酯等，其中最适用的是聚乙二醇对壬基酚醚。

　　加入增稠剂即胶凝剂，可以制取一个胶状的基质，胶凝剂在染发剂中作为增稠、增溶、稳定泡沫。可选用的胶凝剂有油醇、乙氧基脂肪醇、烷基醇酰胺及羧甲基纤维素等。

　　溶剂在染发剂中作为染料中间体的载体，并对水不溶性物质起增溶作用。常用的溶剂是低碳醇、多元醇、多元醇醚，如乙醇、丙二醇、甘油、山梨醇、二乙二醇乙醚等。其中甘油具有保温作用，乙醇和异丙醇能促进染料对头发的渗透，异丙醇是常选用的溶剂。

　　染发剂组成中的其他许多物质都具有均染作用。例如，脂肪醇烷基酯类、烷基醇酰胺、丙二醇等都有延缓染料中间体在头发内的溶解和染料均匀地被头发吸收。

　　为了防止空气氧化和制品变质，应在染发基质中加入一些抗氧剂。使用足够的抗氧剂，用以阻滞染料的自身氧化；为了预防制品在制备和贮藏时尽量减少与空气接触的机会，要求在制备和灌装时填充惰性气体，灌装制品时应尽量装满容器，广泛使用的抗氧剂是亚硫酸碱金属盐类、丁基羟基茴香醚（BHA）或丁羟基甲苯（BHT）。经常使用的是亚酸钠，其用量一般低于 1%。其他可以选用的抗氧剂有硫醇、抗坏血酸（维生素 C）、2，3-二羟基苯酚等。

　　如果氧化作用太快，氧化发生在染料中间体还未充分渗入发质之内，可能造成染发不均匀而降低染色效果，因此，需要加入抑制剂以减慢氧化速度，使染料中间体在头发内充分扩散后再发生氧化。上述抗氧剂也有一定的阻滞作用，适用的抑制剂还包括聚羟基酚、1-苯基-3-甲基-吡唑啉酮及其类似物。

　　螯合剂用以螯合微量重金属，当过氧化物与染料组分混合时，某些重金属会催化过氧化物的分解，从而影响染发效果。因此，在染发剂中应配入一定量的螯合剂。最常用的螯合剂是乙二胺四乙酸（EDTA）二钠、三钠、四钠盐。

　　染发剂以碱性为好，在碱性条件下，能使头发柔软和膨胀，容易吸收染料分子，并且能加强氧化剂的氧化力。最常用的碱是氨水，它不仅是一个较好的 pH 调节剂，而且是一个有效的膨胀剂。除氨水以外，一些有机胺如烷基酚胺、乙醇胺也能使用或部分替代氨水。另外，因染料基质中的一些物质具有令人不愉快的气味，故需要加入一些香精，以掩盖其令人不快的气味，同时还能在染后头发上留下芬芳的香气。所用香精应避免使用醛类化合物，以防止醛类化合物被氧化或在碱性条件下聚合变化味。

2. 技术配方（质量，份）

（1）配方一

A 组分

卵磷脂	7.0
油酸	140.0
聚氧乙烯失水山梨醇单油酸酯	40.0
聚氧乙烯山梨醇羊毛脂	7.0
失水山梨醇三油酸酯	14.0

乙二胺四乙酸二钠（EDTA-2Na）	0.4
亚硫酸钠	2.0
精制水	133.6
连苯三酚	2.8
对苯二胺	2.4
对苯二酚	2.8
氨水（28%）	40.0
异丙醇	10.0
对氨基酚	0.4
间苯二酚	0.2
香精	适量

B 组分

鲸蜡醇	40.0
聚乙二醇硬脂酸酯/甘油硬脂酸酯	10.0
双氧水（35%）	68.4
磷酸（10%）	适量
精制水	321.6

（2）配方二

A 组分

油酸	100.0
油酸二乙醇酰胺	80.0
油醇	20.0
脂肪醇聚氧乙烯醚	100.0
1，5-萘二酚	12.8
氯化铵	30.0
氨水（25%）	70.0
2-氨基-5 羟基苯甲酸	15.4
乙醇	150.0
精制水	350.0
氨水	调 pH 至 9.5

B 组分

过氧化氢（6%）	1000.0

注：该染发剂可将头发染成红色，显色速度快。引自欧洲专利申请 455168。

（3）配方三

A 组分

1-十二烷基氮杂环庚烷-2-酮	20.0
壬基酚聚氧乙烯醚	300.0
异丙醇	100.0
间苯二酚	5.0
对苯二胺	10.0
丙二醇	100.0

氨水（28%）	40.0
水	425.0

B 组分

氢化羊毛脂醇	1.0
鲸蜡醇聚氧乙烯醚	2.0
鲸蜡醇	3.0
双氧水（35%）	170.0
去离子水	824.0

注：引自日本公开特许 90-237909。

（4）配方四

A 组分

对苯二胺	2.6
间苯二酚	2.4
对氨基酚盐酸盐	0.6
4-氯间苯二酚	1.1
2，4-二氯-3-氨基酚盐酸盐	0.35
乙氧基化椰油烷基胺	20.0
椰油酰胺甜菜碱	30.0
羟乙二磷酸	2.0
亚硫酸钠	5.0
阳离子纤维素衍生物	10.0
油酸	15.0
牛油醇硫酸三乙醇胺	54.0
抗坏血酸钠	5.0
丙二醇	21.5
月桂硫酸钠	40.0
精制水	788.7

B 组分

过氧化氢（6%）	1000.0

注：引自德国专利 3823843。

（5）配方五

A 组分

6-N-β-羟乙基氨基吲哚	20.0
乙二醇单乙基醚	200.0
月桂醇聚氧乙烯醚硫酸钠	100.0
柠檬酸	适量
精制水	1680.0

B 组分

高碘酸钠（$NaIO_4$）	70.0
乙醇	100.0
柠檬酸	适量

精制水	1820.0

注：引自欧洲专利申请 425345。

（6）配方六

A 组分

油醇	20.0
油酸	100.0
油酸二乙醇酰胺	80.0
异二十醇聚氧乙烯醚	100.0
2-羟乙基氨基-5-氨基-4-甲基吡啶盐	20.1
氯化铵	30.0
1，5-萘二酚	16.4
丙二醇	100.0
氨水（25%）	70.0
乙醇	150.0
精制水	350.0

B 组分

过氧化氢（60%）	1000.0

注：引自日本公开特许 91-95158。

（7）配方七

A 组分

对苯二胺	2.0
5-氨基邻甲苯酚	4.0
乙醇	80.0
精制水	914.0

B 组分

亚氯酸钠	40.0
精制水	960.0

注：该染发剂可将灰发染成浅红棕色。引自欧洲专利申请 399746。

（8）配方八

A 组分

	（一）	（二）
对苯二胺	10.0	3.0
乙二胺四乙酸二钠（EDTA-2Na）	3.0	2.0
对氨基苯甲酸	1.0	—
亚硫酸钠	5.0	8.0
儿茶酚	—	3.0
碳酸氢铵	—	8.0
氨水	适量	—
丙二醇	100.0	100.0
精制水	881.0	200.0
氢氧化钾	—	调 pH 至 8.0

B 组分

过氧化氢（6%）	1000.0	300.0
磷酸盐缓冲溶液	—	调 pH 至 4.0

注：A 组分配方（一）引自日本公开特许 90-231413，配方（二）引自欧洲专利申请 435012。

（9）配方九

A 组分

	（一）	（二）
对苯二胺	5.0	10.0
间苯二酚	0.3	—
乙二胺四乙酸二钠（EDTA-2Na）	10.0	5.0
油酰基二甲基氧化胺	—	16.0
芥酸	120.0	—
壬基酚聚氧乙烯醚	150.0	—
月桂硫酸钠	—	4.0
十八醇聚氧乙烯醚	—	10.0
二甘油月桂醇醚硫酸钠（28%）	50.0	—
亚硫酸钠	—	5.0
氨水（25%）	180.0	—
乙醇	250.0	50.0
丙二醇	—	50.0
精制水	234.3	850.0

B 组分

十六/十八醇	100.0	—
胆甾醇	15.0	—
过氧化氢（35%）	350.0	—
过氧化氢（6%）	—	1000.0
二甘油月桂醇醚硫酸钠（28%）	40.0	—
香精	适量	—
精制水	490.0	—

注：A 组分配方（一）引自德国公开专利 4005008，配方（二）引自日本公开特许 90-59511。

（10）配方十

A 组分

（椰油酰胺基丙基）二甲基氨基乙酸甜菜碱	300.0
月桂醇聚氧乙烯醚	300.0
硬脂基二甲基氯化铵	10.0
2-辛基月桂醇	50.0
丙二醇	100.0
对苯二胺	7.0
间苯二酚	2.0
乙二胺四乙酸二钠（EDTA-2Na）	2.0
亚硫酸钠	5.0

| 氨水 | 2.0 |
| 精制水 | 204.0 |

B 组分

鲸蜡醇	20.0
月桂醇硫酸钠	2.0
双氧水（35%）	170.0
非那西汀	1.0
柠檬酸	0.5
精制水	806.5

注：该染发剂对皮肤无刺激作用，有柔发效果。引自日本公开特许91-20209。

（11）配方十一

A 组分

对苯二胺	10.0
乙二胺四乙酸二钠（EDTA-2Na）	1.0
月桂醇聚氧乙烯醚硫酸钠	100.0
丙二醇	50.0
L-抗坏血酸	3.0
精制水	836.0

B 组分

月桂硫酸钠	50.0
过碘酸钠	50.0
精制水	900.0

注：引自日本公开特许90-188520。

（12）配方十二

A 组分

对苯二胺和对氨基酚	6.0
间苯二酚	1.5
2，4-二氨基茴香基硫酸盐	2.0
椰油脂肪酸烷基醇酰胺	4.0
壬基酚聚氧乙烯醚	14.0
油酰基甲基牛磺酸盐	16.0
乙二醇单硬脂酸酯	10.0
维生素C	1.4
氨水（25%）	12.0
熏衣草油	0.2
甘油单硬脂酸酯	3.0
去离子水	30.0

B 组分

羊毛脂	0.6
鲸蜡醇	0.3
液状石蜡	0.5

脂肪醇硬脂酸酯	2.2
双氧水（35%）	20.0
磷酸	0.6
冰乙酸	0.15
去离子水	76.0

注：引自保加利亚专利 35350。

（13）配方十三

A 组分

2,5-二氨基甲苯硫酸盐	0.7
2,6-二氨基-3,5-二甲氧基吡啶盐酸盐	0.75
月桂醇聚氧乙烯醚（2）硫酸钠	5.0
羟乙基纤维素	1.0
维生素 C	0.3
氨水（22%）	10.0
蒸馏水	82.25

B 组分

| 双氧水（6%） | 100.0 |

注：该配方引自德国公开专利 3530732。

（14）配方十四

	（一）	（二）
过硼酸钠	20	60
月桂硫酸钠	15	—
藻酸钠	40	—
对苯二胺	10	40
邻氨基酚	5	—
二氧化钛	10	—
酒石酸	—	20
酒石酸钾钠	—	20
卤盐	—	40
黏结剂	—	50
无水硅酸钠	—	6
石膏粉	—	37

（15）配方十五

A 组分

月桂硫酸钠	0.8
对氨基苯酚	0.2
间苯二酚	0.4
N,N-二（2-羟乙基）对苯二胺	1.0
硬脂醇	4.0
硬脂醇聚氧乙烯醚	4.0
乙二胺四乙酸二钠（EDTA-2Na）	0.04

氨水	适量
精制水	29.56

B组分

非那西汀	0.04
双氧水（35%）	6.0
月桂硫酸钠	0.2
乙二胺四乙酸二钠（EDTA-2Na）	0.2
鲸蜡醇	0.8
精制水	32.76

注：该染发剂对皮肤刺激性小，染发效果好。引自日本公开特许92-360817。

（16）配方十六

脂肪醇聚氧乙烯醚硫酸钠（28%）	40.0
$C_{12\sim18}$-N-椰油酰胺基丙基甜菜碱（30%）	30.0
脂肪醇聚氧乙烯醚（$C_{12\sim14}$AE）	54.0
油酸	15.0
丙二醇	21.5
染料溶液（配方见后）	70.0
稳定剂溶液（配方见后）	80.0
香精	2.0
精制水	加至6000.0

染料溶液配方

间苯二酚	23.66
对苯二胺	25.64
对氨基苯酚盐酸盐	5.85
2，4-二氯间氨基酚盐酸盐	3.47
4-氯间苯二酚	10.53
氨水（25%）	10.00
精制水	53.20

稳定剂溶液配方

1-羟基乙烷1，1-二磷酸	2.0
硫酸铵	7.5
抗坏血酸钠	5.0
硫酸钠	5.0
氨水（25%）	10.0
精制水	40.5

注：引自德国公开专利4022848。

（17）配方十七

A组分

2，5-氨基硝基苯	30.0
1，4-苯二胺	40.0
4-羟基吲哚	25.0

3-氨基苯酚	15.0
壬基酚聚氧乙烯醚	100.0
丁醇聚氧乙烯醚	950.0
月桂醇聚氧乙烯醚硫酸钠	420.0
焦亚硫酸钠	45.0
精制水	加至 10 000.0

B 组分

双氧水（6%，pH 为 1.3）	10 000.0

注：引自法国专利 90-8569。

（18）配方十八

A 组分

间苯二酚	1.0
对苯二胺	5.4
2，4-二氨基茴香醚	0.8
油酸	40.0
邻氨基苯酚	0.4
羊毛醇聚氧乙烯醚	6.0
丙二醇	24.0
异丙醇	20.0
油醇	30.0
氨水（28%）	6.0
乙二胺四乙酸二钠（EDTA-2Na）	1.0
亚硫酸钠	1.0
羧甲基纤维素钠	2.0
尼泊金酯	适量
去离子水	62.4

B 组分

双氧水（30%）	40.0
非那西汀（用作稳定剂）	适量
去离子水	160.0

（19）配方十九

硬脂酸钾	0.82
十六烷基硬脂醇	13.5
甘油单硬脂酸酯	11.3
甘油二硬脂酸酯	1.8
甘油	3.7
月桂硫酸钠	1.5
月桂醇聚氧乙烯醚硫酸钠（26%水溶液）	10.0
亚硫酸钠	0.5
2，5-二氨基甲苯硫酸盐	1.6
3-氨基甲苯酚	0.2

间苯二酚	0.6
氨水（25%）	7.2
精制水	47.28

注：该配方氧化组分采用 6% 过氧化氢。引自德国公开专利 4216381。

（20）配方二十

A 组分

2，4-二氨基茴香醚	1.25
对苯二胺	4.00
1，5-萘二酚	0.10
对氨基二苯基胺	0.07
4-硝基-1，2-二苯胺	0.10
亚硫酸钠	适量
氨水（25%）	适量
乙二胺四乙酸二钠（EDTA-2Na）	0.50
染料基*	加至 100.00

* 染料基配方

丙二醇	10.0
异丙醇	10.0
油酸	25.0
吐温-80	10.0
鲸蜡醇	2.0
改性硅油	5.0
氨水（25%）	8.0
精制水	28.0

B 组分

过氧化氢（30%）	20.0
非那西丁	0.05
精制水	80.0

3. 主要生产原料

（1）对苯二胺

对苯二胺又称对二氨基苯。白色至淡紫红色晶体。暴露在空气中变成紫红色或深褐色。溶于水、乙醇、乙醚、氯仿和苯。熔点 147 ℃。闪点 312 ℉能升华。可燃，有毒。工作场所最高容许浓度 0.1 m/m³。质量指标：

| 含量 | ≥98% |
| 熔点/℃ | ≥136 |

（2）对苯二酚

对苯二酚又称氢醌、几奴尼。白色针状晶体。相对密度（d_4^{20}）1.358。熔点 170.5 ℃。易溶于热水、乙醇、乙醚，难溶于苯。水溶液在空气中易被氧化为褐色。在温度低于熔点时，能升华而不分解。质量指标：

含量	≥99%
初熔点/℃	≥170.5
干燥后失重	≤0.3%
灰分（硫酸盐）	≤0.3%

（3）对氨基苯酚

对氨基苯酚又称对羟基苯胺、4-氨基苯酚。白色或淡黄色片状晶体。有强还原性，易被空气中的氧所氧化。暴露在空气中或遇光变成灰褐至紫色。稍溶于水和乙醇，几乎不溶于氯仿和苯。溶于碱后很快被氧化为褐色。与无机酸作用生成溶于水的盐。熔点186 ℃（分解）。质量指标：

含量（重氮值）	≥95%
水分	≤1.0%
Fe	≤0.35%

（4）邻氨基苯酚

邻氨基苯酚又称2-氨基苯酚、2-羟基苯胺。白色针状晶体。溶于水、乙醇和乙醚，微溶于苯。熔点170～174 ℃。进一步加热升华。久贮因氧化转变成棕至黄色。与无机酸作用生成溶于水的盐。遇三氯化铁变成红色。质量指标：

含量	≥95%
水分	≤1.0%
灰分	≤3.0%

（5）间氨基酚

间氨基酚又称3-氨基苯酚、3-羟基苯胺。白色晶体。易被空气氧化，贮存时颜色变黑。熔点122 ℃。易溶于热水、乙醇、乙醚，难溶于苯和汽油。质量指标：

含量	≥98%
熔点/℃	119～123
水分	≤0.1%

（6）油酸

油酸又称顺式十八碳烯-9-酸。无色或淡黄色透明油状液体，冷凝固后为白色柔软固体。露置于空气中色泽逐渐变深，类似猪油气味。溶于乙醇、乙醚、氯仿、苯、汽油等有机溶剂。相对密度（d_4^{20}）0.89～0.91，沸点286 ℃/13.3 kPa。质量指标：

碘值/（gI₂/100 g）	80～100I₂/100
酸值/（mgKOH/g）	190～202
皂化值/（mgKOH/g）	190～205
凝固点/℃	≤8
水分	≤0.5%

（7）非那西汀

非那西汀化学名称为4-乙酰氨基苯基乙基醚。无色光亮的鳞片状晶体或结晶性粉末。无臭，味微苦。熔点134～136 ℃。稍溶于热水，溶于乙醇、氯仿。质量指标：

含量	≥95%
熔点/℃	≥130

（8）过氧化氢

过氧化氢又称双氧水。无色透明液体。溶于水、乙醇、乙醚，不溶于石油醚。极不稳定，具有较强的氧化能力。有腐蚀性。高浓度的过氧化氢能使有机物燃烧，与二氧化锰相互作用，则能引起爆炸。

指标名称	27.5%	35%
含量	$\geqslant$27.5%	$\geqslant$35%
游离酸	$\leqslant$0.05%	$\leqslant$0.06%
不挥发物含量	$\leqslant$0.10%	$\leqslant$0.12%
稳定度	$\geqslant$95.0%	$\geqslant$95.0%

（9）过硼酸钠

过硼酸钠是一种白色单斜结晶颗粒或粉末。熔点63℃。130～150℃脱水。可溶于酸、碱或甘油中，微溶于水，水溶液不稳定，极易放出活性氧。在冷而干燥的空气中，纯度高的过硼酸钠是较稳定的；在40℃或潮湿空气中分解，放出氧气。在较高温度、有游离碱存在的情况下，容易分解。质量指标：

含量（$NaBO_3 \cdot 4H_2O$）	$\geqslant$96%
铁（Fe）	$\leqslant$0.003%
稳定度	$\geqslant$90.0%

4. 工艺流程（A组分的一般工艺流程）

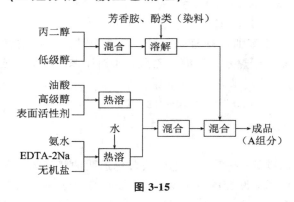

图 3-15

5. 生产工艺

首先将对苯二胺等芳胺、酚类染料溶于丙二醇和低级醇的混合有机溶剂中；另将油酸、高级醇等油相物料与表面活性剂热溶混，与水相混合物（氨水、乙二胺四乙酸二钠、无机盐等溶于水中形成的水溶液）混合乳化，再加入染料溶液，均质后得到A组分。将B组分中各物料溶于水，得B组分。A组分、B组分分别包装。

具体配方要求如下：

（1）配方一的生产工艺

A组分配制：先将卵磷脂、油酸、聚氧乙烯失水山梨醇单油酸酯、聚氧乙烯山梨醇羊毛脂和失水山梨醇三油酸酯混合搅拌并加热至70℃；另将乙二胺四乙酸二钠（EDTA-2Na）、亚硫酸钠溶于水并加热至72℃，搅拌下加入上述溶混物中，继续搅拌至室温，加入其余物料，缓慢搅拌均匀即得A组分。

B组分配制：将鲸蜡醇加热到70℃，不断搅拌下加入已加热至70℃的聚乙二醇硬脂酸酯和甘油硬脂酸酯、水的混合物，最后于室温下加入过氧化氢，用磷酸调pH至3.5～4.0即得B组分。

使用时，将A组分与B组分等量混合。

（2）配方四的生产工艺

A、B组分分别配制、分别包装。A组分配制：将盐等水溶性原料加入水中，于70℃溶解，并加入表面活性剂，然后加入油性原料，混合乳化后，于室温下加入对苯二酚等染料中间体，均质后得A组分。用时将A组分与B组分等量混合。

（3）配方十四的生产工艺

该配方为粉状的氧化染发剂。将氧化剂过硼酸钠于60℃下真空干燥，然后置干燥器中备用。将硅酸钠减压蒸发脱水，制得无水物后研磨备用。其他原料均经干燥后研磨。在干燥的环境中（最好在干燥的氮气保护下）将各物料按配方比混合均匀，分装于棕色瓶中，密封贮存。使用时用5～10倍量的水溶解即可。

（4）配方十六的生产工艺

先分别配制染料溶液和稳定剂溶液，再配制染发剂，其pH为10。过氧化氢（6%）为氧化组分，等量分别包装。

（5）配方十八的生产工艺

将间苯二酚、对苯二胺、邻氨基苯酚溶于60℃丙二醇中，搅拌至全溶，加入油酸和羊毛醇聚氧乙烯醚，将溶于异丙醇中的油醇加入其中，充分搅拌。另将氨水、乙二胺四乙酸二钠（EDTA-2Na）、亚硫酸钠、羧甲基纤维素钠（CMC-Na）、2,4-二氨基茴香醚加入水中，溶解后，将两种溶液混合均匀得A组分。A组分、B组分分别包装，使用时等量混合。

染发剂中的染料中间体有一些是有一定毒性的，操作人员要特别引起重视，在生产制备时应注意防护，皮肤有破损者应尽量避免接触染料中间体的粉末或其蒸气，平时操作制备时应注意避免从呼吸道吸入染料中间体的粉末和蒸气。

染发过程因为在碱性条件下进行，头发膨胀使其结构疏松，便于染料的渗透，同时对头发角朊也有一定的影响，因此在拟定染定剂配方时，应加入一些头发调理剂，最大限度地减少头发的损伤程度。

6. 质量控制

染发剂是一个易氧化变化的产品，怎样控制其质量是至关重要的问题。在染发剂制备和贮存过程中一般要考虑以下几个因素：氧化染料的组成；氧化剂中活性物的含量；染浴的黏度；游离碱的含量；染发剂的贮存稳定性。

（1）染料的组成

染料的组成是染发剂的一个关键问题。染料中间体选择的优劣，直接关系到染色的效果好坏。染料氧化反应后生成的中间产物是一个较复杂的产物，应先根据染料中间体氧化反应后可能产生的色泽来选择。染料中间体越纯净越好，应尽量做到产品原料符合产品标准。

（2）氧化剂中活性物的含量

氧化剂中活性物的浓度，直接影响到染料中间体在染发过程中氧化反应的完全程度。如果氧化剂中的活性物含量偏低，则氧化反应进行得不完全，可能生成比原来拟定的色泽要偏浅；反之，如果氧化剂中的活性物含量偏高，氧化反应可能是进行完全了，但是氧化剂本身对头发既有氧化作用又有漂泊作用，就有可能发生漂泊作用与氧化作用同时进行的情况，而且氧化剂中活性物的含量偏高，将大大地增强对头发角蛋白的破坏力，加剧了头发的损伤程度，同样达不到理想的效果。另外，过氧化氢只有在酸性条件下才比较稳定，故在配制过氧化氢溶液时应适当控制氧化剂的 pH。如果氧化剂的酸度偏低，过氧化氢不稳定易分解；酸度偏高，虽然减缓了过氧化氢的分解速度，但与染料基质部分混合后减低了游离碱的含量，同样要影响到染色的效果。在配制时 pH 调整剂调节氧化剂的 pH 至 3.0～4.0，但是光靠控制 pH 来稳定氧化剂是远远不够的，必须再加入一些稳定剂，以阻滞氧化剂的自身分解速度。

（3）染浴的黏度

在制备操作时，应控制染发剂染浴黏度到一定的指标，因为染浴的黏度同样影响染发的效果。如果黏度偏低，在染发过程中易沾染头皮、衣服、染发剂的膏体也不易黏附在头发表面，容易造成染发不均匀，影响染色的效果。应适当提高染发剂的黏度，使染发剂的膏体能黏附在头发表面，又不滴落在衣服上，还能在包装时易于装罐。一般用黏度计来测量其黏度，包括料染组成、氧化剂及染浴的黏度。可根据不同的剂型选择所需的各种黏度。

（4）游离碱的含量

游离碱含量也是影响染发剂质量的关键。如果 pH 偏高，在碱性条件下头发易膨胀，有利于染料中间体对头发的渗透，同时染料在碱性下易氧化发色，加速染色的速度；然而在染发过程中，碱性较强染发剂容易引起皮肤的刺激，同时在贮存时也会加速染料中间体的自身氧化速度，缩短保质期。如果 pH 偏低，氧化反应进行得不完全，则同样引起染色效果减弱。一般将染料的组成部分的 pH 控制在 9～11。

（5）染发剂的贮存稳定性

染发剂的货架试验（简称架试）寿命一般为 1 年，在 0 ℃、40 ℃分别架试 2 个月不变质，即可认为相当于室温架试 1 年；在架试过程中，要定期检测染发剂的各个质量指标是否符合要求。

产品标准	
外观（水剂）	A组分为棕黑色液体
	B组分微黄色透明液体
pH	A组分为 8.0～10.0
	B组分为 2.0～3.0

对正常健康皮肤无致害性，对头发损害小。染色牢固耐久，洗发时不掉色（染后洗去浮色），日晒不褪色。包装上应有安全使用说明。

7. 产品用途与用法

（1）配方五所得产品的用途与用法

将 A 组分涂刷于发际 20 min，再涂刷 B 组分，15 min 后可将头发染成浅亚麻色。

（2）配方六所得产品的用途与用法

用前将 A、B 组分等量混合，30 ℃下刷于头发，于 30 min 后洗净，可将灰白色头发染成浅棕色。

（3）配方七所得产品的用途与用法

使用时 A、B 组分等量混合，涂刷于头发上，20 min 后头发呈浅红棕色。

（4）配方十二所得产品的用途与用法

A 组分为染色乳液，B 组分为氧化乳液。使用时，A、B 组分以体积比 1∶1 混合，可将头发染成黑色。

（5）配方十七所得产品的用途与用法

A、B 组分使用前等量混合得 pH 为 6.3 的栗色染发剂。

（6）其他配方所得产品的用途与用法

用于头发染色。用时一般将 A 组分与 B 组分等量混合，施刷于发际，反复刷涂并梳理，使染料渗染均匀。然后用温水充分冲洗（去浮色），最后用调理香波洗涤并施用护发素。

8. 参考文献

［1］李学敏，王瑛，白雪松. 染发剂研发进展综述［J］. 染料与染色，2016，53（2）：17-25.

［2］张建立，高丽. 氧化型染发剂的配方优化［J］. 河南化工，2003（12）：22-23.

［3］尹国玲，曹玲珍. 氧化型染发剂的研究［J］. 香料香精化妆品，2002（5）：22-24.

3.19　溶剂型染发剂

1. 产品性能

该类染发剂主要由合成染料与溶剂组成，配制简单，使用方便。对皮肤无致敏性，毒性小。

2. 技术配方（质量，份）

（1）配方一

401#黑色染料	2.0
羧甲基纤维素（5%水溶液）	40.0
苯甲醇	12.0
异丙醇	42.0
柠檬酸	2.0
去离子水	102.0

（2）配方二

205#日本橙	0.05
苯甲醇	2.0
山芋醇	10.0
1，3-丁二醇	5.0
二十烷基三甲基氯化铵	0.6

橄榄油	2.0
香料	0.2
精制水	80.1

注：该染色剂可在染发同时达到柔发效果。引自日本公开特许93-43438。

（3）配方三

黑色染料401#	5.0
橙黄染料205#	1.0
苯甲醇	50.0
季铵化纤维素	10.0
羟乙基纤维素	25.0
磷酸	10.0
酒精	100.0
精制水	800.0

注：该染发剂引自日本公开特许91-294217。

（4）配方四

4-（2-羟乙基氨基）硝基苯甲酰胺	0.1
油酸	1.405
氨基甲基丙醇	1.5
月桂酰二乙醇胺	2.25
乙氧基化二乙二醇	6.5
异构维生素C	0.045
丁基化羟基甲苯	0.295
牛油酰胺聚氧乙烯（20）醚	3.105
羟乙基纤维素	2.1
香精	0.213
精制水	加至100.0

注：该染发剂中含有硝基苯胺取代脲黄色染料，可使白发染成漂亮的黄色。引自美国专利5042988。

（5）配方五

牛油酰胺基聚氧乙烯醚	14.7
异构维生素C	0.2
月桂酰乙醇胺	14.7
脂肪醇聚氧乙烯醚	50.0
硬脂酸	19.6
丁羟基甲苯	2.45
羟乙基纤维素	11.3
二乙醇胺	8.9
HC红-3	0.2
HC黄-4	0.42
HC黄-2	0.28
HC橘黄-1	0.15

HC 蓝-2	0.8
HC 红-3	0.2
溶剂蓝 B	0.16
分散黑-9	0.2
精制水	700.0

注：该染发剂含有取代二胺基蒽醌型染料，可将灰（白）发染成金色。成品为稠状物。引自美国专利 532299。

（6）配方六

N-乙酰半胱氨酸	1.0
苄醇	50.0
乙醇聚氧乙烯（2）醚	50.0
聚醚改性硅氧烷	10.0
阳离子化纤维素	20.0
羟乙基纤维素	5.0
硬脂醇聚氧乙烯醚	3.0
碱性红	0.5
碱性棕	0.5
香料	1.5
精制水	850.0

注：该染发剂引自欧洲专利申请 429855。

（7）配方七

酸性黑 401	10.0
氢化角鲨烯	75.0
硬脂酸	20.0
月桂醇聚氧乙烯醚	40.0
羟乙基纤维素	40.0
精制水	815

注：该染发剂染色自然，使用安全。引自日本公开特许 90-91015。

（8）配方八

聚乙二醇	8.0
柠檬酸	0.4
氯化小檗碱	1.6
甘油单亚油酸酯	3.6
聚氧乙烯聚氧丙烯乙二醇	2.4
胭脂虫红	3.0
羟高铁血红素	1.0
香精	0.6
精制水	加至 200

注：该染色剂中含有天然红色染料，是红色染发剂。引自日本公开特许 90-160716。

3. 工艺流程

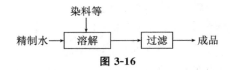

图 3-16

4. 生产工艺

将染料、羟乙基纤维素等分散于水中，均质后过滤，得到溶剂型染发剂。

5. 产品标准

色泽均一，无沉淀。染发自然，耐水洗。对头皮无刺激、无致敏现象。

6. 产品用途

用于染发。刷涂于发际。

7. 参考文献

[1] 刘溪，胡玉莉，王海威，等. 染发剂的研究进展及天然植物染发剂的前景展望 [J]. 中南药学，2018，16（2）：195-201.

[2] 高莉红，高海燕，岳娟. 非对苯二胺染发剂合成的研究进展 [J]. 日用化学工业，2012，42（5）：371－377.

3.20　植物性染发剂

1. 产品性能

该染发剂以植物的花茎叶提取的天然染料进行染色，使用安全。常以指甲花叶、西洋甘菊花、核桃壳、槟榔、五倍子（焦性没食子酸）等为原料。如指甲花叶和槐兰叶的混合物可染蓝黑色。

2. 技术配方（质量，份）

（1）配方一

	（一）	（二）
焦性没食子酸	5.0	1.0
硫化钠	10.0	2.0
氨水（10%）	50.0	—
硝酸钴	—	2.7
硫酸铜	—	1.2
精制水	150.0	500.0
香精	适量	适量

注：配方（一）为金色染发剂，配方（二）为棕黑色染发剂。

（2）配方二

	（一）	（二）
焦性没食子酸	5.0	7.0
柠檬酸	—	0.6
三氯化铁	10.0	—
硝酸镍	20.0	—
硼酸甘油酯	—	22.0
硫化钠	10.0	—
香精	0.4	0.2
精制水	200.0	200.0

注：该配方为黑色染发剂。

（3）配方三

五倍子酸（没食子酸）	5.0
硫酸亚铁	5.0
吐温-60	5.0
18#白油	125.0
固体石蜡	15.0
凡士林	25.0
地蜡	10.0
棕榈酸异丙酯	22.5
十六烷基硫酸钠	7.5
甘油单硬脂酸酯	22.5
乙二醇单硬脂酸酯	17.5
还原剂	适量
香精	2.5
精制水	237.5

注：该配方中的有效染料是五倍子酸和硫酸亚铁。油相物料和水相物料分别加热配制后，油相与水相混合乳化，制得乳化型黑色染发膏。

（4）配方四

焦性没食子酸	4.0
硫化钠	8.0
硝酸钴	10.0
香精	2.0
精制水	2000.0

注：该配方为栗色染发剂。

（5）配方五

黑素朊	18.0
蓖麻油	20.0
橄榄油	161.0
香精油	1.0

注：该配方为黑色美发油，其中使用亲油性天然黑素朊，只需在洗头后将其施于发际，即可将白发染成油光黑发。

3. 主要生产原料

(1) 没食子酸

没食子酸又称 3, 4, 5-三羟基苯甲酸, 由五倍子单宁经水解后得到。白色或淡黄色针状晶体, 或棱状晶体。有绢丝光泽, 味微酸, 具收敛性。溶于乙醇、乙二醇, 微溶于水、乙醚。质量指标:

熔点/℃	222~240
含量	≥98%
水分	≤10%

(2) 硫化钠

粉红色结晶。具有臭味。无水硫化钠熔点 1180 ℃。工业硫化钠一般是带有不同结晶水的混合物。易潮解, 有腐蚀性, 有毒。在空气中易氧化, 遇强酸分解产生硫化氢, 能溶于冷水, 微溶于乙醇。质量指标:

指标名称	一级	二级
硫化钠	≥60%	≥60%
铁	≤0.15%	≤0.2%
水不溶物	≤0.4%	≤0.8%
碳酸钠 ($NaCO_3$)	≤5.0%	—

(3) 硝酸钴

红色柱状结晶, 属单斜晶体。在潮湿空气中易潮解。通常为六水合物, 55 ℃ 时脱水成三水合物, 继续加热失去一分子水, 再加热则分解成氧化钴。易溶于水、乙醇、丙酮和乙酸甲酯, 水溶液为红色。与有机物接触能爆炸和燃烧。质量指标:

含量 [$Co(NO_3)_2 \cdot 6H_2O$]	≥97%
水不溶物	≤0.01%
氯化物	≤0.01%

4. 生产工艺

将物料溶于水中 (或混合均匀) 即得。

5. 产品用途

用于染发。

6. 参考文献

[1] 王璐, 陈渭川, 刘小焕, 等. 天然植物染发剂研究现状 [J]. 衡阳师范学院学报, 2009, 30 (6): 85-88.

[2] 穆伟伟, 李志洲. 天然植物染发剂 [J]. 广州化工, 2015, 43 (19): 8-12.

3.21　彩色染发剂

1. 技术配方（质量，份）

（1）配方一

牛油酰胺基聚氧乙烯醚	14.7
溶剂蓝 B	0.16
脂肪醇聚氧乙烯醚	50.0
HC 黄-2	0.28
异构维生素 C	0.2
HC 橘黄-1	0.15
月桂基乙醇酰胺	14.7
分散黑-9	0.2
十八脂肪酸	19.6
HC 红-3	0.2
二乙醇胺	8.9
HC 橘黄-4	0.42
丁羟基甲苯	2.45
HC 蓝-2	0.8
羟乙基纤维素	11.3
水	700.0

注：这种染发剂含有取代二氨基蒽醌，可将灰发染成漂亮的金色。引自欧洲专利申请 460897。

（2）配方二

4-（2-羟乙基氨基）硝基苯甲酰胺	0.1
月桂酸二乙醇酰胺	2.25
氨基甲基丙醇	1.5
乙氧基化二乙二醇	6.5
油酸	3.105
牛油酰胺聚氧乙烯（20）醚	3.105
异构维生素 C	0.045
丁基化羟基甲苯	0.295
羟乙基纤维素	2.1
香精	0.213
水	加至 100.0

注：这种染发剂含有脲取代硝基苯胺黄色染料，可使头发染成漂亮的黄色。引自美国专利 5042988。

（3）配方三

2H-3H-5，6-二羟基吲哚氢溴酸盐	0.2
碘化钾	0.1
尼泊金酯	0.05

水	8.15
乙醇	1.5

注：该染发剂配方简单，可将灰发染成深棕色。引自欧洲专利申请462857。

（4）配方四

O-乙酰基-2,4-二氯-3-氨基酚（偶联剂，A）	219
对苯二胺	108
油酸	1000
油酸二乙醇酰胺	800
油醇	200
二十醇聚氧乙烯醚	1000
乙醇	1500
氯化铵	300
丙二醇	1000
氨水（25%）	700
水	3500

注：该染发剂可将灰色头发染成蓝紫色。

（5）配方五

十二醇聚氧乙烯醚硫酸钠（28%）	2.0
2-氨基4-氟代-6-硝基酚	0.3
氨水（25%）	2.0
水	95.7

注：该染发剂为红色染发剂，配方简单，染发效果好。维持时间长。引自联邦德国公开专利4018335。

（6）配方六

2,5-二氨基硝基苯	30
对苯二胺	40
4-羟基吲哚	25
间氨基苯酚	15
丁醇聚氧乙烯醚	950
壬基酚聚氧乙烯醚	100
十二醇聚氧乙烯醚硫酸钠	420
焦亚硫酸钠	45
过氧化氢（pH 1.3）	2000
水	加至10 000

注：这种酸性氧化染发剂含有4-羟基吲哚，可有效地将白发染成栗色。引自欧洲专利申请465340（1992），又见法国专利908569。

（7）配方七

N-三氟代烷 N'-羟乙基-2-硝基-对苯二胺（I）	0.04
异丙醇	5.0
水	15.0

注：该染发剂配制简单，染色牢度好。引自美国专利5186716。

（8）配方八

2-羟基-4-甲氧基二苯甲酮-5-磺酸钠	0.3
羟乙基纤维素	1.5
苯甲醇	6.0
柠檬酸	2.0
205#日本橘黄	0.15
乙醇	25.0
水	61.05

注：该染发剂含有二苯甲酮磺酸钠和芳香醇，染发牢度高，经日晒或用头发营养剂也不褪色。引自日本公开专利93-43437。

（9）配方九

月桂酰胺基丙基甜菜碱	0.3
羟乙基纤维素/缩水甘油基三甲基氯化铵	0.3
乳酸钠	1.2
乳酸	6.0
C.I.酸性红18	0.2
羟乙基纤维素	1.6
乙醇	20.0
苯甲醇	5.0
水	65.4

注：这种染发剂染色力强，抗水洗，色泽保持性能好，并有调理效果。引自英国专利申请2254341。

（10）配方十

2,6-二甲基-,4-二氨基苯	0.1
靛	0.1
乙醇	3.0
水	6.8

注：这种染发剂配制简单，染发效果好，染色牢度高。引自欧洲专利申请502784。

2. 生产工艺

（1）配方一的生产工艺

将除羟乙基纤维素和水以外的物料混合均匀，并加热到60℃，然后加入羟乙基纤维素和水，制得稠状金色染发剂。

（2）配方二的生产工艺

将各物料溶散于水中即得。

（3）配方三的生产工艺

由氢溴酸与2H-3H-5,6-二羟基吲哚反应，水解后得2H-3H-5,6-二羟基吲哚氢溴酸盐。将其溶于乙醇中，与其余物混匀即得深棕色染发剂。

（4）配方四的生产工艺

将5602,4-二氯-3-氨基苯酚盐酸盐、240乙酸钠和3500乙酐在乙酸中回流，得160偶联剂（A）。除偶联剂（A）和对苯二胺外，将其余物料混合，然后与160偶联

（A）和对苯二胺混合，得到蓝紫色染发剂。

（5）配方五的生产工艺

由 2，6-二硝基-4-氟酚和-抗坏血酸水溶液在 80 ℃ 与碳酸铵反应得 2-氨基-4-氟代-6-硝基酚，得到 2-氨基-4-氟代-6-硝基酚再与其余物混合均匀，制得红色染色剂。

（6）配方六的生产工艺

将除过氧化氢外的其余物料混匀，制得 pH 为 8.4 的栗色染发剂。

（7）配方七的生产工艺

将 2-氯乙基-N-［4-（2，2，2-三氟乙基）-3-硝基苯基］氨基甲酸酯溶于乙醇，再加于 KOH，90 ℃ 下搅拌混合 20 min，然后倾倒至碎冰块上。用乙酸乙酯萃取，洗涤，干燥并蒸发，得到 N'-（2，2，2-三氟乙基）-N''（2-羟乙基）-2-硝基对苯二胺（Ⅰ）。将（Ⅰ）溶于异丙醇中，加入水，得红色染发水。

（8）配方八的生产工艺

将染料溶于乙醇，再与其余物料混合溶解，搅拌均匀即得。

（9）配方九的生产工艺

将色料溶于醇中，与水溶液混合搅拌均匀，得红色染发剂。

（10）配方十的生产工艺

将二氨基苯和靛红溶于乙醇中，与水混合。再用三乙醇胺调 pH 至 8 即得靛红色染发剂。

3. 产品用途与用法

（1）配方三所得产品的用途

涂于发际，15 min 后洗净，再涂 pH 为 3 的过氧化氢溶液，可将灰发染成深棕色。

（2）配方六所得产品的用途与用法

用前染发剂与过氧化氢混合，得 pH 为 6.3 的栗色染发剂，涂于洗后的发际。

（3）配方七所得产品的用途

将头发浸泡在该染发水中，30 min 后头发染成红色。

（4）配方八所得产品的用途与用法

洗发后，施涂于发际，可将头发染成橘黄色。

（5）配方九所得产品的用途

用于头发染红。

（6）配方十所得产品的用途与用法

用于染红发，涂于发际烘干，即染成靛红色。

4. 参考文献

[1] 李学敏，王瑛，白雪松. 染发剂研发进展综述 [J]. 染料与染色，2016，53（2）：17-25.

[2] 肖子英，广丰. 染发化妆品配方设计 [J]. 中国化妆品，2004（6）：82-87.

3.22　暂时性染发剂

1. 产品性能

该染发剂保持时间短，易被香波洗脱。适用于临时性化妆，使用方便，效果明显（对黑色头发没有效果）。

2. 技术配方（质量，份）

（1）配方一

蜂蜡	30.0
木蜡	20.0
炭黑	4.0
蓖麻油	132.0
棕榈酸异丙酯	5.0
聚氧乙烯（20）倍半油酸酯	2.4
香精	8.0
尼泊金丙酯	0.4

（2）配方二

5，6-二羟基吲哚	50.0
氨水（20%）	2.0
过氧化氢（25%）	150.0
精制水	500.0

注：引自国际专利申请 93-2655。

3. 生产工艺

（1）配方一的生产工艺

炭黑用适量蓖麻油混合，用三辊机研轧至均匀细腻。另将蜡、油料与表面活性剂混合，于 80 ℃加入炭黑混合液，均质后，加入香精和防腐剂（尼泊金丙酯），注入模型，急剧冷却得暂时性染发条（棒）。

（2）配方二的生产工艺

将 5，6-二羟基吲哚和氨水、500 份水加入反应器中，于 80 ℃滴加 25% 双氧水 150 份进行反应，沉淀出颜料。染发剂使用该颜料并按常法配制。其中的吲哚衍生物颜料为不溶性颜料，适用于白发（灰发）的遮盖。

4. 主要生产原料

（1）炭黑

炭黑又称烟黑、墨灰。纯黑或灰黑色细粒粉末。相对密度 1.8～2.1。具有很强的吸油性。化学性能稳定，不溶于水、酸、碱及有机溶剂。但能在空气中燃烧。是通用的黑色颜料。质量指标：

平均粒径/nm	9～17
比表面积/（m²/g）	≥200
水分	≤6.0%
吸油量/（mL/100 g）	1.3～1.8

（2）5，6-二羟基吲哚

其结构式： 。具有酚的性质，易被氧化而颜色变深。

5. 产品标准

产品色泽一致，染发效果好，易被香波洗脱。对皮肤无害、无致敏。

6. 产品用途

用于临时性染发。

7. 参考文献

[1] 肖子英，广丰. 染发化妆品配方设计 [J]. 中国化妆品，2004（6）：82-87.

[2] 张爱波，苏力宏，刘秀婷. 暂时性彩色染发液的研制 [J]. 陕西化工，1999（2）：34-35.

第四章　其他化妆品

4.1　香脂用香精

香脂又称冷霜，是一种芳香的油脂性膏体。香料要求香气优雅。香精含量一般为
0.5%～1.0%。该配方由基香、体香和头香组成，使用30余种香料。

1. 技术配方（质量，份）

芸香膏	6.0
乙酸香叶酯	2.0
卡南加依兰油	2.0
甲基香草酯	2.0
珠兰油	0.5
苯乙酸对甲苯酯	0.5
藿香油	4.0
香叶醇	12.0
羟基香草醛	7.0
丁酸苄酯	0.5
二苯醚	2.0
松油醇	18.0
苯甲酸甲酯	1.0
水剑草油	2.0
乙酸松油酯	10.0
大茴香醛	10.0
香草醇	8.0
花椒油	4.0
甜橙油	6.0
癸醛（10%）	2.0
香附油	1.5
苯乙酸香叶酯	4.0
α-戊基桂醛	6.0
柏木油	6.0
桂醇	12.0
丁香油	4.0
溴代苏合香烯	1.0
乙酸苄酯	20.0
柳酸丁酯	6.0

异丁香酚	2.0
乙酸芳樟酯	8.0
人造麝香	4.0
芳樟醇	20.0
香豆素	6.0

2. 生产工艺

在不锈钢容器中将各物料混匀后，熟化，冷冻，过滤即得香脂用香精。

3. 产品用途

用于香脂（冷霜）配制，用量为总量的 0.5%～1.0%。

4. 参考文献

[1] 贾艳梅. 化妆品膏霜基础原料与配方技术 [J]. 精细与专用化学品，2008 (13)：21-23.

[2] 顾炯为. 试论化妆品的加香 [J]. 日用化学工业，1984 (4)：29-31.

4.2　膏霜用白兰香精

膏霜用白兰香精具有清甜的花香味，对皮肤无刺激性，是淡黄色澄清的油状液体。

1. 技术配方（质量，份）

紫罗兰酮	20.0
丁酸苄酯	1.0
乙酸苄酯	30.0
α-戊基桂醛	14.0
乙酸芳樟酯	8.0
十六醛	1.6
香草醇	8.0
十八醛	2.0
羟基香草醛	24.0
香根油	2.0
松油醇	20.0
苯乙醇	12.0
白兰花油	2.0
苯乙二甲缩醛	2.0
洋茉莉醛	4.0
合成檀香	6.0
依兰油	10.0
佳乐麝香	4.0
乙酸苯乙酯	4.0

2. 生产工艺

按配方量将各物料混匀后即得。

3. 产品用途

用于雪花膏、润肤膏、冷霜、护肤蜜等化妆品加香，用量为总量的 0.5%～1.0%。

4. 参考文献

[1] 黄慧欣，唐嘉雯，李雪竹. 中国香文化背景下化妆品的加香趋势分析 [J]. 日用化学品科学，2017，40（4）：56-58.

[2] 林翔云. 功能性香精：化妆品加香用的复配精油调配 [J]. 香料香精化妆品，2004（3）：35-36.

4.3　膏霜用茉莉香精

膏霜用茉莉香精（cream jasmin fragrance），为淡黄色油状液体，具有纯正的茉莉花香味。

1. 技术配方（质量，份）

茉莉酮	300
桂醇	200
铃兰醛	100
丙酸苄酯	100
丁香酚	40
乙酸苄酯	300
二氢茉莉酮酸甲酯	200
乙酸苯乙酯	40
苄基异丁香酚	60
α-戊基肉桂醛	200
乙酸芳樟酯	100
芳樟醇	160
茉莉素	20
苯乙酸对甲酚酯	60
卡南加油	20
苯乙二甲缩醛	60
洋茉莉醛	40

2. 生产工艺

按配方量将各香料混匀，静置，过滤，灌装。

3. 产品用途

用于雪花膏、护肤霜、防晒霜、润肤蜜等化妆品的加香，用量为总量的 0.5%～1.0%。

4. 参考文献

[1] 何洛强. 经典花香香精的调配 [J]. 香料香精化妆品，2015（3）：63-65.

4.4 膏霜用玫瑰香精

膏霜用玫瑰香精（cream rose fragrance），具有甜的玫瑰花香，对皮肤无刺激作用，为淡黄色油状液体。

1. 技术配方（质量，份）

玫瑰醇	200
香叶醇	400
香茅醇	300
香叶油	60
壬醛（10%）	10
苯乙醛	160
苯乙醇	400
紫罗兰酮	60
藿香油	20
芳樟醇	60
丁香酚	20
桂醇	30
苯乙二甲缩醛	60
乙酸芳樟酯	100
乙酸香叶酯	100
乙酸苯乙酯	20

2. 生产工艺

按配方量将各香料混匀，静置，过滤，灌装。

3. 产品用途

用于膏霜类化妆品加香，用量为总量的 0.5%～1.0%。

4. 参考文献

[1] 何洛强. 经典花香香精的调配 [J]. 香料香精化妆品，2015（3）：63-65.
[2] 苏秀霞，杨玉娜，耿肖莎，等. β-环糊精微球包合玫瑰香精的工艺 [J]. 精细化工，2012，29（6）：572-575.

4.5 膏霜用玫瑰檀香香精

膏霜用玫瑰檀香香精（cream rose-sandal fragrance），为淡黄色透明的油状液体。具有玫瑰和檀香香味，香气纯正，无杂异气味，对皮肤无刺激作用。

1. 技术配方（质量，份）

合成檀香油	240
香叶醇	360
柏木油	140
香根油	10
芸香膏	100
香草醇	200
橙叶油	40
香豆素	20
香叶油	60
藿香油	60
乙酸芳樟酯	80
乙酸苄酯	180
乙酸香叶酯	20
丁香酚	40
乙酸松油酯	80
α-戊基桂醛	20
大茴香醛	80
洋茉莉醛	20
赖百当浸膏	10
苯乙酸	40
桂醇	160
羟基香草醛	40

2. 生产工艺

混合均匀后，静置（熟化），过滤即得。

3. 产品用途

用于膏、霜、蜜类化妆品的赋香，用量为总量的 0.5%～1.0%。

4. 参考文献

[1] 涂郑禹，陈超. 天然植物提取檀香木油的成分分析及理化表征 [J]. 天津化工，2018，32（3）：45-47.
[2] 张绍志. 檀香型高档功能香料技术的研究 [J]. 科技与创新，2017（12）：72，74.

4.6　化妆品用香精

化妆品的种类繁多，所用香精的品种也相当多。由于化妆品直接触及皮肤，故所用香精必须考虑其刺激性和过敏反应。

1. 技术配方（质量，份）

（1）配方一

乙酸苄酯	90
丙酸苄酯	10
苄基异丁香酚	6
乙酸苯酯（10%）	4
卡南加依南油	2
戊基桂醛	40
里哪醇	32
乙酸里哪酯	10

该配方为茉莉香精技术配方。

（2）配方二

苏合香	2
香柠檬油	36
洋茉莉醛	30
秘鲁香脂	22
柳酸戊酯	10
乙酸苄酯	56
松油醇	20
香兰素	12
香豆素	6
玫瑰油	22
苯乙醛	22
麝香油	6

该配方为茉莉香精技术配方。

（3）配方三

大茴香醛	2.6
苯乙醇	52.8
洋茉莉醛	11.1
乙酸苄酯	11.1
芳樟醇	7.4
戊基桂醛	0.5
苯甲酸乙酯	11.3
松油醇	41.2
苯乙二甲缩醛（10%）	2.0
对甲酚（10%）	0.9

羟基芳香醛	14.2
桂醇	14.8
乙酸对甲酚酯（10%）	0.9
异丁香酚	1.8
茉莉净油	11.2
风信子净油	2.6
邻氨基苯甲酸甲酯（10%）	0.4
吲哚	0.2
玫瑰油	2.5
茉莉香精	1.8
邻苯二甲酸二乙酯	6.0
苯乙醛（50%）	0.5

该配方为丁香香精技术配方。

（4）配方四

水杨酸甲酯	12
晚香玉净油	15
依兰油	30
牻牛儿醇	21
芳樟醇	60
香脂	30
橙花醇	15
戊基肉桂酯	6
邻氨基苯甲酸甲酯	6
丁酸玫瑰酯	9
肉桂酸甲酯	30
苯甲酸乙酯	15
胡椒醛	15
乙酸苄酯	21
岩蔷薇胶	3
异丁香酚	9

该配方为晚香玉花香精技术配方。

（5）配方五

香兰素	240
佛手柑油	15
紫罗酮	3
肉桂油	9
柠檬油	354

该配方为紫罗兰香精技术配方。

（6）配方六

	（一）	（二）
甲基紫罗兰酮	25.0	20.0
甲基壬乙醛（10%）	1	—

岩兰草油	—	6.0
鸢尾硬脂	7.0	10.0
辛炔羧酸甲酯	—	0.2
苯乙醇	8.0	—
香柠檬油	4.0	20.0
乙酸苄酯	5.0	—
茉莉净油	5.0	—
合成茉莉油	—	20.0
香豆素	2.0	—
紫罗兰叶净油	4.0	0.8
十二醛	—	0.2
α-紫罗兰酮	55.0	80.0
羟基香茅醛	14.0	—
肉桂净油	8.0	14.0
香荚兰净油	—	0.2
异丁子香酚苄醚	—	6.0
依兰油	20.0	8.0
玫瑰净油	4.0	1.0
酮麝香	7.0	5.0
广木香根油	1.0	—
香茅醇	8.0	—

该配方为紫罗兰香精技术配方。

（7）配方七

	(一)	(二)
洋茉莉醛	16	16
檀香油	—	14
芳樟醇	8	—
松油醇	56	40
香堇酮	—	14
苯乙醇	16	—
羟基香茅醇	64	30
茉莉净油	1	—
乙酸苄酯	12	—
桂醇	0.2	—
素馨油	—	24
卡南加依南油	—	6
铃兰浸膏	—	40
苯乙醛（50%）	0.8	10
大茴香醛	0.8	—
苄醇	22	—
吲哚	1.6	—
邻氨基苯甲酸甲酯	—	14
十二醛	—	14

玫瑰油	—	20
香豆素	—	14
乙酸松油酯	—	14

该配方为紫丁香香精技术配方。

（8）配方八

橙花醇	24
α-紫罗兰酮	9
苯乙醛	30
桂醇	45
苯乙醇	30
风信子净油	6
戊基桂醛	15
丙酸苄酯	21
依兰油	6
苯乙基二甲缩醛	24
二甲基苄基原醇	9
异丁香酚	12
格蓬香树脂	15
苄醇	30
月桂醇	6
龙葵醛	18

该配方为风信子香精技术配方。

（9）配方九

檀香油	16.0
玫瑰油	30.0
铃兰浸膏	17.6
苄基异丁香酚	10.0
异丁香酚	50.0
苯乙醛	44.0
香柠檬油	10.0
松油醇	14.0
乙酸苄酯	44.0
洋茉莉醛	10.0
葵子麝香	44.0
芳樟醇	44.0

该配方为康乃馨香精技术配方。

（10）配方十

	（一）	（二）
茉莉净油	6	2
邻氨基苯甲酸甲酯	40	—
大茴香醛	7	70
保加利亚玫瑰油	2	2

无萜橙叶油	24	20
苯乙醇	6	10
橙花净油	2	—
芳樟醇	26	4
吐鲁香膏	7	—
羟基香茅醛	8	4
苦橙花油	—	6
苯乙醛	4	6
乙酸苄酯	25	6
岩蔷薇香树脂	16	—
玫瑰醇	9	4
香兰素	12	6
苯乙酸	12	4
香柠檬油	7	—
桂醇	—	10
甲基苯乙酮	—	6
洋茉莉醛	8	16
安息香树脂	—	10
十六醛（10%）	—	2
萘甲酮	—	2
葵子麝香	5	—
戊基桂醛	4	—
苯乙酸异丁酯	10	—
依兰油	—	5

该配方为金合欢花香精技术配方。

2. 生产工艺

混合均匀后，熟化，冷冻并过滤即得。

3. 产品用途

用于护肤、美容、护发、美发等化妆品及香水配制中。

4. 参考文献

[1] 黎浩明，唐嘉雯，李雪竹. 浅析我国化妆品香精安全评价现状 [J]. 日用化学品科学，2018，41（3）：6-10.

[2] 林翔云. 化妆品的加香 [J]. 日用化学品科学，2015，38（6）：45-49.

4.7 指甲油

1. 产品性能

指甲油有透明型、珠光型和不透明的有色型 3 种，是用于修饰和增加指甲美观的化妆品。能牢固地附着于指甲上，干燥成膜快，光亮度好，具有良好的防水性，不开裂，不易剥落。黏度控制在 $0.3\sim0.4$ Pa·s，主要由成膜剂、树脂、增塑剂、溶剂和色素组成。

2. 技术配方（质量，份）

（1）配方一

聚甲基丙烯酸乙酯	98.90
过氧化苯甲酰	1.00
二氧化钛	0.10
二甲基丙烯酸己二酯	1.50
甲基丙烯酸乙氧基乙酯	47.00
N，N-双-（2-羟乙基）对甲苯胺	1.45
染料	适量
抗氧剂（BTH）	0.05

将聚甲基丙烯酸乙酯、过氧化苯甲酰和二氧化钛混合，其余物料混合后，将两者混合均质得指甲油。该配方引自美国专利4495172。

（2）配方二

硝化纤维素（成膜剂）	$12.0\sim20.0$
聚甲基丙烯酸丁酯	$1.5\sim6.0$
蓖麻油改性甘油邻苯二甲酸树脂（40%～60%）	$1.0\sim6.0$
邻苯二甲酸二丁酯	$2.0\sim6.0$
有机溶剂（乙酸丁酯、异丙醇、丁醇）	$50.0\sim70.0$
蒙脱石	$0.8\sim2.5$
色素	$0.5\sim3.0$

该指甲油配方引自捷克专利231292。

（3）配方三

L-型硝化纤维（含氮10.7%～11.5%）	13.5
丙烯酸/苯乙烯共聚物	15.0
乙酰基柠檬酸三丁酯	5.0
乙醇	62.0
丁醇	3.0
异丙醇	1.5
色料	适量

该指甲油不损坏指甲，化妆效果好，引自日本公开特许90-78606。

（4）配方四

甲基丙烯酸 [w（丁基）：w（羟丙基）＝45%：55%] 酯共聚物	30.0
柠檬酸乙酸酯三丁酯	7.0
乙酸丁酯	20.2
乙酸乙酯	8.6
甲苯	28.9
乙醇	5.0
N-烷氧基酰基氨基十一烷酸酯	0.3

该透明指甲油具有较好的光亮度和耐磨性，引自前联邦德国公开专利 4016517。

（5）配方五

	（一）	（二）
硝酸纤维素	11.5	5.0
乳酸乙酯	—	40.0
乙酸乙酯	30.0	—
乙酸丁酯	31.6	60.0
丙酮	—	80.0
磷酸三甲苯酯	8.5	—
酞酸二丁酯	13.0	20.0
乙醇	5.0	4.0
苯乙醇	—	0.1
色素	0.4	0.8

（6）配方六

硝化纤维素	14.0
改性聚酯	10.0
樟脑	3.0
己二酸二辛酯	4.5
乙酸丁酯	15.0
异丙醇	4.0
丁醇	2.0
甲苯	35.0
乙酸乙酯	12.5
色料	0.1

该指甲油中使用的改性聚酯由季戊四醇与顺式-4-环己烷-1，2-二羧酸酐和蓖麻油脂肪酸制得的聚酯经环氧树脂处理而得到。

（7）配方七

硝化纤维素	12.00
改性醇酸树脂	10.00
谷维素	0.01
樟脑	2.00
酞酸二丁酯	4.00
胶凝剂	1.00
乙酸丁酯	49.99
甲苯	20.00
色料	1.00

该指甲油引自日本公开特许公报 90-290806。

（8）配方八

甘油三乙酰蓖麻酸酯	1.5
硝化纤维素	6.0
乙酸乙酯	1.5

甲苯	18.0
乙酸丁酯	3.0

该指甲油具有独特的耐磨性，引自欧洲专利申请 455373。

（9）配方九

硝化纤维素	10.820
甲苯磺酰甲醛树脂	0.740
乙酰柠檬酸三丁酯	6.495
十八烷基苄基二甲基季铵化蒙脱土	1.350
氨基硅氧烷	1.000
乙酸乙酯	9.270
乙酸丁酯	21.640
异丙醇	7.720
柠檬酸	0.055
甲苯	30.910
色素	1.000

这种透明指甲油具有耐磨、光亮和不损指甲的特点，涂于指甲上能迅速形成良好的透明而光亮的膜层，引自法国公开专利 2679445。

（9）配方十

硝酸纤维素	16.0
季铵化丝多肽	0.3
醇酸树脂	10.0
神经酰胺	1.0
乙酸乙酯	14.5
酞酸二丁酯	4.0
乙酸丁酯	30.0
甲苯	20.0
膨润土	1.0
樟脑	2.0
色素	1.0

该指甲油可在指甲上形成光泽的修饰膜，同时，对指甲周围与表皮交接处有调理保护作用。引自日本公开特许公报 93-923。

3. 主要生产原料

（1）硝酸纤维素

纤维素的硝酸酯，常误称硝化纤维素。氮含量 $10\%\sim14\%$。微黄色，外观像纤维。熔点 $160\sim170\,℃$。溶于丙酮、乙酸乙酯、乙酸戊酯等，溶解度随硝化程度不同而异。含氮量大于 12.5% 为爆炸品。指甲油中一般使用含氮量 $10.7\%\sim11.2\%$。

含氮量	$11.0\%\sim11.2\%$	$11.5\%\sim12.2\%$
水分	$32\%\sim42\%$	$32\%\sim42\%$
酸度（以硫酸计）	$\leqslant0.05\%$	$\leqslant0.07\%$
耐热试验（106.5 ℃）/h	$\geqslant7$	—

(80.0 ℃) /min	—	≥10
发火点/℃	≥180	≥180

（2）酞酸二丁酯

酞酸二丁酯又称邻苯二甲酸二丁酯、DBP，无色的油状液体，无毒，无挥发性。易溶于乙醇、乙醚、丙酮和苯。凝固点－10 ℃，在指甲油中用作增塑剂。

酯含量	≥99％
相对密度	1.044～1.048
酸值/（mgKOH/g）	≤0.1
加热减量	≤0.5％
色泽（铂-钴比色）	≤25#

（3）乙酸丁酯

乙酸丁酯又称醋酸丁酯，无色透明的可燃性液体，有果子香味。相对密度（d_4^{20}）0.8825，沸点126.5 ℃，折光率（n_D^{20}）1.3941。可与乙醇、乙醚任意混合，微溶于水。能溶解油脂、樟脑、树胶、松香、人造树脂等，在指甲油中用作溶剂。

	一级	二级
含量	≥98％	≥96％
相对密度	0.880～0.885	0.878～0.885
水分	≤0.2％	≤0.4％
游离酸（以乙酸计）	≤0.005％	≤0.010％
不挥发物	≤0.005％	≤0.010％

4. 工艺流程

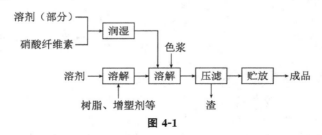

图 4-1

5. 生产工艺

将部分溶剂置于铝或不锈钢容器中，搅拌下加入硝酸纤维素（或其他成膜剂）使其润湿。然后依次加入溶剂、增塑剂、树脂，搅拌至全部溶解，压滤去杂，滤液贮存备用（透明指甲油），加入已过滤的颜料浆得有色指甲油。

6. 产品标准

具有良好的涂敷性能，干燥成膜快，光亮度好，能牢固地附着于指甲上。具有良好的抗水性，不开裂，不易剥落。

7. 产品用途

修饰和美化指甲用化妆品。指甲洗净揩干修整后，均匀涂上指甲油，为形成良好的膜层，一般需反复涂几次。

8. 参考文献

［1］刘恒胜，姜燕冬. 用涂铁云母制备珠光指甲油［J］. 适用技术市场，1998（4）：14.
［2］桂建华，杨军. 一种可剥离指甲油的研究［J］. 江西化工，2016（3）：85-87.
［3］于大庆，于小庆，王婷婷，等. 凤仙花色素指甲油的研究［J］. 安徽医药，2017，21（1）：36-38.

4.8　指甲抛光剂

这种指甲抛光剂含有卤代烃，其干燥时间只需 1.5 min，引自美国专利 5045309。

1. 技术配方（质量，份）

甲苯	3.30
邻苯二甲酸二丁酯	0.05
乙酸丁酯	3.00
乙酸乙酯	1.60
异丙醇	0.05
硝基纤维素	1.80
硅酸铝	0.17
添加料（色料等）	0.03
三氟三氯乙烷	3.00

2. 生产工艺

将硝基纤维素用部分混合溶剂润湿，然后加入剩余溶剂、邻苯二甲酸二丁酯、硅酸铝，搅拌至全溶后，压滤，得指甲抛光剂。

3. 产品用途

与指甲油相同。

4. 参考文献

［1］陈来鹏. 光固化指甲涂料中各组分对颜料性能的影响研究［J］. 精细与专用化学品，2017，25（8）：27-30.

4.9　除去指甲油凝胶

这种指甲油除去剂，含有聚丙烯和乙二胺衍生物，能有效地去除指甲上不需要的指甲油膜，以便重新涂抹新指甲油。引自欧洲专利申请391322。

1. 技术配方（质量，份）

丙酮	7.00
聚丙烯酸	0.05
乙二胺乙氧基化物	0.04
乙醇	1.00
乙二胺丙氧基化物	0.01
水	1.90

2. 生产工艺

将各物料混合，制得透明凝胶状指甲油除去剂。

3. 产品用途

与一般指甲油去除剂相同。

4.10 减肥凝胶

α-生育酚烟碱酯或己醇烟碱酯与脂肪细胞接触，能促进脂解作用，从而防止局部脂肪沉积，达到减肥效果。引自欧洲专利申请371844。

1. 技术配方（质量，份）

苯甲醇烟酸酯	5
壬基酚聚氧乙烯（12）醚	50
交联聚丙烯酸	20
乙醇	300
三乙醇胺	3
甘油	30
香料	3
防腐剂	3
水	569

2. 生产工艺

将各物料分散于水中，即可制成凝胶状减肥化妆品。

3. 产品用途

用于局部减肥，直接涂搽于减肥（腹部等）部位。

4.11 水包油型祛臭霜

祛臭霜涂抹于身体、腋下、脚上能防止汗臭、腋臭和脚臭。祛臭霜中的六氯二羟基二苯甲烷杀菌剂，能有效地抑制细菌的繁殖，可直接阻止汗液分解变臭。产品为水包油型膏霜。

1. 技术配方（质量，份）

甘油	8.00
单硬脂酸甘油酯	8.00
豆肉蔻酸异丙酯	2.00
六氯二羟基二苯甲烷	0.40
鲸蜡醇	1.20
硬脂酸	4.00
氢氧化钾	0.80
香料	0.65
蒸馏水	55.00

2. 生产工艺

将六氯二羟基二苯甲烷与油、脂、蜡在一起加热熔化后，保温 75 ℃；同时将氢氧化钾与水及甘油一起加热，溶解后加热至 75 ℃，然后将水相加入油相中，并不断搅拌，当温度降到 45 ℃ 时加入香料，继续搅拌冷却至室温，静置过夜，即可灌装。

3. 产品标准

膏体润滑细腻，对皮肤无刺激。冷热条件下膏体乳剂不破坏，不分离。祛臭效果好。

4. 产品用途

洗浴后，涂抹于身体、腋下、脚上及相应部位。

5. 参考文献

[1] 黄汉生. 体用新型除臭粉 [J]. 日用化学工业译丛，1994 (5)：35-38.
[2] 兰德正. 祛臭散的研制与治疗腋臭、脚臭疗效观察 [J]. 齐鲁药事，2011，30 (5)：283-284.

4.12　抑汗剂

1. 产品性能

具有抑制排汗作用，以防止散发或分泌不愉快的体臭，是防止汗臭、体臭、腋臭的专用化妆品。

2. 技术配方（质量，份）

（1）配方一

硬脂酸	14.0
硬脂酸聚氧丙烯（15）酯	4.0

司本-60	5.0
吐温-60	5.0
碱式氯化铝（50%的水溶液）	40.0
水	32.0
防腐剂、香精	适量

该配方为水包油型止汗剂配方。

（2）配方二

硬脂酸聚氧乙烯（40）酯	6.00
甘油单硬脂酸酯	16.00
鲸蜡	3.00
氯代羟基尿囊素铝盐（收敛剂）	15.00
二氧化钛	0.25
月桂硫酸钠	2.00
香料	0.40
防腐剂	适量
精制水	57.35

该抑汗剂具有抑菌、治疗和化妆作用。

（3）配方三

	（一）	（二）
碱式氯化铝	16.0	15.0
丙二醇	5.0	5.0
乙醇	42.0	49.9
六氯二羟基二苯甲烷	—	0.1
十六烷基吡啶盐	0.5	—
香精	适量	适量
精制水	36.5	30.0

（4）配方四

EP 型聚醚	5.0
甘油单硬脂酸酯	13.0
聚氧丙烯醚单硬脂酸酯	0.5
聚乙氧基醚硬脂酸酯	0.5
十六烷基三甲基溴化铵	0.5
鲸蜡醇	1.0
鲸蜡	4.0
甘油	3.0
乙醇	10.0
香料	0.1
抑汗酯	1.0
精制水	61.4

该配方中抑汗酯中醇的部分是优卡托品醇，酸的部分可以是苯甲酸、对氯苯甲酸、对甲氧基苯甲酸、烟酸、辛酸、吡啶甲酸等。引自美国专利 4720494。

（5）配方五

硬脂酸	1.7
水合氯化铝	12.8
改性乙醇	59.8
精制水	25.7
香精、防腐剂	适量

该抑汗剂引自英国专利。

（6）配方六

失水山梨醇三油酸酯	5.0
硬脂醇	24.0
吐温-60	1.0
挥发性硅酮 7207	26.0
肉豆蔻酸异丙酯	5.0
碱式氯化铝	18.0
Veeum HV 增稠剂	1.0
香料、防腐剂	适量
精制水	20.0

该配方为棒状止汗剂配方。

（7）配方七

挥发性异石蜡烃	45.0
碱式氯化铝	40.0
硬脂醇	10.0
氢化蓖麻油	4.0
香料	1.0

将挥发性异石蜡烃与硬脂醇、氢化蓖麻油混合加热溶混，再加入碱式氯化铝、香料，分散均匀后冷却成型得抑汗棒。引自美国专利 4724139。

（8）配方八

碱式氯化铝溶液（50%）	40.0
甘油单硬脂酸酯	3.5
矿物油	1.5
硬脂基二甲基胺	0.3
乳酸溶液（80%）	0.1
乙氧基化脂肪胺	1.0
香料、防腐剂	适量
精制水	53.6

该配方为白色、滑润、流动性的抑汗露。

（9）配方九

五氯水合锆铝（25%）	55.0
鲸蜡醇	5.0
聚氧乙烯硬脂酸酯（Arlacel 165 乳化剂）	15.0
山梨醇（70%）	3.0

香料、防腐剂	适量
精制水	22.0

该配方为乳膏型抑汗剂。

3. 主要生产原料

（1）碱式氯化铝

碱式氯化铝又称羟基氯化铝 $[Al_2 (OH)_5Cl] n$，白色或微黄色半透明固体，易溶于水及乙醇，不溶于甘油。能使皮肤表面蛋白质凝结，汗腺口膨胀，抑制汗液分泌，是强收敛剂。

铝氯质量比	≥6.0
羟铝质量比	≥8.0
pH	≥4.0

（2）油、脂、蜡原料

参见雪花膏、护肤霜中主要生产原料。

4. 工艺流程

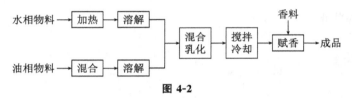

图 4-2

注：该工艺流程为乳膏型抑汗剂的工艺流程。

5. 生产工艺

乳膏状抑汗剂与一般乳剂型膏霜的生产工艺相同。

6. 产品用途

用于抑制或减少排汗，防止汗臭、体臭和腋臭。

7. 参考文献

[1] 张效俊. 抑汗剂及去体味剂的市场发展趋势 [J]. 日用化学品科学，2007（8）：40-41.

[2] ALFRAD J. DISAPIO，周卯星. 抑汗剂与去臭剂配方的新途径 [J]. 日用化学品科学，1986（4）：43-45.

4.13 刮须霜

1. 产品性能

刮须霜（shavin cream）一般含有保湿剂、乳化剂、润滑剂、收敛剂和杀菌剂，可使胡须膨润软化，易于刮剃，可防止皮肤粗糙、缓和刺激，具有一定的收敛性，刮后肤感爽快。

2. 技术配方（质量，份）

（1）配方一

	（一）	（二）
液状石蜡	8.20	5.00
鲸蜡醇	4.10	—
硬脂酸	20.50	18.00
硅油	—	1.00
吐温-60	—	5.00
甘油	10.20	5.00
硼砂	2.00	2.00
三乙醇胺	1.85	1.00
薄荷脑	0.20	—
香精、防腐剂	适量	适量
去离子水	加至 100.00	加至 100.00

将硬脂酸、液状石蜡、鲸蜡醇等油相物料混合加热至 70～90 ℃；另将甘油、三乙醇胺、硼砂溶于水，于 70～90 ℃溶解完全。然后将水相与油相混合乳化，冷却至 45 ℃，加入香精、薄荷脑、防腐剂，均质后贮放、灌装。该产品为无泡型。

（2）配方二

棕榈酸	6.58
三乙醇胺	3.39
月桂醇聚氧乙烯（23）醚	2.9
聚烷氧基化十六烷基聚二甲基硅氧烷	0.58
矿物油	0.97
硬脂醇	0.97
月桂酰二乙醇胺	0.48
二硬脂酸聚氧乙烯（150）酯	0.15
香精	0.48
抗氧剂（BHT）	0.02
喷射剂 [w（丙烷）∶w（异丁烷）∶w（丁烷）＝20%∶78%∶2%]	3.24
精制水	80.24

该配方为瞬间起泡的喷雾型剃须膏，引自国际专利申请 92-16188。

（3）配方三

甘油单硬脂酸酯	8.0
硬脂酸	9.0
月桂酸	3.0
月桂硫酸钠	0.4
甘油	16.0
山梨醇	4.0
三乙醇胺	6.0

香精、防腐剂	适量
精制水	152.6

油相和水相分别加热至 70 ℃，然后混合乳化，于 40 ℃ 加入香精、防腐剂，均质后，灌装耐压罐，装上阀门后再充入喷射剂二氟二氯甲烷（CF_2Cl_2）。V（喷射剂）：V（液体物料）＝3∶7。

（4）配方四

维生素 E 乙酸酯	1.0
D-泛醇	1.0
棕榈酸异丙酯	5.0
改性乙醇（95%）	80.0
香精	1.0
乳化剂	2.0
精制水	10.0
柠檬酸	调 pH 至 4.5～6.0

（5）配方五

矿物油	1.0
液体羊毛脂	2.0
硬脂酸	5.0
棕榈酸	2.0
1，2-丙二醇	3.0
三乙醇胺	3.5
PVP（聚乙烯吡咯烷酮）	1.0
香精、防腐剂	适量
精制水	78.5

（6）配方六

硬脂酸	8.0
椰子酸	1.0
氢氧化钠	0.5
三乙醇胺	3.0
酰基烷氧基硅氧烷	1.5
甘油	2.5
2-烷基-N-羧甲基-N-羟乙基咪唑啉甜菜碱	0.1
吐温-20	0.3
聚乙二醇	0.05
香精	适量
精制水	加至 100.0

该配方引自欧洲专利申请 376820。

（7）配方七

羟丙基二甲基硅氧烷	0.50
羟乙基纤维素	1.40
硬脂醇聚氧乙烯（20）醚	2.00

聚乙二醇	0.55
山梨醇	1.00
硬脂酸	5.00
棕榈酸	5.00
三乙醇胺	5.50
香精	适量
精制水	加至 100.00

该自动起泡剃须霜引自法国公开专利 2638637。

（8）配方八

白色矿物油	4.0
硬脂酸乙二醇酯	3.0
羊毛脂	3.5
萜品醇	0.1
丙二醇	4.0
硬脂酸	16.0
氢氧化钾	0.8
血小板衍生生长因子	5.0
香料	适量
精制水	63.4

该剃须膏引自美国专利 4900541。

（9）配方九

硬脂酸	25.0
软脂酸	5.0
椰子油	10.0
棕榈油	5.0
氢氧化钾	7.0
氢氧化钠	1.5
甘油	10.0
精制水	36.5
香精	0.4
抗氧剂、防腐剂	适量

3. 主要生产原料

（1）椰子油

室温下呈洁白色或淡黄色的半固体脂肪，不溶于水，溶于氯仿、二硫化碳。

凝固点/℃	21～25
酸值/（mgKOH/g）	≤1.5
皂化值/（mgKOH/g）	250～260

（2）棕榈油

棕榈油又称棕榈仁油，黄色或淡黄色油状液体，有果味的香气，不溶于水，溶于醚、氯仿、二硫化碳，相对密度（d_{15}^{15}）0.921～0.925。

— 355 —

凝固点/℃	40～47
酸值/（mgKOH/g）	≤1.5
皂化值/（mgKOH/g）	196～207
碘值/（gI₂/100 g）	44～54

4. 工艺流程

配方中含有油脂、苛性碱的可采用皂化乳化法。一般配方可采用混合乳化法。

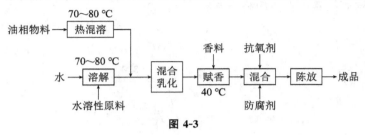

图 4-3

5. 生产工艺

油相和水相分别加热至 70～80 ℃，然后将水相与油相混合乳化，搅拌下冷却，于 40 ℃ 加入香料、抗氧剂、防腐剂，陈放后包装得成品。如果是气溶胶产品，则陈放的物料装罐后，安装阀门，充入喷射剂即得气溶胶型剃须膏。

6. 产品标准

膏体均匀，无分离、结块、变硬现象。有滋润感，不刺激皮肤，利于胡须刮剃。

7. 产品用途

刮须用化妆品。刮须前涂抹于胡须上，能使胡须膨润软化，缓和刺激，防止刮须后皮肤粗糙。

8. 参考文献

[1] 徐良，广丰，清洁霜. 面膜和剃须膏的配方技术概述 [J]. 中国化妆品，2006 (10)：84-88.

4.14　剃须后爽肤膏

供剃须修面后用，可减轻皮肤的刺激和张力，并具有缓和的收敛、杀菌作用及润肤护肤功能。

1. 技术配方（质量，份）

（1）配方一

乳化蜡	6.00
蔗糖二硬脂酸酯	2.50

鲨鱼肝油	5.00
2-丁基-4-羟基茴香醚	0.05
月桂基二甲基水解骨胶原蛋白铵	0.50
三乙醇胺月桂酰骨胶原胺酸	0.50
去离子水	79.45
乙酰基单乙醇胺	5.00
对羟基苯甲酸甲酯	1.00

（2）配方二

汉生胶	30
芦荟粉	3.8
明矾	6.8
丙二醇	4.9
聚乙烯吡咯烷酮碘	100.0
尿囊素	5.0
甘油	58.3
水	789.3

这种剃须后使用的须后霜化妆品，一般具有缓和的收敛和杀菌作用，可减轻皮肤的刺激和张力，赋予清新凉爽的感觉，可预防须部假毛囊炎。美国专利 4867967。

2. 生产工艺

（1）配方一的生产工艺

在快速搅拌下将油相加热到 80 ℃，混合水相也加热到 80 ℃，将水相加到油相中，保持高速搅拌，通空气使体积增加 30%～35%，冷却到 40 ℃，装瓶。

（2）配方二的生产工艺

将汉生胶、聚乙烯吡咯烷酮碘用甘油润湿，然后溶于水中，加入其余物料，混合均匀得须后霜。

3. 产品用途

剃须和修面后洗净，涂搽于面部。

4. 参考文献

[1] 姜家东，陈保华，张金涛. 功能性角蛋白在护肤膏霜中的应用研究 [J]. 中国洗涤用品工业，2013（8）：69-72.

4.15　须后化妆水

须后化妆水为刮须后使用的化妆水。其中含有收敛剂、清凉剂和杀菌剂等。涂搽在刮剃后的皮肤上，可以起到抑制刺激、防止细菌感染的作用，并使皮肤有清凉爽快之感。

1. 技术配方（质量，份）

	（一）	（二）
乙醇	32.000	44.000
缩水二丙二醇	—	0.800
薄荷醇	0.004	—
苯佐卡因	0.020	—
苯酚磺酸锌	—	0.160
聚氧乙烯（20）硬化蓖麻油	—	0.4000
二异丁基甲苯氧基乙氧基	—	—
乙基二甲基苯基氯化铵	0.150	0.100
蒸馏水	48.000	34.400
香精	适量	适量
杀菌剂	适量	—
紫外线吸收剂	适量	—

2. 生产工艺

醇溶性和水溶性原料分别混合溶解，然后将水溶部分加于醇溶部分中，使之混溶，最后过滤即得。本品为澄清透明液体，无沉淀，无分离现象。搽用后肤感凉爽，能减轻刺激感。

3. 产品用途

刮胡须后，直接涂搽在刮剃的皮肤上。

4. 参考文献

[1] 贾艳梅，广丰. 多彩多姿化妆水 [J]. 中国化妆品，2005（1）：38-41.
[2] 樊金拴，贾彩霞. 新型收敛性化妆水的研制 [J]. 陕西林业科技，1999（2）：75-77.

4.16 脱毛剂

1. 产品性能

产品呈乳膏型或糊状。膏体 pH 9～12。一般用于脱除人体四肢或腋下汗毛，将膏体敷涂在脱毛部位的皮肤上，约 10 min 即可轻轻擦除。脱毛剂可与铁、铜等金属接触发生显色现象，在空气中易被氧化而变色。

2. 技术配方（质量，份）

（1）配方一

鲸蜡醇	5.0
硬脂醇聚氧乙烯（20）醚（$C_{18}AE_{20}$）	2.0

液蜡	1.0
二硬脂基甲基胺（柔软皮肤）	5.0
1，3-丁二醇	1.0
三价铁离子螯合剂	0.1
巯基乙酸钾（42%溶液）	14.0
氢氧化钙	0.5
氢氧化钾	调 pH 至 12.5
香精	0.5
绿土	10.0
精制水	加至 100.0

该脱发剂含有皮肤柔软剂，不损伤皮肤，引自国际专利申请 93-8791。

（2）配方二

油相组分

	（一）	（二）
硬脂醇	—	3.0
鲸蜡醇	10.0	3.0
18#白油	5.0	10.0
凡士林	—	15.0
月桂醇聚乙二醇（23）醚	10.0	—
硬脂醇聚氧乙烯（8）醚	—	1.7
油醇聚氧乙烯（50）醚	—	4.3

水相组分

	（一）	（二）
巯基乙酸钙	7.0	3.0
氢氧化钙	3.0	—
氧化锌	5.0	—
钛白粉	—	1.0
香精	0.2	0.2
精制水	60.0	59.0

（3）配方三

月桂硫酸钠	0.5
巯基乙酸钙	6.0
碳酸钙	21.0
氢氧化钙	1.5
水玻璃（33%）	3.5
鲸蜡醇	4.5
氨水	调 pH 至 10
香精	1.0
精制水	62.0

（4）配方四

	（一）	（二）
甘油	36.0	30.0

甲基纤维素	—	6.0
淀粉	40.0	—
滑石粉	20.0	40.0
硫化锶	20.0	40.0
硫化钡	30.0	—
香精	3.0	3.0
蒸馏水	50.0	84.0

将各物料混合分散均质即得脱毛膏。对健康皮肤不产生局部损失。但脱毛后皮肤上的油脂已基本被同时脱除，故应搽些护肤膏以补充油分保护肌肤。

（5）配方五

N-庚酰高半胱氨酸	20.0
巯基醋酸（80%）	30.0
胍	20.0
氢氧化钙	40.0
氢氧化钠（30%水溶液）	10.0
碳酸钙	30.0
护肤霜（常用型）	850.0

将护肤霜外的物料拌和均匀，然后加至护肤霜中，均质后得脱毛霜。

（6）配方六

橄榄油	10.0
甘油	20.0
氧化锌	80.0
聚乙烯醇	100.0
高岭土	60.0
乙酸乙烯酯聚合乳液	150.0
巯基乙酸钙	60.0
氢氧化钙	20.0
乙酸（36%）	40.0
香精、防腐剂	适量
精制水	460.0

该脱毛膜引自日本公开特许 90-300112。直接涂于脱毛部位，很快形成一层膜，10 min 后，剥脱膜的同时，清脱掉该部位的毛。

（7）配方七

甘油	5.00
硅酸铝镁	1.00
羟丙基纤维素	1.25
硫代乙醇酸钙	3.00
氢氧化钙	3.20
防腐剂、香料	适量
精制水	86.55

（8）配方八

月桂醇聚氧乙烯醚	3.0
硬脂酸钠	8.0
巯基乙酸（80%）	5.0
氢氧化钠（50%）	12.0
丙二醇	42.0
去离子水	30.0
香料	适量

3. 生产工艺

（1）配方三的生产工艺

将月桂硫酸钠溶于适量水中，加入水玻璃，再加入溶化的鲸蜡醇，搅拌乳化。其余物料与水调成浆状后加入乳化体中，均质后加入香精，用氨水调 pH，继续搅拌 0.5 h 即得乳膏状脱毛剂。

（2）配方七的生产工艺

将甘油与 11 份水混合加热至 90 ℃，加入羟丙基纤维素，混合 10 min 后加 22 份水，充分搅拌后冷却至室温；另将硅酸铝镁慢慢加入 35 份水中，溶解完全后加入前述溶液中，然后加入硫代乙醇酸钙，最后加入氢氧化钙、香料、防腐剂和其余的水。搅拌均匀得脱毛剂。

（3）脱毛剂的一般生产工艺

将固体粉料等分散于油相物料的混溶物中，另将巯基乙酸钙分散于水中，与上述物料混合乳化，搅拌至 45 ℃加入香精得脱毛剂。

4. 主要生产原料

（1）巯基乙酸钙

巯基乙酸钙又称硫代醇酸钙，稳定的白色粉状。100 ℃时失去结晶水，250 ℃时分解，溶于水，不溶于乙醇，常用作还原剂、脱毛剂。

（2）氢氧化钙

氢氧化钙又称熟石灰、消石灰，细腻的白色粉末，加热至 580 ℃ 时失水成为氧化钙，在空气中吸收 CO_2 而变成碳酸钙。溶于酸、甘油，难溶于水，不溶于乙醇。

含量	≥90.00%
铁	≤0.35%
镁及碱金属	≤2.00%
盐酸不溶物	≤0.10%

（3）硫化钡

白色等轴晶系立方晶体，灰白色粉末，工业品是浅棕黑色粉末（亦有块状）。溶于水而分解成氢氧化钡及硫氢化钡。水溶液呈碱性，具有腐蚀性。遇酸类分解放出硫化氢，在潮湿空气中氧化。有毒！熔体硫化钡含量＞65%。

5. 工艺流程

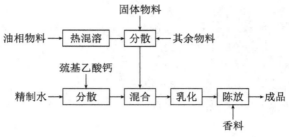

图 4-4

注：该工艺流程为一般含有油脂物料的乳膏状脱毛剂工艺流程。

6. 产品标准

膏体均匀细腻，色泽一致，无粗粒和变色分离现象。pH 9～12。脱毛时间为 5～10 min，对健康皮肤无损伤。产品微有气味，但无臭味，包装上应附有安全使用说明。

7. 产品用途

用于脱除人体四肢或腋下汗毛，也可用于一些外科手术前皮肤脱毛。

8. 参考文献

[1] 唐增幸，刘景华. 化妆用脱毛剂的开发 [J]. 香料香精化妆品，1987 (3)：26-28.

参考文献

［1］裘炳毅，高志红. 现代化妆品科学与技术［M］. 北京：中国轻工出版社，2016.

［2］李东光. 护肤化妆品：设计与配方［M］. 北京：化学工业出版社，2018.

［3］王培义. 化妆品：原理·配方·生产工艺［M］. 3 版. 北京：化学工业出版社，2014.

［4］唐冬雁，董银卯. 化妆品：原料类型·配方组成·制备工艺［M］. 2 版. 北京：化学工业出版社，2017.

［5］王建新. 化妆品天然成分原料手册［M］. 北京：化学工业出版社，2016.

［6］李雪飞，晏志勇. 美容化妆品学［M］. 2 版. 北京：科学出版社，2018.

［7］童敏，秦钰慧. 化妆品安全性及管理法规［M］. 北京：化学工业出版社，2013.

［8］孙海峰. 中药化妆品开发与应用［M］. 北京：人民卫生出版社，2017.

［9］韩长日，宋小平. 化妆品制造技术［M］. 北京：科学技术文献出版社，2008.

［10］李丽，董银卯，郑立波. 化妆品配方设计与制备工艺［M］. 北京：化学工业出版社，2018.

［11］曹高. 化妆品功效评价实验［M］. 北京：科学出版社，2018.

［12］黄丽娃. 美容化妆品［M］. 北京：人民卫生出版社，2010.

［13］ZOE DIANA DRAELOS. 药妆品［M］. 3 版. 许德田，译. 北京：人民卫生出版社，2018.

［14］张婉萍. 化妆品配方科学与工艺技术［M］. 北京：化学工业出版社，2018.

［15］余丽丽，赵婧，张彦. 化妆品：配方、工艺及设备［M］. 北京：化学工业出版社，2018.

［16］宋小平，韩长日. 日用化工品制造技术［M］. 北京：科学技术文献出版社，1998.

［17］宋晓秋. 化妆品原料学［M］. 北京：中国轻工出版社，2018.

［18］何黎，郑志忠，周展超. 实用美容皮肤科学［M］. 北京：人民卫生出版社，2018.

［19］杨梅，李忠军. 化妆品安全性与有效性评价［M］. 北京：化学工业出版社，2016.

［20］马振友，辛映继. 皮肤美容化妆品制剂手册［M］. 2 版. 北京：中国古籍出版社，2015.